U0249655

"十四五"国家重点出版物出版规划项目·重大出版工程

—— 中国学科及前沿领域2035发展战略丛书

学术引领系列

国家科学思想库

中国学科及前沿领域
2035发展战略总论

"中国学科及前沿领域发展战略研究（2021—2035）"项目组

科学出版社

北　京

内 容 简 介

全球科技已经进入快速发展阶段，新一轮的科技革命正在以信息技术、生物技术、新能源技术、新材料技术为核心快速发展，并不断改变世界发展的格局，推动经济社会的创新发展，对人类文明进步产生了巨大而深刻的影响。《中国学科及前沿领域2035发展战略总论》分为上、下两篇。其中，上篇旨在从总体上把握我国学科发展的规律和态势，发现宏观视角下前沿领域的形成与演变规律，分析我国学科发展面临的机遇与挑战，在大跨度的历史视角中阐述国家战略需求与未来科技发展的方向，从而更好地把握世界科技创新发展趋势，加快创新型国家和世界科技强国建设；下篇是对本丛书其他37个分册的摘要的汇总。

本书为相关领域战略与管理专家、科技工作者、企业研发人员及高校师生提供了研究指引，为科研管理部门提供了决策参考，也是社会公众了解中国学科及前沿领域发展现状及趋势的重要读本。

图书在版编目（CIP）数据

中国学科及前沿领域2035发展战略总论／"中国学科及前沿领域发展战略研究（2021—2035）"项目组编.—北京：科学出版社，2023.5
（中国学科及前沿领域2035发展战略丛书）
ISBN 978-7-03-075530-8

Ⅰ.①中… Ⅱ.①中… Ⅲ.①科学技术-发展战略-研究-中国 Ⅳ.① N12 ② G322

中国国家版本馆CIP数据核字（2023）第084504号

丛书策划：侯俊琳　朱萍萍
责任编辑：朱萍萍　刘巧巧 ／ 责任校对：韩　杨
责任印制：师艳茹 ／ 封面设计：有道文化

科学出版社 出版
北京东黄城根北街16号
邮政编码：100717
http://www.sciencep.com

中国科学院印刷厂 印刷
科学出版社发行　各地新华书店经销
*

2023年5月第 一 版　开本：720×1000 1/16
2023年8月第二次印刷　印张：18
字数：305 000

定价：128.00元

（如有印装质量问题，我社负责调换）

"中国学科及前沿领域发展战略研究（2021—2035）"

联合领导小组

组　长　常　进　李静海

副组长　包信和　韩　宇

成　员　高鸿钧　张　涛　裴　钢　朱日祥　郭　雷

　　　　　杨　卫　王笃金　杨永峰　王　岩　姚玉鹏

　　　　　董国轩　杨俊林　徐岩英　于　晟　王岐东

　　　　　刘　克　刘作仪　孙瑞娟　陈拥军

联合工作组

组　长　杨永峰　姚玉鹏

成　员　范英杰　孙　粒　刘益宏　王佳佳　马　强

　　　　　马新勇　王　勇　缪　航　彭晴晴

《中国学科及前沿领域 2035 发展战略总论》

指　导　组

组　长　秦大河　包信和

成　员（以姓氏笔画为序）

丁　汉	丁奎岭	于起峰	卞修武	邓秀新	田　禾
田　刚	吕　建	朱日祥	朱作言	向　涛	刘　明
许宁生	孙昌璞	李　林	李应红	李家洋	杨元喜
吴立新	何雅玲	汪品先	张　希	张　杰	张　维
张学敏	张培震	陈　骏	陈化兰	陈仙辉	陈国强
陈晔光	陈润生	陈维江	武维华	金　力	金之钧
周　琪	郑兰荪	郑永飞	赵宇亮	赵进东	赵国屏
赵政国	郝　跃	胡海岩	种　康	贺　林	袁亚湘
聂建国	徐义刚	徐宗本	高　松	高　福	高鸿钧
郭正堂	黄　如	梅　宏	龚旗煌	崔向群	康　乐
彭实戈	韩根全	景益鹏	程时杰	傅伯杰	焦念志
舒红兵	窦贤康	雒建斌	薛其坤	魏于全	魏炳波

编 写 组

组　长　郑兰荪

副组长　杜　鹏　石云里　于建荣

成　员（以姓氏笔画为序）

丁兆君　阮梅花　李守恔　沙小晶　张丽雯　张理茜

赵　超　贺彩红　焦　健　褚龙飞　熊卫民

总　序

　　党的二十大胜利召开，吹响了以中国式现代化全面推进中华民族伟大复兴的前进号角。习近平总书记强调"教育、科技、人才是全面建设社会主义现代化国家的基础性、战略性支撑"[①]，明确要求到 2035 年要建成教育强国、科技强国、人才强国。新时代新征程对科技界提出了更高的要求。当前，世界科学技术发展日新月异，不断开辟新的认知疆域，并成为带动经济社会发展的核心变量，新一轮科技革命和产业变革正处于蓄势跃迁、快速迭代的关键阶段。开展面向 2035 年的中国学科及前沿领域发展战略研究，紧扣国家战略需求，研判科技发展大势，擘画战略、锚定方向，找准学科发展路径与方向，找准科技创新的主攻方向和突破口，对于实现全面建成社会主义现代化"两步走"战略目标具有重要意义。

　　当前，应对全球性重大挑战和转变科学研究范式是当代科学的时代特征之一。为此，各国政府不断调整和完善科技创新战略与政策，强化战略科技力量部署，支持科技前沿态势研判，加强重点领域研发投入，并积极培育战略新兴产业，从而保证国际竞争实力。

　　擘画战略、锚定方向是抢抓科技革命先机的必然之策。当前，新一轮科技革命蓬勃兴起，科学发展呈现相互渗透和重新会聚的趋

[①] 习近平. 高举中国特色社会主义伟大旗帜　为全面建设社会主义现代化国家而团结奋斗——在中国共产党第二十次全国代表大会上的报告. 北京：人民出版社，2022：33.

势，在科学逐渐分化与系统持续整合的反复过程中，新的学科增长点不断产生，并且衍生出一系列新兴交叉学科和前沿领域。随着知识生产的不断积累和新兴交叉学科的相继涌现，学科体系和布局也在动态调整，构建符合知识体系逻辑结构并促进知识与应用融通的协调可持续发展的学科体系尤为重要。

摹画战略、锚定方向是我国科技事业不断取得历史性成就的成功经验。科技创新一直是党和国家治国理政的核心内容。特别是党的十八大以来，以习近平同志为核心的党中央明确了我国建成世界科技强国的"三步走"路线图，实施了《国家创新驱动发展战略纲要》，持续加强原始创新，并将着力点放在解决关键核心技术背后的科学问题上。习近平总书记深刻指出："基础研究是整个科学体系的源头。要瞄准世界科技前沿，抓住大趋势，下好'先手棋'，打好基础、储备长远，甘于坐冷板凳，勇于做栽树人、挖井人，实现前瞻性基础研究、引领性原创成果重大突破，夯实世界科技强国建设的根基。"[①]

作为国家在科学技术方面最高咨询机构的中国科学院（简称中科院）和国家支持基础研究主渠道的国家自然科学基金委员会（简称自然科学基金委），在夯实学科基础、加强学科建设、引领科学研究发展方面担负着重要的责任。早在新中国成立初期，中科院学部即组织全国有关专家研究编制了《1956—1967年科学技术发展远景规划》。该规划的实施，实现了"两弹一星"研制等一系列重大突破，为新中国逐步形成科学技术研究体系奠定了基础。自然科学基金委自成立以来，通过学科发展战略研究，服务于科学基金的资助与管理，不断夯实国家知识基础，增进基础研究面向国家需求的能力。2009年，自然科学基金委和中科院联合启动了"2011—2020年中国学科发展

---

① 习近平. 努力成为世界主要科学中心和创新高地 [EB/OL]. (2021-03-15). http://www.qstheory.cn/dukan/qs/2021-03/15/c_1127209130.htm[2022-03-22].

战略研究"。2012 年，双方形成联合开展学科发展战略研究的常态化机制，持续研判科技发展态势，为我国科技创新领域的方向选择提供科学思想、路径选择和跨越的蓝图。

联合开展"中国学科及前沿领域发展战略研究（2021—2035）"，是中科院和自然科学基金委落实新时代"两步走"战略的具体实践。我们面向 2035 年国家发展目标，结合科技发展新特征，进行了系统设计，从三个方面组织研究工作：一是总论研究，对面向 2035 年的中国学科及前沿领域发展进行了概括和论述，内容包括学科的历史演进及其发展的驱动力、前沿领域的发展特征及其与社会的关联、学科与前沿领域的区别和联系、世界科学发展的整体态势，并汇总了各个学科及前沿领域的发展趋势、关键科学问题和重点方向；二是自然科学基础学科研究，主要针对科学基金资助体系中的重点学科开展战略研究，内容包括学科的科学意义与战略价值、发展规律与研究特点、发展现状与发展态势、发展思路与发展方向、资助机制与政策建议等；三是前沿领域研究，针对尚未形成学科规模、不具备明确学科属性的前沿交叉、新兴和关键核心技术领域开展战略研究，内容包括相关领域的战略价值、关键科学问题与核心技术问题、我国在相关领域的研究基础与条件、我国在相关领域的发展思路与政策建议等。

三年多来，400 多位院士、3000 多位专家，围绕总论、数学等 18 个学科和量子物质与应用等 19 个前沿领域问题，坚持突出前瞻布局、补齐发展短板、坚定创新自信、统筹分工协作的原则，开展了深入全面的战略研究工作，取得了一批重要成果，也形成了共识性结论。一是国家战略需求和技术要素成为当前学科及前沿领域发展的主要驱动力之一。有组织的科学研究及源于技术的广泛带动效应，实质化地推动了学科前沿的演进，夯实了科技发展的基础，促进了人才的培养，并衍生出更多新的学科生长点。二是学科及前沿领域的发展促进深层次交叉融通。学科及前沿领域的发展越来越呈现出多学科相互渗透的发展态势。某一类学科领域采用的研究策略和技术体系所产生的基础理论与方法论成果，可以作为共同的知识基础适用于不同学科领域的多个研究方向。三是科研范式正在经历深刻变革。解决系统性复杂问题成为当前科学发展的主要目标，导致相应的研究内容、方法和范畴等的改变，形成科学研究的多层次、多尺度、动态化的基本特征。数据驱动的科研模式有力地推动了新时代科研范式的变革。四是科学与社会的互动更加密切。发展学科及前沿领域愈加重要，与此同时，"互联网+"正在改变科学交流生态，并且重塑了科学的边界，开放获取、开放科学、公众科学等都使得越来越多的非专业人士有机会参与到科学活动中来。

"中国学科及前沿领域发展战略研究（2021—2035）"系列成果以"中国学科及前沿领域 2035 发展战略丛书"的形式出版，纳入"国家科学思想库－学术引领系列"陆续出版。希望本丛书的出版，能够为科技界、产业界的专家学者和技术人员提供研究指引，为科研管理部门提供决策参考，为科学基金深化改革、"十四五"发展规划实施、国家科学政策制定提供有力支撑。

在本丛书即将付梓之际，我们衷心感谢为学科及前沿领域发展战略研究付出心血的院士专家，感谢在咨询、审读和管理支撑服务方面付出辛劳的同志，感谢参与项目组织和管理工作的中科院学部的丁仲礼、秦大河、王恩哥、朱道本、陈宜瑜、傅伯杰、李树深、李婷、苏荣辉、石兵、李鹏飞、钱莹洁、薛淮、冯霞，自然科学基金委的王长锐、韩智勇、邹立尧、冯雪莲、黎明、张兆田、杨列勋、高阵雨。学科及前沿领域发展战略研究是一项长期、系统的工作，对学科及前沿领域发展趋势的研判，对关键科学问题的凝练，对发展思路及方向的把握，对战略布局的谋划等，都需要一个不断深化、积累、完善的过程。我们由衷地希望更多院士专家参与到未来的学科及前沿领域发展战略研究中来，汇聚专家智慧，不断提升凝练科学问题的能力，为推动科研范式变革，促进基础研究高质量发展，把科技的命脉牢牢掌握在自己手中，服务支撑我国高水平科技自立自强和建设世界科技强国夯实根基做出更大贡献。

"中国学科及前沿领域发展战略研究（2021—2035）"
联合领导小组
2023 年 3 月

前　　言

　　当前，全球科技已经进入快速发展阶段，新一轮的科技革命正在以信息技术、生物技术、新能源技术、新材料技术为核心快速发展，并不断改变世界发展的格局，推动经济社会的创新发展，对人类文明进步产生了巨大而深刻的影响。科学的发展是一个不断蔓延生长、不断融合演化的过程。随着科学技术的发展，学术研究的深入和细化导致学科的发展逐渐从综合走向分化，并逐渐形成现代科学意义上的学科体系。学科是指根据学术的性质而划分的科学门类，指规范化、制度化的科学领域。然而在一些快速发展的学科中，前沿领域是学科中新的科学增长点，是指尚未形成学科规模或不具备明确学科属性的新兴领域、前沿交叉领域及与颠覆性技术相关的领域。

　　学科与前沿领域的发展有相辅相成的关系。学科的发展可以带动产生更多的前沿领域，前沿领域的研究也是学科发展的关键。研究和解决前沿领域的相关问题，既可以促进学科内其他相关问题的解决，又可以将学科向前推进，取得更大的发展。例如，高温超导研究是凝聚态物理学中活跃的前沿领域，随着高温超导研究的推进，角分辨光电子能谱、扫描隧道电子谱等实验技术得到发展，带动了凝聚态物理学及材料物理学相关领域的发展，同时引发并带动了量子临界性、量子自旋液体、庞磁阻、多铁性等问题的研究。

对学科及前沿领域的整体发展情况的研究有助于理解科学发展的脉络与规律，发现宏观视角下前沿领域的形成与演变规律，理解科学发展的驱动因素，预测未来科学发展的趋势，对引领中国学科及前沿领域发展有重要的借鉴意义。

本书是丛书的总论，是对2021～2035年中国学科及前沿领域发展概况的论述。总论分为上篇与下篇两个部分。上篇是在分析总结自然科学发展历史的基础上，分析世界科学发展的整体趋势，研究学科及前沿领域发展的驱动因素，预测到2035年中国学科及前沿领域的发展趋势和目标方向，研判我国学科及前沿领域发展的主要问题，提出对我国未来科技发展的展望及相应的政策建议。通过上篇的研究发现，学科的不断分化与整合是内部逻辑推动及外部社会推动共同作用的结果，两者之间是一种相互作用的关系；国家需求及技术驱动是当前学科及前沿领域研究的主要动力；当前中国学科及前沿领域的发展演进，需要综合研判重大科学技术问题及国家战略需求，并通过体制机制不断完善，进一步提升前沿领域的科技治理能力。下篇以中国学科及前沿领域2035发展战略中各学科及前沿领域的项目研究成果为基础，汇总各学科的科学意义与战略价值，研究特点、发展规律和发展趋势，关键科学问题、发展思路、发展目标和重要研究方向等内容。

本书内容的研究和编写历时三年。在项目组组长郑兰荪院士的带领下，由来自厦门大学、中国科学院科技战略咨询研究院、中国科学技术大学人文与社会科学学院、中国科学院上海营养与健康研究所/中国科学院上海生命科学信息中心的四个研究团队共同完成。

本书内容涉及科学史、科技战略、文献情报、科学与社会、科学哲学、科技政策等诸多领域，在撰写中采取了厚今薄古的原则，微观入手，宏观着眼。本书由上、下两篇组成。在上篇的具体撰写中，由褚龙飞、石云里撰写第一章，熊卫民、丁兆君、李守忱撰写

第二章，赵超、沙小晶撰写第三章，焦健、沙小晶撰写第四章，杜鹏、张理茜撰写第五章，阮梅花、张丽雯、贺彩红、于建荣撰写第六章，杜鹏、张理茜、张丽雯、阮梅花、贺彩红、于建荣撰写第七章；下篇内容来自本丛书的其他 37 个分册。全书由沙小晶、杜鹏完成统稿工作。

　　本书覆盖范围较广，许多重要的研究方向和研究内容未能包含进来。同时，由于笔者知识水平有限，疏漏之处在所难免，许多分析观点不一定能做到全面。如有不妥之处，敬请广大专家、读者批评指正。

　　在编研过程中，项目组组织了多次专家研讨交流会，参与研讨的院士专家有百余人次。特别感谢指导组的指导和秦大河院士、包信和院士、李林院士的大力支持，以及李静海院士、郭正堂院士、梅宏院士、胡海岩院士、方新教授等的指导和帮助。在研究过程中，王作跃、王国豫、王小理、尹传红、任定成、刘兵、刘应杰、李侠、李正风、李建军、李真真、杨柳春、宋大伟、张先恩、张培富、张增一、郑念、赵万里、赵延东、段伟文、钮卫星、袁岚峰、徐飞、唐莉、梁兴杰、谭宗颖、熊燕、潜伟等众多学者提供了很好的意见和建议。中国科学院学部工作局、国家自然科学基金委员会计划与政策局的许多同志在此过程中也给予了指导和帮助，科学出版社的编辑也提供了诸多帮助与支持，在此一并致谢！

《中国学科及前沿领域 2035 发展战略总论》

编写组

2023 年 3 月

摘　要

　　近代科学在其发轫之后的大部分时间，主要是以兴趣为主的自发活动。从第一次世界大战开始，把科学作为国家重要资源的理解和认识，逐渐在科学家、政治家、企业家和公众中蔓延、发酵。在第二次世界大战中，科学的作用更加突出，雷达、飞机、原子弹等以科学为基础的技术对战争进程产生了深远影响，科学的作用也在战争环境中得到充分体现。这使人们意识到，科学不仅对赢得战争意义重大，而且将是此后国家竞争的关键。1945 年，万尼瓦尔·布什在《科学：没有止境的前沿》(*Science: The Endless Frontier*) 报告中明确指出了"科学进步是也必须是政府的根本利益所在"。这份报告深刻地影响了美国乃至世界各国科学技术政策的制定。

　　当前，新一轮的科技革命正在快速孕育发展，并将深刻地改变世界的发展格局，极大地推动经济社会的进步。在全球竞争日益激烈的背景下，各国政府不断调整与完善科技创新战略和政策，增加对科技的投入，加强重点领域的研发，并积极培育新兴战略产业，从而确保在国际竞争中占据有利地位。当前，我国正处于实施创新发展驱动战略和新一轮的科技革命的交汇期，我国科技的发展面临着千载难逢的机遇及严峻的挑战。党的二十大报告中强调"必须坚持科技是第一生产力、人才是第一资源、创新是第一动力，深入实施科教兴国战略、人才强国战略、创新驱动发展战略，开辟发展新领域新赛道，不断塑造发展新动能新优势"①。

2019 年，国家自然科学基金委员会和中国科学院联合开展了"中国学科及前沿领域发展战略研究（2021—2035）"，共包含 38 个项目。其中，总论项目是丛书的综合或概要，分为上、下两篇。上篇的研究内容包括学科的历史演进及其发展，学科及前沿领域在国家需求与技术驱动下的发展特征和与社会的关联，世界科学未来发展的整体态势，以及我国学科及前沿领域发展的现状与未来的发展趋势。下篇是在本系列丛书研究成果的基础上进行汇总而成。通过总论研究得到以下观点。

（一）学科的不断分化与整合是由内部逻辑推动和外部社会推动共同作用的结果，二者之间是一种相互作用的关系

书中从科技史的角度研究了从自然知识分类到近代科学体系建立的过程，我国学科的发展演进过程，同时对近代科学中学科发展的驱动力进行了分析。

在学科不断分化和整合的过程中，近代的知识观逐渐变成了实用主义。学科内部的知识发展及新的研究方法是推动学科发展的主要驱动因素。同时，分学科的学术共同体的出现为学科的稳步发展提供了保障，社会与文化方面的外在需求对科学发展产生了强大的推动作用。

在梳理我国学科发展演进的研究中可以看出，现代科学技术的各门学科在中国的发展经历了一个漫长而坎坷的历程。中国古代有自己独特的知识分类体系，其中夹杂着各种自然知识。从明末到清代，欧洲科学技术知识首次大规模传入中国，而在鸦片战争之后，初具规模的西方近代科学以更加系统的方式传入，中国的学科体系的近

---

① 习近平：高举中国特色社会主义伟大旗帜 为全面建设社会主义现代化国家而团结奋斗——在中国共产党第二十次全国代表大会上的报告[EB/OL].（2022-10-25）. http://www.gov.cn/xinwen/2022/10/25/content_5721685.htm[2023-04-05].

代化开始与国家的近代化同步进行。书中详细介绍了现代大学制度和科研院所制度在中国逐步建立的过程。同时，本书分析了在新中国成立后，随着学科体系的探索与建立，现代科技的各个学科在中国实现了跨越式发展的历程。

（二）国家需求以及技术驱动是当前学科及前沿领域研究的主要动力

书中对国家需求和技术驱动下的学科及前沿领域发展进行了研究。研究结果显示，国家需求驱动在国家层面建立系统的资助制度、国家直接驱动、通过国家创新体系推动市场导向科学研发的三个层面促进了科学前沿的演进。书中根据以上三个层面分别介绍了现有的学科框架、同行评议以及巩固与革新学科的双重作用，美国联邦国家实验室的相关情况，超越传统学科框架的企业设立研发部门及研发型企业等方面的详细情况。

在学科前沿领域的发展过程中，技术驱动因素产生的带动作用是不容忽视的，并且在技术进步的广泛带动下，实质性地促进了学科融合交叉，推进了学科前沿的研究，同时衍生了更多新的学科生长点。研究通过纳米技术与"纳米+"效应、人工智能技术、大科学装置、生物技术与生物安全从微观、中观和宏观三个层面对技术驱动与学科及前沿领域的演进进行了分析。

（三）世界科学的发展趋势呈现出与以往明显不同的变化趋势

书中分析了当前科学组织化、学科融合、科学研究的方法、科学的开放性、科学的社会影响等变化，给出了当前学科及前沿领域研究的趋势。

当前，科学研究本身、科学建制及政策和研究文化都处于发展变化中。日趋激烈的竞争和对科学不断增加的期望正推动大学、科研机构、资助机构和出版商的角色、职能及互动关系发生了变化，形成了新的科学知识生产的利益格局，改变了科学生产与科学知识应用之间，科学、技术与创新之间的关系。

在学科及前沿领域的发展趋势中，研究表明当前学科的组织化越来越强，科学被整合到不同层级的组织范畴中；重大使命任务引导新的学科融合，学科发展日益汇聚融通；超越还原论的研究视角影响日趋扩大，计算机模拟和数据科学发挥越来越大的作用；"互联网+"正在改变科学交流生态，开放科学重塑科学的边界；新兴技术带来了重要的伦理问题，可信任性成了科学技术治理的重要内涵。

（四）在建设世界科技强国中，我国学科及前沿领域的发展演进需要综合研判重大科学技术问题和国家战略需求，并通过体制机制改善进一步提升前沿领域科技治理能力

书中对我国学科及前沿领域的现状与问题进行了剖析，对新时代科技发展面临的形势与我国学科及前沿领域发展的重点领域方向做出了研判，并给出了相应的政策建议。

本书从技术科学问题驱动和国家需求驱动两个方面分析了我国学科及前沿领域的驱动因素，其中，在技术和科学问题驱动中，本书对重大科学问题需要、攻克战略共性技术需要两个方面进行了研究。在国家需求驱动中，本书从气候变暖、人口老龄化与高龄化、健康的危与机、万物互联与智能化、能源需求、国家安全六个方面进行了深入的剖析。在总结学科发展总体情况的基础上，本书对当前我国学科发展面临的问题做出了研判。本书研究认为，在学科设置方面，我国存在着学科门类划分过细、学科的综合性和交叉性不足、交叉学科体系划分起步晚、学科发展不均衡等问题；在人才队伍方面，我国研发人员人数占比偏低、人才竞争力有待加强、学科交叉型人才缺乏；在自主设施平台方面，我国在中高端仪器设施、科研信息数据、科研试剂等领域有待加强；在体制机制中，我国的评估机制、

资助机制、科研成果转化机制、知识产权保护机制等有待完善。

在建设世界科技强国的形势下，本书研究分析了开放创新与国际合作对我国的科技发展的重要意义及其呈现的新内涵和新要求。本书研究综合科学计量学报告（《2020 研究前沿》《全球工程前沿》）、相关技术趋势报告（Gartner 发布的《重要技术趋势》报告、《麻省理工科技评论》等）、专家访谈与问卷调研等方式，并结合《中华人民共和国国民经济和社会发展第十四个五年规划和 2035 年远景目标纲要》及中长期科技规划，考虑基础前沿与核心技术发展需要，初步提出我国学科与前沿发展的关键核心领域。基于未来的发展形势及我国的发展重点，研究从四个方面给出了政策建议：①政策精准发力，消除机制障碍；②重视基础研究，优化学科体系；③创新人才机制，强化智力支撑；④深化学科协同创新平台建设。

Abstract

For much of the time after its genesis, modern science was primarily a spontaneous, interest-based activity. And since the beginning of World War I , the understanding and awareness of science as a vital national resource gradually spread among scientists, politicians, entrepreneurs, and the public. During World War II , the role of science became more prominent, and science-based technologies such as radar, airplanes, and atomic bombs had a profound impact on the course of the war, and the role of science was fully reflected in the wartime environment. This led to the realization that science is not only significant in winning the war, but will also play a key role in the competition thereafter between nations. In 1945, Vannevar Bush clearly stated in his report *Science: The Endless Frontier* that "Scientific progress is, and must be, of vital interest to government". The report profoundly influenced the formulation of science and technology policies in the United States, and around the world.

At present, a new round of technological revolution is rapidly developing and will profoundly change the development pattern of the world and greatly promote economic and social progress. Against the backdrop of increasingly fierce global competition, governments are constantly adjusting and improving their strategies and policies for science and technology innovation, increasing investment in science and technology, strengthening R&D in key areas, and actively fostering new strategic industries to ensure a favorable position in international competition. At present, China is at the intersection of the implementation of the innovation-driven development strategy and a new round of scientific and technological revolution, and the development of science and technology in China is facing a once-in-a-lifetime opportunity as well as serious challenges. The Report to the 20th National Congress of the Communist Party of China emphasizes that "We must regard science and technology as our primary productive force, talent as our primary resource, and innovation as our primary driver of growth. We will fully implement the strategy for invigorating China through science and education, the workforce development strategy, and the innovation-driven development strategy. We will open up new areas and new arenas in development and steadily foster new growth drivers and new strengths".

In 2019, the National Natural Science Foundation of China and the Chinese Academy of Sciences jointly launched the program "Strategic Research on the Development of Science Disciplines and Frontier Fields for China (2021—2035)", which contains a total of 38 sub-projects. Among them, the general introduction is a synthesis or summary of the series of books, divided into two parts. The first part covers the historical evolution and development of science disciplines, the characteristics of their development driven by national and technological needs and their relevance to the society, the overall situation of the future development of science in the world, and the current situation and future developing trends of science disciplines and frontiers in China. The second part is a summary based on the results given by this series of books. Here we propose the following conclusions as a result from a review of the general introduction.

1. The continuous differentiation and integration of disciplines have been driven by a confluence of momenta, fuelled not only by the endogenous logic of disciplinary development themselves, but also by the external impetus given by the broader society. The two sources of drivers are in an interactive relationship

From a perspective of science and technology history, the book examines the development of science disciplines in China, examining its evolution from the classification of natural knowledge to the establishment of a modern system of science. Meanwhile, it gives an analysis of the driving forces behind the disciplinary development in modern science.

In the process of continuous differentiation and integration of disciplines, the recent understanding of knowledge has gradually become pragmatic, with intellectual developments within disciplines and new research methods being the main drivers of disciplinary development. The emergence of sub-disciplinary academic communities has provided for the steady development of disciplines; and the external social and cultural demands have given a strong impetus to the development of science.

When combing through the studies on the disciplinary evolution of science in China, it can be seen that the development of the various disciplines of modern science and technology has undergone a long and bumpy journey. Ancient China had its own unique system for knowledge classification, interspersed with all kinds of natural knowledge. The late Ming dynasty and the Qing dynasty witnessed the first wave of introduction of European scientific and technological knowledge into China on a large scale. After the Opium Wars, modern science, which started to take shape in the West, was introduced to China in a more systematic way. At the time, the modernization of China's disciplinary system began to advance hand in hand with the modernization of the country. The study details the gradual establishment of the systems of modern universities and scientific research institutes in China, and the leapfrogging of the various disciplines of modern science and technology in China after the founding of the People's Republic of China, as a by-product of the exploration and establishment of a disciplinary system in the country.

2. National needs and technological development are the two major drivers for the current disciplinary research as well as the explorations on the frontier areas

The book examines the advancement of science disciplines and frontier areas driven by national demands and technological development. It argues that national demands drive the evolution of scientific frontiers via three devices: the establishment of a systematic funding system at the national level, direct incentives, and the promotion of market-oriented scientific R&D through the national innovation system. Respectively focusing on the above-mentioned three devices, the book examines the dual role of the existing disciplinary framework and the peer review system in the consolidation of innovative disciplines, the current situation of national laboratories affiliated to different governmental sectors, and the establishment of R&D departments in companies and R&D-based enterprises that go beyond the traditional disciplinary framework.

In the development of disciplinary frontiers, the driving role played by technological drivers cannot be ignored. The extensive technological advancement has driven the disciplinary convergence and integration, promoted the advanced research at the disciplinary frontiers, and given rise to more new disciplinary growth points. The study analyzes the relationship between the technological drivers and the evolution of disciplines and frontier areas at micro-, meso- and macro-scopic levels respectively, based on case studies each focusing on nanotechnology and "nano+" effects, artificial intelligence technologies, mega scientific apparatuses, and biotechnology and biosafety.

3. The global scientific development manifests significantly different trends of change compared with the past

The book analyzes the current changes in the organization of science, the convergence of disciplines, the methodology of scientific research, the openness of science, and the social impact of science, giving trends in the current disciplinary research and frontier explorations.

At present, scientific research itself, the science institution and policy, and its research culture are all currently under constant evolution. The increasingly intensive competition and the growing expectations of science are driving changes in the roles, functions and interactions of universities, research institutes, funding bodies and publishers, creating new patterns of interest in the production of scientific knowledge. This has changed the relationship between production and application of scientific knowledge, and also the relationship between science, technology and innovation.

In the development of science disciplines and frontier areas, the study identifies a series of trending tendencies. First, current disciplines are becoming increasingly organized, with science being integrated into different hierarchical levels of organizational categories. Major national missions and tasks are leading to new disciplinary integration, resulting in more and more intensive convergence and integration in disciplinary development. Research perspectives beyond reductionism are taking momentum, with computer simulations and data science playing an increasing role. The "Internet+" is changing the ecology of science exchanges, and open science is reshaping the boundaries of science. On the other hand, emerging technologies are raising important ethical issues, and trustworthiness is becoming an important part of scientific and technological governance.

4. Against the context of China's efforts to build a world power of science and technology, the evolution of its disciplines and frontier areas requires a balancing between the pursuit of major S&T issues and the national strategic needs, and further enhancement of science and technology governance capacity in frontier areas through systematic and institutional improvements

The book provides an analysis of the current situation and problems in China's science disciplines and frontier areas, and makes a positional judgment for the development of science and technology in the new era as well as the developing direction of the key areas in its science disciplines and frontier areas, so as to give corresponding policy recommendations.

The study analyzes the driving factors for the development of science disciplines and frontier areas in China, respectively focusing on the driving factors originated from technical and scientific explorations and those from national needs. For the former, two aspects are specifically studied, namely the requirements from the pursuit of major scientific issues, and the needs to tackle common problems in strategically important technologies. For the latter, the study gives an in-depth analysis targeting six aspects, respectively focusing on national demands in climate change, population aging and advanced aging, risks and opportunities in health issues, intelligence and the Internet of everything, energy demands, and national security. Based on a summary of the overall situation of science disciplinary development, the study makes a positional judgment on the current problems faced by the science disciplinary development in China. The study concluded that in terms of disciplinary settings, there exist problems such as meticulous division of disciplinary categories, a lack of comprehensive and interdisciplinary integration, the delayed start in the division of interdisciplinary systems, and the imbalanced development of disciplines. In terms of talent, the study identifies a series of problems, including a relatively low proportion of R&D talent and weak competitiveness in the workforce, and an insufficiency of workforce expert at interdisciplinary research. In terms of independent facilities and platforms, there is room for improvement in the areas of medium and high-end instruments and facilities, research information and data, and research reagents. As for institutional factors, the study indicates that improvements are needed in the systems of S&T performance assessment, funding, transfer and transformation of S&T achievements, and protection of intellectual property.

Against the context of China's efforts to build a world power in science and technology, the study analyse the importance of open innovation and international cooperation for China's science and technology development and the new connotations and requirements they present. The study integrates different approaches and methodologies, including scientometrics reports (*e.g.* Research Frontiers and Engineering Frontiers), relevant reports on technology trends (*e.g.* Gartner Strategic Technology Trends, MIT Technology Review, etc.), expert interviews and questionnaire. In combination with the Outline of the 14th Five-Year Plan and 2035 Vision for National Economic and Social Development of the People's Republic of China and the medium- and long-term science and technology layout, and with the needs for the development of fundamental frontiers and core technologies, the study tentatively proposes some key core areas for the development of disciplines and frontiers in China. In consideration of the future development and China's development priorities, the study gives policy recommendations in four aspects: ① precise policy efforts to eliminate institutional barriers; ② emphasis on basic research and optimization of disciplinary systems; ③ innovative talent mechanisms to strengthen intellectual support; and ④ strengthened construction of disciplinary collaborative innovation platforms.

目　　录

上　篇

第一章

从自然知识分类到近代科学学科体系的建立

　　"学科"（academic discipline）是按学术性质和教学科目加以划分的知识领域及其分支，具体体现在专业研究机构、专业学会和期刊及大学系科专业的划分中。学科的划分规定了特定知识领域的问题集和研究范式，因此又具有"规训"作用。学科及学科体系的确立与发展固然受其待解问题集的大小、重要性和内在知识逻辑等因素的支配，但在不同国家和不同的文明中又会受到不同的社会、经济、政治等因素的影响，表现出不同的特点。

　　人类对自然界的认识经历了由简单到复杂的变化过程。随着相关知识的积累与发展，古人逐渐出现了对其进行分类的观念。"轴心时代"以来，无论是西方的古希腊，还是东方的中国，都形成了自己的知识分类体系。及至近代，由于大航海时代的到来及科学革命的发生，欧洲的自然知识也开始急剧扩张，并导致其知识分类体系加速变化。随着近代科学的稳步发展、研究对象范围的不断扩大，各种新的学科开始出现，新的科学学科体系逐步形成。此后，当近代科学知识在全球传播时，欧洲的科学学科体系也流传到世界各地。

第一节　欧洲古代到中世纪的自然知识分类

在人类社会的早期，人们尚无法对自然开展深入的分析与研究，许多认识还停留在笼统直观的阶段。这时候的各种知识都包罗在统一的哲学当中，基本不存在其他独立的科学。尽管此时人类对自然的探索往往服从于追寻世界本原的哲学目的及对日常经验的解释，但是随着生产力的发展与知识的积累，人们逐渐开始对自然形成了比较系统的认识。在古代欧洲，古希腊人认为哲学是高于"自由技艺"的知识，是真实客观的、理性的、超越经验的，其中也包括自然哲学。古希腊哲学家的自然知识随着古希腊哲学的发展而变化。他们在讨论万物本原、变与不变等问题之外，还对感官认识和真正的知识（即真理）进行了区分。例如，柏拉图（Plato，公元前427～前347年）对知识进行了等级划分——越抽象的知识越高级。他认为"感知世界"（visible world）包括现实物体及其"影子"，研究它们主要是通过"物理学"（physics）或"自然学"（study of nature），但由此获得的认识并非真知。只有通过"理智世界"（intelligible world）才可以获得真知，认知它必须转向现实物体的"形式"与纯粹的"理念"，研究前者主要通过数学（包括几何学、天文学、算术学与和声学），研究后者需要通过辩证学（dialectics，后来称为"第一哲学"或"形而上学"）[1]。

作为古希腊哲学的集大成者，亚里士多德（Aristotle，公元前384～前322年）对知识的分类方式对后世影响最大。他将知识分为三种，即创制技艺（productive art）、实践知识（practical science）和理论知识（theoretical science）（表1-1）。三种知识对应不同的思维，第一种思维对应创制的思维，可创制的东西的本原内在于创制者之中，或为心灵，或为技艺，或为一种能力；第二种思维对应实践的思维，可实践的东西的本原同样内在于实践者之中，这就是选择（可实践的东西和可选择的东西是同一的知识）；第三种思维对应静观的思维，无论是自然事物还是数学对象都不是实践和创制的对象，因而只能进行理论的静观。在亚里士多德的知识分类体系中，自然知识也是有区别的，世界本原、宇宙发展和存在的原因等问题属于形而上学，天文学、光学、力学等属于数学，运动学、生物学等属于物理学或自然学。值得注意的是，与其师柏拉图不同，亚里士多德并不认为数学高于物理学，尽管它确实更抽象。另外，他还指出天文学、光学、和声学、力学比较独特，在数学中却具有更多物理学的特质，是一种"中介科学"（scientiae mediae）[2-4]。

表 1-1　亚里士多德的知识分类体系

分类	包含的学科
创制技艺	医学、体育、语法、雕塑、音乐、逻辑、修辞、诗歌
实践知识	政治学、经济学、伦理学
理论知识	"第一哲学"或"形而上学"（包括神学）、数学（包括算术学、几何学、天文学、光学、和声学、力学）、物理学或自然学（包括生物学、心理学等）

自亚里士多德之后的上千年时间里，欧洲的知识分类体系基本上没有进一步的发展。中世纪经院学者将神学元素融入亚里士多德的体系中，但已经逐渐搞不清楚"物理学"、"伦理学"或"形而上学"具体指什么了。到了 12 世纪，圣维克多的休（Hugh of St. Victor，1096～1141 年）做了一次知识分类的综合，在亚里士多德体系的基础上进一步增加了许多细节。圣维克多的休将创制技艺分成逻辑知识与技艺知识，后者包括织造、军备制造、商贸、农事、捕猎、医学、戏剧等[5, 6]。在此期间，欧洲修道院学校的首要课程是神学，其他课程则主要为"七艺"——不过，学习"七艺"也是为学习神学而做准备的。"七艺"的理念起始于古希腊，成型于古罗马晚期，到中世纪才成为一种制度化的固定课程。"七艺"包括"三艺"（trivium）和"四艺"（quadrivium）。前者包括辩证法、文法、修辞学，后者包括几何学、算术、天文学和音乐[7]。

至 11～13 世纪，欧洲大学开始出现，其主要由文学部（faculty of arts）、神学部（faculty of theology）组成。其中，文学部主要是"七艺"的延续，后来又增设了法学部（faculty of law）和医学部（faculty of medicine）。当时大学的学科体系是围绕神学构建起来的，认为神学最好地解释了世界的起源和规律，所有知识都是上帝赋予的，发现真理的方法主要是通过经院哲学的逻辑论证和推理，各学科的研究与教学也都是在神学知识的规范和框架下展开的。

之后随着翻译运动的进行，亚里士多德及其评注者的著作得以传入，并进入中世纪后期的大学课程。尽管与基督教神学存在一定的冲突，但是亚里士多德的哲学最终还是被学校所接受。与此同时，世俗王权力量日益增强，文艺复兴运动逐渐兴起，大学的学科体系也随着社会的转型发生着变化，学者们逐渐走出以神学为中心的学科范畴，开始追求关于自然和人类的知识，学科日益丰富，相继出现古希腊和古罗马经典、政治学、物理学、自然史、数学等课程，语言文学、诗歌等新学科也进入大学。虽然大学还沿袭着中世纪大学神学、文学、医学和法学这四大学部的格局，但是出现了大量的古典人文学科。这时也有学者开始反思原有的知识分类体系。例如，基尔沃比（Robert Kilwardby，约 1215～1279 年）便提出了一个能够包含全部已知学科的分类体系（图 1-1）。尽管仍可以看到圣维克多的休的影响，但基尔沃比的分类体系显然更加精密、丰富且全面。不过，14 世纪后的欧洲学者的兴趣从知识分类转向了新的逻辑学和物理学问题，直到科学革命时期，知识分类才出现新的变化[8, 9]。

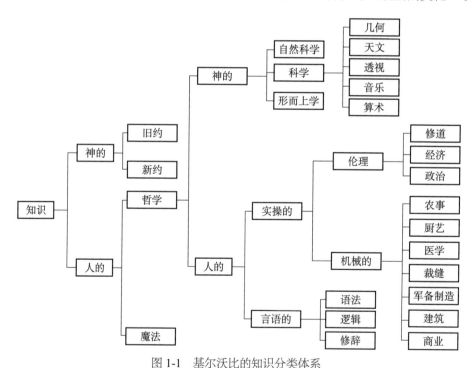

图 1-1　基尔沃比的知识分类体系

第二节　中国古代知识分类系统中的自然知识

　　中国古代的学术分科观念具有悠久的历史，早在先秦时期就出现了初步的知识分类。《周礼·地官司徒·保氏》云："保氏掌谏王恶，而养国子以道。乃教之六艺：一曰五礼，二曰六乐，三曰五射，四曰五驭，五曰六书，六曰九数。"《易经·系辞上传》提到的"形而上者谓之道；形而下者谓之器"，也是典型的分类标准。孔子（公元前 551～前 479 年）按照《周礼》的知识分类讲授"六艺"，即礼、乐、射、御、书、数，相当于六门课程。另外，孔子后学对孔门弟子所长的分类还有"孔门四科"，即德行、言语、政事和文学四个领域。总体来看，先秦时期的知识分类还没有出现明显与自然知识相关的门类。

　　西汉时期，中国古代知识分类逐步成型。不过，与西方不同的是，中国古代对知识的分类主要是通过书籍分类（即目录之学）来体现的。西汉末期，刘向、刘歆父子提出了七略分类法，对后世产生了重要影响。如表 1-2 所示，七略分类法实际上只有六个门类（"辑略"为总论，不计），每大门类下又细分出许多种类，其中，自然知识主要分布在诸子略、数术略和方技略三个门类下，如诸子略中的道家、阴阳家、墨家、农家，数术略中的天文等。此外，其余三类也会有所涉及，如六艺略儒家经典《易》当中也包含对自然的一些认识，兵书中会记述地理学方面的知识，诗赋略屈原《天问》中包含不少天文相关知识等。《汉书·艺文志》沿用了七略分类法，后世学者又在其基础上有所调整。

表 1-2　七略分类法分类体系

类次	类目
辑略	总序、大序、小序
六艺略	易、书、诗、礼、乐、春秋、论语、孝经、小学
诸子略	儒、道、阴阳、法、名、墨、纵横、杂、农、小说

续表

类次	类目
诗赋略	屈原赋之属、陆贾赋之属、孙卿赋之属、杂赋、歌诗
兵书略	兵权谋、兵形势、阴阳、兵技巧
数术略	天文、历谱、五行、蓍龟、杂占、形法
方技略	医经、经方、房中、神仙

不过，中国古代最重要的图书分类体系是四部分类法。四部分类法最早出现于西晋，荀勖（？～公元 289 年）编撰《中经新簿》时未采用七略分类法，而是将群书分为甲、乙、丙、丁四部。甲部为六艺及小学，乙部为诸子百家、兵书、术数等，丙部为史书、旧事等，丁部为诗赋、图赞等。由于先秦诸子的著作不再增加，而史书类文献却持续出现，故而荀勖将诸子百家、兵书、术数、方技等合并为一部，并新增史书类为一部。在该分类体系中，自然知识几乎都被分到了乙部下面，即后来的子部。这种四分法对后世影响深远，《隋书·经籍志》将四部依次命名为经、史、子、集，并附录佛经、道经，正式确立了四部分类法的体系（表 1-3）。从此，四部分类法成为后世图书分类的主流，经历代不断调整与完善，至清代编修《四库全书》时达到巅峰。

表 1-3 《隋书·经籍志》四部分类法分类体系

分类	具体内容
经部	易、书、诗、礼、乐、春秋、孝经、论语、谶纬、小学
史部	正史、古史、杂史、霸史、起居注、旧事、职官、仪注、刑法、杂传、地理、谱系、簿录
子部	儒、道、法、名、墨、纵横、杂、农、小说、兵、天文、历数、五行、医方
集部	楚辞、别集、总集

不过，也有学者不墨守成规，在四部分类法上另辟蹊径，其中以南宋郑樵（1104～1162 年）尤为独特。他在《通志·艺文略》中创立了十二分法，构建了一个分类细密、结构严谨、相对完善的类、家、种三级分类体系。与四部分类法相比，郑樵从经部分出礼、乐、小学三类，又从子部分出天文、五行、艺术、医方、类书五类，说明他可能已经意识到不同学科之间的差异及对知识进行进一步分类的必要。另外，三级分类也是《通志·艺文略》的一大特色，如将经类分为九小类，而其中易小类又分古易、石经、章句、传、

注、集注、义疏、论说、类例、谱、考正、数、图、音、谶纬、拟易等十六种。可以说，郑樵的分类法已经包含了现代学科分类思想的萌芽，只是可惜未能得到后人进一步的发展。

总的来说，自然知识在中国古代知识体系中的位置不甚重要却又不可或缺。之所以形成这种局面，与占据主流思想地位的儒家文化关系密切。儒者一般倾向于成为通才，因而对专门的自然知识缺少兴趣。另外，"形而上"与"形而下"的对分也会影响儒者对自然现象和科学知识的态度，因为大多数普通的自然现象都伴随着有形的性质和物理效应，故而属于"形而下"，并非儒家追求的更高级的"形而上"知识。不过儒家在将道与器分离并认为道高于器的同时，还一直存在着一种"道不离器"的倾向，故自然界的现象与物体也是"君子"知识和修养中的合法内容。除此之外，经世致用也是儒家的基本面向之一，因为自然与科技知识的实用性也会促使学者对它们产生兴趣，尤其是天文历法、算学和医学这些与国计民生密切相关的知识。历朝历代都设立专门机构负责研究、传承和发展自然知识。除儒家思想外，宗教信仰也会影响中国古人对自然知识的看法，如道教对长生的追求可以激励人们对自然现象的探索，尽管这种激励让人重视自然的同时也会引入更多的神秘元素。

第三节　近代科学学科体系在欧洲的建立及其外传

16~17 世纪，欧洲学者对经院哲学和亚里士多德自然哲学越来越不满意。出现这种情况的原因比较复杂，一方面和亚里士多德哲学与基督教之间的冲突有关，另一方面和文艺复兴、宗教改革等时代背景也有关系。虽然托马斯·阿奎那（Thomas Aquinas，约 1225~1274 年）将亚里士多德哲学融入了基督教神学体系，但这种折中方案并不能让所有人满意，寻求可以替换亚里士多德哲学的努力一直没有停止。因此，人文主义者重新发现的古代资料受到重视，柏拉图等的哲学陆续被研究和讨论，对亚里士多德哲学的质疑也与日俱增。伴随着天文学、物理学及炼金术等领域新的研究所带来的冲击，尤其是哥白尼（Nicolaus Copernicus，1473～1543年）、第谷·布拉赫（Tycho Brahe，1546～1601年）、帕拉塞尔苏斯（Paracelsus，1493～1541年）等的新成果的出现，人们开始对旧知识分类体系进行反思。

17世纪出现了两种截然不同的知识观：以培根（Francis Bacon，1561～1626年）、洛克（John Locke，1632～1704年）为代表的经验主义和以笛卡儿（René Descartes，1596～1650年）、斯宾诺莎（Baruch Spinoza，1632～1677年）为代表的理性主义。前者强调经验和感观的重要性，认为从对个别现象的感知经由归纳的途径可以获得一般原理的认识；后者则对感觉经验的可靠性持怀疑态度，认为只有由思想获得的知识才是清晰可靠的。与此同时，一些科学分类的方案也陆续出台。例如，笛卡儿认为哲学有三大部门，即无形世界的形而上学、有形世界的物理学、知识应用的应用学；洛克把科学分为物理学、实践和逻辑学；霍布斯（Thomas Hobbes，1588～1679年）试图把主观原理和客观原理结合起来进行分类，认为数学方法是普遍应用的方法，几何学位于演绎科学之首，物理学位于归纳科学之首[10]。

对后世影响最大的则是培根的知识分类法。他认为，人类的不同智力领域依赖于三种不同的理解能力：历史，包括自然志、地理、政治史、宗教史、市民史及机械技术和工艺，有赖于记忆；诗歌，包括书面和视觉的作品，如戏剧、绘画、音乐和雕塑，有赖于想象；哲学，包括所有的技艺和科学，有赖于理性。在培根的知识分类体系中，自然哲学受理性和部分的哲学能力的控制，包括物理学、形而上学和数学。其中，数学又分为纯粹的和混合的两种，前者包括几何与算术，后者包括光学、天文学、和声学、力学及宇宙学、建筑学等。自然志从属于记忆能力，负责对矿物、植物、动物做出适当描述（记载）、收集和分类，以及关于手工艺和机械的重要描述。培根在自然哲学和自然志之间划出了一条大的分界线，对自然志从属于自然哲学的观点提出挑战，指出精确的观测和自然志的"事实"比自然哲学体系中的很多所谓的证明与公理更确定和可靠[11]。

培根的知识分类方案新颖而精致，摆脱了传统上按学科领域划分的做法，成为18世纪知识分类的一个参照点。尤其是狄德罗（Denis Diderot，1713～1784年）和达朗贝尔（Jean Le Rond d'Alembert，1717～1783年）在编撰《百科全书》时便把培根的体系看作是"百科全书树"（encyclopedia tree），并进一步对其做了调整，如对神学知识的定位。在他们的分类体系中，自然知识也是按照自然志和自然哲学两大范畴分类的。前者包括描述自然的一致和反常及所有实用工艺（all practical arts）中典型的自然应用（uses of nature），属于记忆部分，而"自然科学"属于理性部分。理性的主干超过了记忆和想象两个主要分支，而从理性的主干分离出的数学子分支比其他分支更茂盛。理性部分统称为哲学，哲学之下分为一般形而上学（本体论）、神的知识、人的知识、自然科学四个门类，其中，自然科学分为物的形而上学、数学和专门自然科学（particular physics）。数学下分纯粹数学、混合数学和物理数学。纯粹数学下分算术、几何，混合数学下分力学、几何天文学、光学、声学等。专门自然科学下分宇宙学、气象学、矿物学等。值得注意的是，狄德罗和达朗贝尔在专门自然科学中增加了动物学、气象学、植物学、矿物学、地质学及化学，此前这些学科一般会被划归到培根的自然志范畴，现在它们则脱离了地位低的记忆领域，成为自然科学的一员。于是，在《百科全书》"理性"标题下，存在一个从纯粹的、温和的数学到实验与观测科学的连续统一（continuum），而非自然哲学和自然志之间的质变。这一方面反映出自然志学科地位的提升，另一方面也反映了两大范畴界限的逐步消解[12]。

除了知识观的变化之外，新的科学方法也在 17 世纪出现，其中尤以数学方法与实验方法最关键。当时，数学家们强调数学方法在自然研究中的广泛使用，即将"混合数学"的方法推广开来，认为自然在结构上是数学性的，最可靠的自然证明形式就是数学证明，并且相信只有通过数学方法总结出的关于自然的数学性定律才能真实地反映自然中存在的秩序和运作的方式。经验主义者则指出，亚里士多德的方法重抽象推理而轻经验，仅把经验用作确证先入之见的手段。培根提出把经验作为获得知识的途径，通过观察和实验收集"事实"，然后通过归纳法得出一般"原理"。此外，他还强调关注非常规事物，即研究自然在受到限制和扰乱时的情况。最终，经由伽利略（Galileo Galilei，1564～1642 年）、笛卡儿、波义耳（Robert Boyle，1627～1691 年）等的发展后，近代科学方法在牛顿（Isaac Newton，1643～1727 年）手中形成典范。

17 世纪以后，知识体系进一步成长与分化，各种科学学科开始从包罗万象的哲学中分离出来，为近代的学科分类体系奠定了基础。随着牛顿力学理论体系的完成，刚体力学、流体力学、解析力学、天体力学等力学分支稳步发展；作为表现突出的带头学科，力学为其他学科提供了最具影响力的理论基础与研究范式。在化学领域，拉瓦锡（Antoine-Laurent Lavoisier，1743～1794 年）提出了燃烧的新理论，以氧化学说取代了燃素说，开辟了化学学科建立的方向，推动化学发展为一门新学科。此外，工业革命提出了新的科学问题，加快了人们对热、光、声等现象的探索，为新学科的兴起提供了机遇。同时，动物学、植物学、生理学的发展也方兴未艾。

至 18 世纪末，自然哲学和自然志两大范畴趋于崩溃，新的科学学科体系呼之欲出。柯尔律治（Samuel Taylor Coleridge，1772～1834 年）把科学分为纯粹科学、混合科学、应用科学和复杂科学四大门类。逻辑学和数学属于纯粹科学，机械学、水力学、气压学和天文学属于混合科学，热学、电磁学、光学、化学等属于应用科学，历史学、地理学、辞典学等属于复杂科学。这个分类虽然忽视了科学的客观标准，显得有些杂乱无章，但对后来的分类有所启示。惠威尔（William Whewell，1794～1866 年）汲取培根和笛卡儿的思想营养，将科学分为数学、力学、化学、生物学、心理学、历史学和神学七种。从前一种至后一种，需要加上物质的或心理的能力，如数学加上势力、运动则有力学，力学加上化合力则有化学，等等。这种分类的特点是，尽管条理还不甚明晰但是却注意到各学科之间的相互关系，富有独创性。

圣西门（Claude Henri Saint-Simon，1760～1825 年）正确地提出了科学分类的客观原则，指出各门科学的分类应以其研究对象的分类为基础。他把自然现象分成以下几类（由简单到复杂）：天文现象、物理现象、化学现象和生理现象，与之相对应的是天文学、物理学、化学和生理学。此外，在这些科学之前还有最基本的数学。孔德（Auguste Comte，1798～1857 年）认为，一切科学的基础是经验，所有的神学和形而上学假设对科学毫无贡献，都必须予以抛弃，而通向真理的唯一道路是科学。他沿袭了圣西门的分类系统，认为有六种基础科学，即数学、天文学、物理学、化学、生物学、社会学。这些科学相互依赖，要清楚地理解一门科学，就必须先研究前面的其他几门科学。斯宾塞（Herbert Spencer，1820～1903 年）把知识分为抽象科学和具体科学。前者包括逻辑和数学，后者包括自然科学。皮尔逊（Karl Pearson，1857～1936 年）在培根的树枝状图式、孔德的科学相互依存的基础上，结合斯宾塞的抽象科学和具体科学的区分，提出了自己的科学分类体系。他将整个科学分为抽象科学、物理科学和生物科学三大类。其中，抽象科学囊括了通常归类为逻辑和纯粹数学的一切；物理科学分为精密的（已还原为理想运动的）和概要的（尚未还原为理想运动的）两种，前者包括力学、电磁学、光学等，后者包括气象学、矿物学、化学等；生物科学则是概要的而非精密的，包括动物学、植物学、心理学等。皮尔逊的分类工作对后世的影响持久深远，直到今天仍具有一定的启发意义[13]。

整个 19 世纪，热学、电磁学、光学等经典物理学分支日趋成熟，并且出现了数学化和形式化的热力学、统计物理学和电动力学，化学、生物学、地质学、心理学等学科也取得了长足发展。在此期间，欧洲高等院校逐渐强化科研功能，形成了一批研究型大学。随着工业革命的进展，科学技术日益成为社会发展的核心力量，大学学科体系也相应出现了众多应用性学科，如工程学科，包括机械工程、电力工程、冶金工程、农业技术等。大学开始从研究型领域进一步拓展到应用型领域。由于大学开设相应课程，培养具有专门知识的人才，以及设置专门教席甚至院系，许多新学科最终得以通过大学科系的形式完成其制度化过程，并获得稳固的社会地位。到19世纪末，以数学、经典物理学、化学、天文学、生物学、地质学为基础学科，同时包含一批应用学科的近代学科体系框架基本形成。

20 世纪初发生了以量子力学和相对论为代表的物理学革命，使人类的知识系统在广度和深度上再次实现了突破与飞跃。这两大理论对物理学学科发展的方向和进程产生了重大影响，直接带动了天文学、化学等学科的变革，并引发了生物学、地学的重大理论突破，各学科之间广泛而深入地交叉和融合又产生了许多新兴学科。学科分化的步伐大大加快，学科越来越多，专业化程度越来越高，自然科学分化为基础理论科学、技术基础科学和工程应用科学三个层次，每个层次又分成各种不同的门类。各种学科之间出现了交叉学科、边缘学科等，现代科学学科体系日趋发展成一个专业和门类极为丰富的网络。

当西方科学学科体系发展比较成熟后，一些科学相对落后的国家陆续开始引进近代科学并建立自己的科学学科体系，其中尤以俄国和日本较为成功。俄国引进西方科学的时间较早，在18世纪便基本完成了自己科学体系的构建，而日本主要在 19 世纪末 20 世纪初完成。

对比俄日两国引进近代科学体系的过程可以发现，两者之间存在不少共同点。首先，与科学原生国家不同，俄日两国的科学体系都是由政府"自上而下"领导建立的，而不是由科学家群体"自下而上"推动建立的。在两国君主和政府的主导下，科学发展在制度和财政方面都获得了大力支持；无论是俄国的彼得堡科学院，还是日本的各种研究所，两国的科研机构也都是由政府推动成立的。其次，两国的科学发展都经历了从完全聘请外籍专家到培养国内人才的过程。俄国的彼得堡科学院曾经高薪聘请许多外国著名科学家，其中以欧拉（Leonhard Euler，1707~1783 年）最为典型，日本也曾花费巨资聘请大量欧美专家指导本国科学的建设工作。与此同时，两国也都注重对本国科学人才的培养，派遣留学生前往科学发达国家深造，并推动本国院校的建设，进一步发展自己的科学体系。再次，两国政府努力在社会上营造一种有利于科学发展的文化氛围，表现出一种急于摆脱科学落后状态、积极向上的态度，无论是彼得一世的"破窗入欧"，还是明治维新的"脱亚入欧"，都与之紧密相关。在此过程中，两国政府都积极推动科学教育与普及，提高国民的科学素质，进一步培育有助于科学生长的文化土壤。最后，两国采用了实用技术和基础科学并重的路径，这一点尤其重要。在引进近代科学的初期，由于国家发展的需求，特别是在军事和经济领域，两国对军事技术与工业科技等实用性技术都非常注重，但同时也都在积极推动基础科学方面的研究。正因为如此，俄日两国才得以完整地建立起自己的科学体系。不过，两国毕竟国情不同，在引进近代科学的具体做法上也存在一些差别。例如，俄国在18 世纪的科学活动主要以彼得堡科学院为中心，到 19 世纪才开始逐步推动工业化建设；而日本在开展科学活动的同时很快便完成了产业改革，最大程度地提升了自身的竞争力[14-16]。总体来说，俄日两国引进近代科学体系的经验值得其他科学后发国家借鉴。

第四节　近代科学学科发展的驱动力

影响近代科学学科发展的因素有很多，本节从以下五个方面进行介绍。

（一）来自知识观的变化是推动学科发展的重要驱动力

由于知识分类和对知识整体与部分之间关系的认识有关，涉及对世界的整体看法，因而确定知识门类划分和组织的总体性框架在本质上是一个认识和观念问题。所以，知识观的变化可以给学科发展产生驱动力，这一点在培根身上体现得尤为明显。他认为，知识的目的不是获得精神上的满足，而是指导人们获得新的经验和发明，为人们生活提供益处及帮助。正是在这个意义上，培根提出了"知识就是力量"的口号，强调科学知识应该是有用的知识。这样的知识观可以促使人们不断去研究走向与实际生活有关的新问题，进而催生出新的学科分支。工业革命以后，这种"实用主义"的知识观得到加强，成为科学发展的持续动力。

（二）新的研究方法是推动学科发展的重要因素

无论是培根的归纳法，还是笛卡儿的演绎推理，抑或是伽利略的数学－实验方法，都为后来的科学发展提供了基础。17世纪物理学的巨大成功，也使数学方法和实验方法成为其他学科的研究范式，促进了这些学科的快速发展。不仅如此，科学方法后来还被引入传统的人文与社会领域，用于自然物质对象的研究方法和观念也被转用于人类及人类社会，进一步催生了新的学科。

（三）学科内部的知识发展是学科发展的重要驱动力

一个学科的发展往往离不开其内部悬而未决的学术难题，无论是中世纪后期亚里士多德自然哲学与基督教神学之间的冲突，还是托勒密（Claudius Ptolemy，约公元90～168年）天文学体系中的固有矛盾，都为科学革命的发生提供了原动力。希尔伯特（David Hilbert，1862～1943年）的23个问题或者爱因斯坦（Albert Einstein，1879～1955年）对统一场论的不懈追求，都为后人指明了学术方向。另外，学科的发展还与自身知识的逐步累积有关，当某方向发展到一定程度后，便有可能分化成为新的学科。例如，动物学、植物学等从自然志中分化而出，电磁学、热力学等也都是逐步累积发展才成为独立学科的。一个学科的产生和发展，往往滞后于其相关知识领域的研究和发展，只有当某个研究领域的知识发展到一定程度，形成规范化、专门化的知识体系时，学科才能得以形成。

（四）分学科的学术共同体的出现为学科的稳步发展提供了保障

17世纪，科学社团和科研机构陆续出现，其中以伦敦皇家学会（Royal Society of London）和巴黎皇家科学院（Académie Royale des Sciences de Paris）为主要标志。19世纪，分专业的学术团体纷纷建立。例如，英国在19世纪末时已有100多个学会，包括皇家天文学会、伦敦化学会等。20世纪后，国际性的学术团体蓬勃兴起，国际数学联合会、国际声学委员会、国际地质科学联合会等相继成立。不同学科的学术共同体在大学、科学社团和科研机构的基础上形成，并建立了完善的交流机制，包括定期出版的学术刊物及定期举行的学术讨论会等，推动各自学科不断地向前发展。

（五）社会与文化方面的外在需求也对科学发展产生了推动作用

例如，伴随着资本主义海外殖民扩张，大量的新发现被欧洲人所了解，这些未知事物极大地激发了欧洲人的求知欲，同时也在改造着他们的知识观，并进而推动学科体系的发展。又如，默顿（Robert King Merton，1910～2003年）指出英国清教主义与科学拥有某些共同的重要价值，这些价值有助于解释17世纪科学在英格兰的兴起。另外，频繁的战争促进了欧洲军事科技的进步，伽利略对抛体运动的研究即与炮弹发射有关。工业革命以后，技术领域的许多进步都与经济发展的追求关系密切。到19世纪末，企业对研究与开发的需求愈加突显，于是工业实验室这一新型科研组织应运而生，与科研院所、高等院校的科研机构共同组成了现代科研体系。

本章参考文献

[1] Weisheipl J A. The nature, scope, and classification of the sciences//Lindberg D C. Science in the Middle Ages. Chicago: University of Chicago Press, 1978: 461-465.

[2] Weisheipl J A. The nature, scope, and classification of the sciences//Lindberg D C. Science in the Middle Ages. Chicago: University of Chicago Press, 1978: 466-468.

[3] 聂敏里. 亚里士多德对科学知识体系的划分. 哲学研究, 2016,（12）: 71-78, 129.

[4] 王荣江. 亚里士多德的科学知识观及其学科分类思想. 广西师范大学学报（哲学社会科学版），2019，45（3）：27-32.

[5] Weisheipl J A. The nature, scope, and classification of the sciences//Lindberg D C. Science in the Middle Ages. Chicago: University of Chicago Press, 1978: 469-474.

[6] Weisheipl J A. Nature and Motion in the Middle Ages. Washington D.C.: The Catholic University of America Press, 1985: 203-216.

[7] 凯瑟琳·帕克，洛兰·达斯顿. 剑桥科学史·第3卷·现代早期科学. 吴国盛主译. 郑州：大象出版社，2020：308-314.

[8] Weisheipl J A. The nature, scope, and classification of the sciences//Lindberg D C. Science in the Middle Ages. Chicago: University of Chicago Press, 1978: 474-480.

[9] Weisheipl J A. Nature and Motion in the Middle Ages. Washington, D.C.: The Catholic University of America Press, 1985: 216-237.

[10] 李醒民. 论科学的分类. 武汉理工大学学报（社会科学版），2008，（2）：150-151.

[11] 弗朗西斯·培根. 学术的进展. 刘运同译. 上海：上海人民出版社，2015.

[12] 罗伊·波特. 剑桥科学史·第4卷·18世纪科学. 方在庆，主译. 郑州：大象出版社，2010：209-230.

[13] 李醒民. 论科学的分类. 武汉理工大学学报（社会科学版），2008，（2）：151-153.

[14] 鲍鸥，周宇，王芳. 科技革命与俄罗斯（苏联）现代化. 济南：山东教育出版社，2020：1-106.

[15] 刘天纯. 日本改革史纲. 长春：吉林文史出版社，1988：166-211.

[16] 李廷举，吉田忠. 中日文化交流史大系·8·科技卷. 杭州：浙江人民出版社，1996：263-286.

第二章

学科在中国的演进及其推动力

　　中国古代有自己独特的知识分类体系，其中夹杂着各类自然知识。从明末到清代，欧洲的科学技术知识首次大规模传入中国，对中国传统自然知识体系造成了较大的冲击，但并未使它的地位和性质发生本质性改变。直到鸦片战争之后，已经初具规模的西方近代科学以更加系统的方式传入，中国的学科体系的近代化才开始与国家的近代化同步进行。如果说西方科学学科体系形成和演进的推动力主要来自知识观的变化、研究方法的更新、学科内部自身发展及学术共同体的形成等因素，那么近代中国则希冀通过教育（特别是高等教育）的改革来培养国家和民族需要的人才，以实现救亡图存。传统与西学不断交融和冲突，在这个此消彼长的过程中，近代学科体系在中国逐渐形成。由于以上原因，我们考察近代学科体系就必须从高等教育学科体系着手，因为"大学作为高等教育的主体，既是培养各类专业人才的基地，也是汇集专家学者研究各门高深学问的处所。它所设立的学科，体现了近代学术研究的基本门类和科目，影响并主导着学术研究的范围和方向"[1]。

　　对于中华人民共和国成立以前的中国学科的发展，基本可以按照曾任北京高等师范学校（北京师范大学前身）校长的陈宝泉的分期方法：①无系统时期，从 1862 年京师同文馆的建立到 1902 年《钦定学堂章程》颁布为止；②《钦定学堂章程》和《奏定学堂章程》时期，从 1902 年《钦定学堂章程》

和 1904 年《奏定学堂章程》颁布至 1911 年；③国民政府新学制时期，从 1912 年《壬子学制》和 1913 年《癸丑学制》颁布至 1922 年；④《学校系统改革案》颁布时期，从 1922 年《壬戌学制》颁布至 1949 年中华人民共和国成立[2]。在此需要说明的是，直至 1952 年中国全面学习苏联而进行的"高等院校调整"，中国的高等学科体系依旧沿袭中华民国旧制[3]。此后，中国高等教育学科体系的发展历程分为四个阶段，分别是学习苏联阶段（1949~1960 年）、调整恢复阶段（1961~1977 年）、全面发展阶段（1978~2005 年）及强化提升阶段（2006 年至今）[3]。

第一节　近代科学在中国的传播（1582～1911 年）

近代科学在中国的传播可大致分为两个阶段。

第一阶段始于 1582 年（明朝万历十年）意大利传教士利玛窦（Matteo Ricci，1552~1610 年）来华[4]，止于 1826 年（清道光六年）最后一位在清钦天监任职的葡萄牙传教士高守谦（Verissimo Monteiro de Serra，1776~1852 年）回国。来华传教士在中国学者的帮助下，翻译和编纂了大量有关欧洲科学技术知识的著作，涵盖了地理学、天文学、几何学、力学、生物学、机械、水利等领域，知识来源既有亚里士多德、欧几里得（Euclid，约公元前 330~前 275 年）和托勒密等古希腊科学大家，又有哥白尼、第谷、开普勒、伽利略、牛顿等近代科学的创立者。可惜的是，由于宗教立场、知识水平和工作动机（为传教工作服务）的限制，传教士们既没能对近代科学进行全面和及时的介绍，更刻意回避了日心地动说和牛顿力学体系等代表近代科学最高水平的知识，所有的知识引介也都是在中国传统的自然知识范畴之内进行的。因此，尽管传教士们长期活跃在清朝宫廷，并占据了钦天监监正的职务，实现了清朝官方历法天文学系统的西化，但最终并未使中国科学走上近代科学之路[5]。

第二阶段从 19 世纪初开始，一直持续到新文化运动时期。早期由马礼逊等新教传教士在边疆省份的底层民众中传播一些医学等知识。稍晚，天主教会又得以重新进入中国。他们和新教的众多教派一道，在中国多个地方创办了从幼儿园、小学到中学、大学的大量学校。他们办的圣约翰大学等更是直接在国外注册，与国际接轨。这些学校培养了一些初通近代科学的人才，为中国的现代化转型打下了一定的人才基础。

第二次鸦片战争以前，西方知识体系（包括自然科学技术知识）传入，但是其影响力仅限于对此有兴趣的皇帝和为数不多的官僚知识分子，除天文历法等极少数科技知识应用于实践外，多被中国人视为"西洋景"。由传教士兴办的教会学校虽有一定的积极作用，但是对整体中华文明的近代化影响不大，学科体系的近现代化更无从谈起。

近代西方学科体系的传入是一个漫长的、循序渐进的过程。在前学制时代，中国高等教育的近代化学科设置是不成体系的。清政府洋务派从实用主义出发，为培养急需的专门人才，兴建了各类高等专业学堂。学习西方先进的知识体系首先要熟悉西方各国的语言，各种方言（当时认为外语是方言）学堂和翻译馆逐渐被创办。1862 年 8 月，总理各国事务衙门奏请设立京师同文馆。京师同文馆的创办，是中国学科体系近现代化的开端[6]。这种学堂和翻译馆还有李鸿章奏请设立的上海广方言馆（1863 年）与广东广方言馆（1864 年）、曾国藩奏请于上海制造局内附设的翻译馆（1868 年）、张之洞奏请设立的自强学堂（1893 年）。在上海制造局内附设的翻译馆，伟烈亚力、傅兰雅等欧洲传教士和王韬、徐寿等中国士人协作，以口述笔译方式翻译了大量的欧美近代著作，把物理学、化学、高等数学、生物学等学科的许多知识传到中国。

秉持"师夷长技以制夷"的思想，洋务派认为西方文明的先进之处在于军事及相关的科技方面。为了打造坚船利炮，一批技术学堂和军事学堂得以兴办。最早一批技术学堂包括 1866 年附设于福建马尾船厂的船政学堂（前堂以法文教习造船技术，后堂以英文教习驾驶技术）、1867 年上海制造局内附设的机器学堂及天津电报学堂（1879 年）和上海电报学堂（1882 年）。最早一批军事学堂包括 1880 年创办的天津水师学堂（分为驾驶和管轮两科）、1887 年创办的广东水师学堂和 1890 年创办的江南水师学堂。以上诸如翻译、技术和军事学堂均是为培养国家急需人才所建的，具有职业专科学校的雏形，但在传统思想的影响下，并非科举正途，所培养的人才也是少数。从洋务学堂的发展过程来看，1866 年以前以创办外国语学堂来培养翻译人才为主；1866 年之后，转向以创办军事（武备）学堂来培养军事技术和指挥人才为主；1879 年之后才开始创办科技学堂以培养洋务企业所需要的科技人才。

　　沿海督抚和分管洋务的大臣与西方接触最多，他们在工作和与西方打交道的过程中意识到中国传统教育的不足。早在第一次鸦片战争结束不久的1843 年，时任两广总督的祁墇就奏请开"制器通算"科[7]。第二次鸦片战争战败后，朝野震恐，清政府中富有见识的官员和普通知识分子意识到中国传统教育的学科体系对于培养人才的局限性，纷纷奏请皇帝在科举制的基础上增设适应近代知识的科目，以此作为对科举制的改良。1864 年，李鸿章在致恭亲王奕訢和文祥的信中提出，"中国欲自强，则莫如学习外国利器……欲觅制器之器与制器之人，则或专设一科取士，士终身悬以为富贵功名之鹄，则业可成，艺可精，而才亦可集"[8]。1870 年，闽浙总督英桂、船政大臣沈葆桢等上奏称："水师之强弱，以炮船为宗；炮船之巧拙，以算学为本。……京师设同文馆，闽沪两厂均设学堂，以讲明算法，可谓求其本矣。""臣等再四筹商，合无仰恳圣恩，特开算学一科，诱掖而奖进之。"[9]他们强调算学的重要性，希望朝廷开设算学科。1875 年，礼部在《奏请考试算学折》中，对开设算学科仍持抗拒态度，但是给出了折中方案，即允许有算学才能的人参加科举考试，相当于不改变考试大纲而放宽了报名条件——"总期由成法而得其变化，即末艺而溯其本原，仰副朝廷造就人才之意。如此多设其途，较之特开一科尤觉鼓励奋兴，不至以实求而以名应，庶算学不难日益精密矣"。[10]1884 年，潘衍桐奏请朝廷开设"艺学"科，"为今之计，莫如仿翻译例，另开一艺学科：凡精工制造、通知算学、熟悉舆图者，均准与考"[11]。

　　从上述奏章可以看出，在科举考试中增设"西学"科目，是清廷精英阶层为了国家应急之需储备人才的考量，希望以"科名仕宦"搜罗实用型人才。其后，由于形势越来越紧迫，1898 年严修奏请设"经济专科"，在奏折中写道："……而目前所需，则尤以变今为切要，或周知天下郡国利病，或熟谙中外交涉事件，或算学律学，擅绝专门，或格致制造，能创新法，或堪游历之选，或工测绘之长，统立经济之专名，以别旧时之科举，标准一立，趋向自专，庶几百才绝艺，咸入彀中，得一人即获一人之用。"[12]他多次强调，如果不立科目，人们会觉得这不是正途，如果被此科录取，要"皆比于正途出身，不得畸轻畸重"[13]。1898 年，梁启超等公车上书请变通科举——"为国事危急，由于科举乏才，请特下明诏……停止八股试帖，推行经济六科，以育人才而御外侮"[14]。

1895 年签订《马关条约》后，政府降低准入门槛，允许民间人士办实业，纺纱、织布、面粉加工等近代轻工业得以在民间兴起。为培养高级建设人才，清朝政府还兴办北洋大学堂、京师大学堂、山西大学堂等大学堂，在其预科和本科中开展近代科学和技术的教育。

1898 年，清光绪帝下谕军机大臣与总理衙门议奏《京师大学堂章程》，由梁启超代议，以日本和西方学制为蓝本，结合本国国情，拟定了《京师大学堂章程》。同年 5 月，京师大学堂准奏设立[6]。学科体系如表 2-1 所示。

表 2-1 《京师大学堂章程》学科体系（1）[15]

分类	学科
普通学	经学、理学、中央掌故学、诸子学、初级算学、初级格致学、初级政治学、初级地理学、文学、体操
专门学	高等算学、高等格致学、高等政治学（法律学归此门）、高等地理学（测绘学归此门）、农学、矿学、工程学、商学、兵学、卫生学（医学归此门）

注：普通学须同时于英、德、法、俄、日五种外国文中选习一种，学生学习完普通学之后，可以选择一门或两门专门学进修。

1901 年 12 月，孙家鼐任管学大臣，管理京师大学堂事务，对梁启超拟定的章程进行了修改，把经学、理学、诸子学、文学分别并入其他学科，取消兵学。修改后的学科体系如表 2-2 所示。

表 2-2 《京师大学堂章程》学科体系（2）[16]

学科	附加（学科）内容	学科	附加（学科）内容
天学科	算学附	武学科	水师附
地学科	矿学附	农学科	种植水利附
道学科	各教源流附	工学科	格致附
政治科	各国律例附	商学科	舟车电报附
文学科	各国语言文字附	医学科	地产植物化学附

1901 年，清廷任命张百熙为管学大臣，负责整顿京师大学堂。张百熙对

京师大学堂的学科体系进行了调整，暂不办正式大学，先办大学预备科和速成科，学科体系如表 2-3 所示。

表 2-3 《京师大学堂章程》学科体系（3）

分类	学科
大学预备科	政科、艺科、经学、声学、史学、光学、政治学、化学、法律学、电学、通商学、农学、理财学、工学、医学、算学
速成科	仕学馆、师范馆、译学馆（为京师同文馆并入后所设，有英、法、德、俄、日五国语文专科）

政科与艺科的划分，是中国近代高等教育学科体系分为文、理两科的雏形。速成科中的仕学馆是日后法科的前身，师范馆是高等师范学校的前身[6]。

1902 年 8 月，张百熙进呈《学堂章程》（其中有关高等教育学科体系的有《高等学堂章程》和《钦定京师大学堂章程》），清廷颁此章程为《钦定学堂章程》，史称《壬寅学制》。这是近代中国首次由政府正式颁布的完整学制系统，是中国高等教育学科分科与设置的起源[6]。其中，大学专业分科分为政治、文学、格致、农艺、工艺、商业、医术七科，如表 2-4 所示。

表 2-4 《钦定京师大学堂章程》大学分科门目表

政治科	文学科	格致科	农艺科	工艺科	商业科	医术科
政治学	经学	天文学	农艺学	土木工学	簿计学	医学
法律学	史学	地质学	农业化学	机器工学	产业制造学	药学
	理学	高等算学	林学	造船学	商业语言学	
	诸子学	化学	兽医学	造兵器学	商法学	
	掌故学	物理学		电器工学	商业史学	
	词章学	动植物学		建筑学	商业地理学	
	外国语言文字学			应用化学		
				采矿冶金学		

1903 年 6 月，湖广总督张之洞进京，奉旨会同张百熙、荣庆"将现办大学堂章程一切事宜，再行切实商订，并将各省学堂章程一律厘订"[4]。随即，清政府据此颁布《奏定学堂章程》，史称《癸卯学制》。该学制的大学堂学制为三年，将"科"下的"目"改为"门"。

《癸卯学制》于《壬寅学制》七科之外，增设经学科，下设周易、尚书、春秋左传、毛诗、春秋三传、周礼、仪礼、礼记、论语、孟子、理学等十一门。此外，文学科改分为中国史学、万国史学、中外地理、中国文学、英国文学、法国文学、俄国文学、德国文学、日本文学等九门；商科改分为银行及保险学、贸易及贩运学、关税学三门；工科增设火药学一门；政法科、医科、格致科、农科四科，仅是名称有些变更，各科的分门没有增减[6]。

改变国民的思想观念和行为模式，让整个国家从中古走向近代、从农业文明走向工业文明，激励机制在其中扮演了重要的角色。清政府于1905年废除延续了约1300年的科举制度，并于同年开始举行归国留学生考试，给合格者以功名，授予他们官职。通过兴办学堂、废除科举、鼓励留学，中国得以培养出近现代化建设所需要的大批科学技术人才。

尽管1861～1911年中国兴办了一些近代工业，组织翻译了上千种科学技术书籍，办了一些新式学堂，相比之前有明显进步，但其进步速度还很不尽如人意。虽然所办新产业投资很多，但大多亏损，能发展壮大的企业很少；而在激烈的竞争中，传统优势产业（如茶业、陶瓷业、丝绸业）所拥有的国际市场份额乃至国内市场份额却呈显著下降趋势。所翻译的书籍，普遍印数不多，读者不广。所办的学堂，因合格师资不够，质量普遍不够高。相比而言，外国传教士的办学质量较高，而本国人办学质量则逊色很多。例如，最高学府京师大学堂，直至1911年清朝灭亡，还没有一名合格的本科生毕业（已毕业的只有速成班学生或大学预科生）。

总的说来，尽管进行了数十年的现代化建设，但在1901年清政府实施新政以前，当政者仍持"天朝大国"心态，不肯虚心向他国学习；国家的政治体制基本没变；国家长期处于战乱状态，令财政长期处于枯竭的边缘，包括教育、科研在内的很多事业都无财力推动；为收取厘金等苛捐杂税，各省到处设卡，国内市场并未统一，民营企业受到的盘剥尤多，而外国不但大量向中国输出工业制成品，而且还获得了把工厂开到中国的权利，令初生的民族企业更显孱弱，愈难成长起来。

新政实施后，此前戊戌政变时所废除的诸多改良措施得以重新启动。1904年颁布实施《癸卯学制》、1906年宣布"预备立宪"后，国家体制更是发生重大改变，进而其经济、文化政策日渐开明。在奖励留学、废除科举、举行归国留学生考试并给合格者以功名乃至实授官职等奖惩制度的引导下，大量国民到日本、美国等国留学。见识过现代化、拥有较多现代知识的人才成批出现，产业也得以成长。国民，尤其是新一代国民的知识结构、思想倾向开始发生显著的变化。

第二节　现代大学制度、现代科研院所制度
在中国的建立（1912～1949年）

1912年国民政府成立后，南京临时政府拟定《中华民国学校系统草案》，改学堂为学校。9月，北京国民政府参照日本学制颁布《学校系统令》，制定了中华民国第一个学制，史称《壬子学制》。1913年1月，北京国民政府公布《大学规程》，与《壬子学制》合称《壬子－癸丑学制》。新学制的大学学科体系与《癸卯学制》相比，废除尊孔读经等课程（取消经学科），并对学科名称做了部分变更，变更后的学科名单如表2-5所示。

表2-5　1913年1月教育部公布《大学规程》中的学科体系

文科	理科	法科	商科	医科	农科	工科
哲学门	数学门	法律学门	银行学门	医学门	农学门	土木工学门
文学门	星学门	政治学门	保险学门	药学门	农艺化学门	机械工学门
历史学门	理论物理学门	经济学门	外国贸易学门		林学门	船用机关学门
地理学门	实验物理学门		领事学门		兽医学门	造船学门
	化学门		税关仓库学门			造兵学门
	动物学门		交通学门			电器工学门
	植物学门					建筑学门
	地质学门					应用化学门
	矿物学门					火药学门
						采矿学门
						冶金学门

《壬子－癸丑学制》将文、理两科规定为大学必须具备的基础学科，规定："大学以文、理二科为主；须文、理二科并设，或文科兼有法、商二科之一，理科兼有医、农、工三科之一者，方得称为大学。设法、商等科而不设文科者，不得为大学；设工、农、医等科而不设理科者，亦不得为大学。"该学制放弃了"中学为体，西学为用"的思想，改变了将科学技术视为"技艺"的观念。《壬子－癸丑学制》是中国的高等教育由儒家定于一尊的一揽子旧式书院进入近代新式分科高等学校根本性的转变；中国的高等教育也由此全面进入近代教育范畴[6]。

《壬子－癸丑学制》明确规定了大学教育的宗旨是"教授高深学术，养成硕学闳才，应国家需要"[17]。

1917 年 9 月，教育部公布《修正大学令》，规定"大学为文科、理科、法科、商科、医科、农科、工科，设二科以上者得称为大学；其单设一科者称为某科大学"，即允许单科大学的设立。1922 年，国民政府教育部公布《学校系统改革案》，史称壬戌学制。该学制参仿美国学制，取消大学预科，将"科"下的"门"改为"系"，由此中国大学形成"大学－科－系"三级行政管理制[6]。

1927 年南京国民政府成立以后，决定采取三民主义的教育宗旨，1929 年 4 月 26 日国民政府正式公布的教育宗旨为"中华民国之教育根据三民主义，以充实人民生活，扶植社会生存，发展国民生计，延续民族生命为目的；务期民族独立，民权普遍，民生发展，以促进世界大同"[18]。

同时，国民政府颁布了八条实施方针，第四条对大学教育做了如下规定："大学及专门教育必须注重实用科学，充实科学内容，养成专门知识技能，并切实陶融为国家社会服务之健全品格。"[18]

1929 年 7 月，国民政府教育部颁布《大学组织法》，不再设置单科大学。同年 8 月，教育部公布《大学规程》，将大学行政管理体系中的"科"改称"学院"，大学于文、理、法、商、农、工、医七学科之外，加添教育科，成为八个学院。凡具备三个学院以上须包含理学院，或农、工、医各学院之一的，方可称为大学；不符合大学条件的，称为独立学院，需要分两科[6]，如表 2-6 所示。

根据中华民国教育部高等教育司公布的数据，1928 年 8 月至 1929 年 7 月的高等教育概况如表 2-7 所示。

表 2-6　1929 年 8 月教育部公布《大学规程》中的学科体系

大学文学院或独立学院 文科	大学理学院或独立学院 理科	大学法学院或独立学院 法科	大学教育学院或独立学院教育科	大学农学院或独立学院 农科	大学工学院或独立学院 工科	大学商学院或独立学院 商科	大学医学院或独立学院 医科
中国文学系	数学系	法律系（专设）	教育原理系	农学系	土木工程系	银行系	不分系
外国文学系	物理学系	政治系	教育心理系	林学系	机械工程系	会计系	
哲学系	化学系	经济系	教育行政系	兽医系	电机工程系	统计系	
史学系	生物学系		教育方法系	畜牧系	化学工程系	国际贸易系	
语言学系	生理学系		其他	桑蚕园艺系	造船学系	工商管理系	
社会学系	心理学系			其他	建筑学系	交通管理系	
音乐学系	地理学系				采矿系	其他	
其他	地质学系				冶金系		
	其他				其他		
	药科（必须附设）						

表 2-7　1928 年 8 月至 1929 年 7 月的大学概况（部分）总表[19]

校别	所在地	学系（或科）数											
		文	理	法	教育	农	工	商	医	艺术	师范	预科	总计
国立中央大学	南京	5	6	2	1	6	5	5	1		2	1	34
国立中山大学	广州	4	6	3	1	3			1		1	1	20
国立清华大学	北平	5	5	2			1						13
国立交通大学	上海						2	1				1	4
国立武汉大学	武昌	2	2	1								1	6
国立浙江大学	杭州	4	3		1		4					1	13
国立暨南大学	上海	3	3	2	1			6				1	16
国立同济大学	上海						2		1			1	4

续表

校别	所在地	学系（或科）数											
		文	理	法	教育	农	工	商	医	艺术	师范	预科	总计
成都大学	成都	3	4	3	1						1	1	13
东北大学	沈阳	3	3	3	1		6				4	1	21
山西大学	太原	2		2			3					1	8
湖南大学	长沙	3	1	2			3					1	10
安徽大学	安庆	1		3	1								6
私立厦门大学	厦门	4	4	3	1			2					15
私立金陵大学	南京	6	4	2	1	5							19
私立光华大学	上海	5	4	2	1			3					15
私立燕京大学	北平	5	5	2	1	2						1	16
私立南开大学	天津	2	4	2	1				4			1	14

1929 年颁布的《大学组织法》和《大学规程》，明确规定了大学高等教育的宗旨，大学应以"中华民国教育宗旨及其实施方针，以研究高深学术，培养专门人才"为目标[18]。

1939 年 9 月，教育部颁布《大学及独立学院各学系名称令》，共 8 条，统一规定各学院所设系科规范名称及两系科合组成一系的名称。在抗日战争时期，虽然条件十分艰苦，但是中国高等教育的学科体系建设仍然朝着综合型的方向发展，并且在抗日战争胜利后发展得更为迅猛[6]。

在大学教育之外，科学研究也是学科体系建设的重要组成部分。1915 年前后，章鸿钊、丁文江、翁文灏、任鸿隽、竺可桢、茅以升、秉志、吴宪等在海外做过科研、获得学位的留学人员陆续学成归国。此时，中国已结束了连续 2000 多年的帝制，成为虽乱象迭出但不乏活力的东亚第一个"民国"。新的国家领导层中有不少人曾出国留学或出国考察，大多有奋发图强之志，对了解先进文化、代表先进生产力的留学人员颇为礼遇，希望通过发展交通、实业、教育、科学等举措使国家从落后的农业国转型为现代工业国。在这种情况下，1916 年，丁文江、章鸿钊、翁文灏等得以说服政府官员，在工商部之内，建起了现代中国第一个科研机构——地质调查所。稍后，又出现了由民间组织或机构创办的研究院所，如由中国科学社办的生物研究所（1922年，南京），由企业家范旭东办的黄海化学工业研究社（1922年，塘沽），由中华教育文化基金等办的静生生物调查所（1928年，北平），由企业家卢作孚办的中国西部科学院（1930年，重庆）等。1928年南京国民政府成立后，又先后创办了一批研究院所。例如，1928年创办的中央研究院（下辖物理、化学、工程、地质、天文、气象、心理、社会科学、历史语言等多个研究所，主要分布于上海和南京），1929年基于北平诸大学的研究力量而创办的北平研究院（下辖物理、化学、镭学、药物、生理、动物、植物、地质、历史等9个研究所和测绘事务所，分布于北平），1931年创办的中央工业试验所，1932年创办的中央农业试验所和中央卫生试验处等。原工商部的地质调查所也于这个时期被升格为中央地质调查所，并衍生出多个地方或部门的地质调查所。此外，1928年成立的兵工署也下辖有应用化学研究所、弹道研究所、材料研究所、兵工研究所等多个国防军工研究机构。

随着海外留学归国教师的逐渐增多，中国的大学也日渐步入正轨。北京大学在蔡元培担任校长后，率先在高校中办起研究所，从事自然科学、社会科学与人文学科的各门学术研究。之后，东南大学、北京协和医学院、南开大学、武汉大学、清华大学等高校也先后建立起研究院、所，或者就在系里开展研究工作。

随着海外留学归国人员的日益增多，他们建立起科学社团（先有中国科学社等不分科的社团，然后有中国化学会、中国物理学会等分科学会），办起科学刊物（先有不分科的《科学》杂志，后有《中国地质学会志》《中国生理学杂志》等分科的期刊），成立学术基金，周期性召开学术会议。

这些公立的、私立的，国家的、地方的，理论的、实业的研究机构和综合的、专业的学术社团的成立，标志着科学在中国初步实现了建制化。

这些新生的高等院校、科研院所由蔡元培、梅贻琦、张伯苓、竺可桢、蒋梦麟、司徒雷登、任鸿隽、叶企孙、傅斯年、吴有训、陶孟和、翁文灏、胡先骕、朱洗、秉志、罗宗洛等教育家、科学家、实业家来主持。他们有国际视野、历史眼光、民主精神，理想主义色彩浓厚，品行高洁，为人公道，敢于担当。他们善于发现人才，尊重和信任人才，虽然自己非常能干，但并不刚愎自用，梅贻琦更是把自己定位为"王帽子""率领职工给教授搬搬椅子凳子的"。他们建立起教授会、评议会制度,让广大教授投票表决本机构的规章制度和重大决策。中央研究院的评议会(1935 年)及后来成立的院士大会(1948 年),作为全国最高的学术评议机构,更是通过制定议案和评议、奖励等举措,肩负有规范和指导全国的学术研究的重任。经各类人才群策群力,以独立、自主为基本精神,以教授治校、研究员治所为主要标志,鲜有行政权力的介入和控制的近代大学制度、近代科研院所制度也在中国初步建立了起来。这些科研院所,无论其归属,都和产业部门结合得较紧密,很多研究题目都是围绕国计民生、国防军工而开展的。相关研究人员在解决实际问题的同时,还把自然科学的各分支学科,尤其是一级学科建立起来,并成为这些学科的奠基人、开拓者。

虽然有了一些科研装置,制度也步入正轨,但总的说来,在 20 世纪前半叶,中国的科研产出数量还非常少,质量也不够高。这主要是由于科研装置总数很少、规模很小[1]、得到的经费支持很少[2][20],而经费少又主要是由于战乱频仍,尤其是日本的侵略,打断了中国的工业化进程。由于缺乏关税自主权、世界性的大萧条、战乱等原因,中国的民族工业长期未能成长起来,也就不能够投入成规模的研究资金,吸纳很多人才,从事高水平的科技创新研究。另外,政府在财政方面则一直极为窘迫,捉襟见肘、东挪西凑来的一点教育和科研资金,更多地投到了教育方面。各个大学在非常艰苦的环境下从事的主要是教育工作,研究工作只是附带的。所以,中国为数不多的科研人员所实际从事的主要是,在遭到敌国封锁的情况下,研究如何因陋就简,利用当地能找到的材料进行一些替代性的生产,以支持抗日战争。在这种情况下,中国的科研水平当然很难提高,无法跟美国、英国、苏联、德国、日本等科技强国相比拟。但公允地讲,民国时期从零起步的科研确实有了可观的发展,科研人员用很少的经费做了很多工作,在性价比方面并不低。

---

[1] 作为最高科研机构的中央研究院,其研究所经常只有十来人、几十人的规模。

[2] 据时任中央研究院总干事的丁文江统计,在战争尚不算激烈的 1935 年,全国所有的公立科研机构的年总经费仅约法币 350 万元,所有的私立科研机构的年总经费仅法币 30 万元左右,两者相加的总数尚难及 400 万元。

第三节 新中国学科体系逐渐建立及探索
（1949 年至今）

20 世纪 50 年代，中国进入和平建设阶段。在以毛泽东为首的新政府领导人的号召下，两千多名海外留学人员归国。他们大多在第二次世界大战后出国，有相当比例的人，如钱学森、郭永怀、黄昆、朱光亚、吴文俊、邹承鲁、沈善炯、应崇福等，曾学习、工作于国际一流的学术机构。在西方发达国家，科学因世界大战而得到大量研究资金进而迅速发展，分化、产生出了很多新学科（包括计算机、自动化、系统工程、信息论、分子生物学、原子能科学、超声学等许多新的二级学科、交叉学科）的情况下，这些学到最新科学知识和科学方法的科学家的科技水平比前两代科学家普遍更高。他们建立起众多的新学科，成了这些学科（多数是二级学科）的奠基人、开拓者。他们和前辈科学家（即中国的第一、第二代科学家）一道，构成中国科研的基本力量。

新中国政府很重视科研和教育工作：一方面进行院系调整，引进苏联的学科体系、专业设置[3]，加大理工农医人才的培养力度；另一方面进行科研院所调整，迅速组建了被称为"五路大军"[①]的新的科研体系，在中华人民共和国成立之初的短短 10 年内，兴建多个科研机构、购置大量仪器设备，令科研体系的规模比国民政府领导时期增大了上百倍，投入的资金也有同等规模的增长。除了自力更生，国家也重视外来援助，从苏联和东欧国家大量聘请专家、引进技术，其中第一个五年计划时期由苏联援助建设的 156 个重大工程项目尤其影响巨大。为了更好地掌握先进科技，政府还向苏联和东欧派出了留学、进修人员约 10 000 名、技术实习人员 6000 余名。为了营造更好的科研环境，国家于 1956 年提出"向科学进军"的口号，并召开知识分子问题会议，制定《1956～1967 年科学技术发展远景规划》，实施"双百方针"。国家

---

① 分别为中国科学院、产业部门科研机构、国防部门科研机构、大专院校和地方科研机构。

希望通过这些强有力的措施完成一项项的研究任务，从而把学科带起来。其中，基础研究很少，应用研究尤其是开发研究较多，目标多为做出产品或服务，多属工程性质。

甫一成立的中华人民共和国在高等教育方面沿袭了 1949 年以前的学科体系。在此后全面学习苏联之时，经过院系调整，高校开始推行苏联的专业设置，将专业与行业相联系。为适应工业化建设，加速高级专门人才的培养，1954 年所制定的专业目录（共 40 类 257 个专业）中，工科有 22 类 142 个专业，占比达 55%。1963 年印发的高校专业目录采用了学科与行业部门相结合的专业门类划分方法，工科专业占比仍近 50%。

经过 20 多年的努力，中国在历史上第一次建立起较完整的现代工业体系，令工业增加值占到国内生产总值（gross domestic product，GDP）的 40% 有余[1][21]；在工业、农业、医疗、交通、水利及考察自然资源等国计民生领域方面，也成绩斐然，如找到了具有抗疟能力的药物——青蒿素，培养出了杂交水稻；在国防军工研究方面，更是做出了以"两弹一星"为代表的比较突出的成果；在基础研究方面，也有人工合成结晶牛胰岛素之类的成果。相比民国时期，中华人民共和国成立后在科学技术的多个方面都取得了很大发展。

"文化大革命"结束后，国家开始以经济建设为中心，以实现"四个现代化"为目标，推动各方面的改革，从而进入一个新的时期。

新时期的领导人特别重视科学技术。邓小平同志先是提出"科学技术是生产力"（1978 年），后来又进一步提出"科学技术是第一生产力"（1988 年）。此外，他还强调"四个现代化，关键是科学技术的现代化"（1978 年）。基于这些理念，国家先后召开了科教工作座谈会（1977 年）、全国科学大会（1978 年），并恢复高考、恢复研究生制度、重新大量派遣留学生和进修人员出国，开始又一轮大规模的科学技术引进工作。20 世纪 60～70 年代，很多西方兴起的新学科、新领域被引入中国，如基因工程、计算机、新材料、新能源等[2][3]，并在新的基础上有所发展。

---

① 中国的工业增加值占 GDP 的比重，1953 年为 17.6%，1978 年为 44.1%。

② 1982～1987 年，教育部对文、理、工、财经、政法、农林、医药等各科类本科专业目录进行了全面修订；1993 年、1998 年、2012 年又对《普通高等学校本科专业目录》做了进一步的修订。在调整本科专业的同时，还于 1980 年通过《中华人民共和国学位条例》（2004 年修订），于 1983 年、1990 年、1997 年 3 次调整与修订《授予博士、硕士学位和培养研究生的学科、专业目录》。

中国的科研机构经历了拨乱反正、重建秩序的过程,包括重建学术委员会、恢复中国科学院学部、定期增补学部委员(院士)、恢复科学奖励制度等。研究方向开始由国防军工转向民用。核弹、导弹之类的军工产品追求的是"有"、能用,有时不计成本,只求做出来;民用产品追求的是物美价廉,为此要大规模量产,以努力降低成本。二者的目标有显著区别。科研"五路大军"以前大多从事军工研究,为了促使它们转型,政府于1985年开始科技体制、教育体制改革,并在此前后以大量下马国防军工项目、核减相关单位事业经费的方式来使科研院所、大专院校与市场相结合。

与新的政治、经济形势相适应,中国高校的学科体系发展到一个新的阶段。此前,专业与行业直接对应的情况基本告一段落,工科专业占比大幅下降,而财经、政法类专业占比则显著提高。尤其重要的是,20世纪80年代,国家开始实施学位制度,在原来的本科生专业目录之外新建研究生学科专业目录。为拓宽研究生培养口径,鼓励交叉学科发展,研究生专业呈现一级学科数量逐渐增长、二级学科数量下降的趋势。

1986年,王大珩、王淦昌、杨嘉墀、陈芳允四位原国防军工科研系统的科学家建议国家跟踪世界先进水平,大量投资于高技术研究〔国家高技术研究发展计划(863计划)〕。这些研究既能为国防服务,又能为经济建设服务。其他与军工关系不密切的系统则选择自己办企业,因而20世纪80~90年代出现了大量的校办企业、院办企业、所办企业,如从中国科学院走出了联想集团、地奥集团,从北京大学走出了方正集团、未名集团,从清华大学走出了同方集团、紫光集团,都取得了较好的效益。

总的说来,在改革开放早期,尽管科研装置运行不畅的问题有所缓解,但是科研得到的经费支持依然很少,中国的科学尚未得到很好的培育,学科发展的水平普遍不高。

20世纪末以来,个人计算机、互联网、数码技术、手机、移动互联网、大数据、人工智能、电子商务等得到迅猛发展,产业从机械化、自动化走向信息化、智能化,各类社交媒体涌现,信息交流成本降到趋近于零,跨国公司得到很大发展,全球化得以进一步加深,地球越来越成为一个"村庄"。在这个背景下,国际上产业分工进一步细化、深化,产业链越来越长,分布越来越广;科技创新也发生了显著的变化,小企业成为主力,大学成为源头,而制造部门也成为关键力量。中国赶上了新一轮全球化和第四次技术革命的班车，并深度参与其中，成为其中举足轻重的角色。中国的科技创新生态、学科发展都呈现新的态势。

1998 年，美国总统克林顿访华，加深了国人对知识经济、信息高速公路等新理念的认识。中国政府决定跨越家用固定电话阶段，大力引进新技术，发展互联网、移动互联网等最新的信息产业，并加大对科学和教育的投资，期待中国的大专院校、科研院所在知识创新方面做出原创性贡献。

其实在此之前，国家已经有过一些举措，其中比较重要的有 1995 年国家实施的"科教兴国"战略、"211 工程"，这是对科学和高等教育的有意识的培育。《1996 年国务院政府工作报告》宣布："原定 2000 年比 1980 年翻两番的目标，已经提前五年实现了。"人民生活水平普遍提高，一些大中型企业（如华为、中兴）也开始有了自己的研发机构，政府并不像 20 世纪 80 年代那么迫切地要求科学家为经济做出立竿见影的贡献。随着"知识经济"概念的提出和流行，1997 年 12 月，中国科学院向中央提交了《迎接知识经济时代 建设国家创新体系》的研究报告，建议由中国科学院作为国家创新体系建设的试点，率先启动知识创新工程，该报告于次年得到批准。受中国科学院成功提升经费量的启发，其他机构也随后上马了一些发展科学技术的项目。不久以后，教育部的"985 工程"也得到批准。已获批的"211 工程"、国家重点基础研究发展计划（973 计划）都在此之后得到较多投资，2006 年颁布的《国家中长期科学和技术发展规划纲要（2006~2020 年）》更是如此。中央还先后提出了科学发展观（2003 年）、创新驱动发展战略（2012 年）。这些重要的概念、举措、战略带来了科学和高等教育投资的大量增长。《国民经济和社会发展统计公报》数据显示，1998 年全国研究与试验发展（R&D）经费为 526 亿元，仅占 GDP 的 0.66%[22]；2012 年，全国共投入 R&D 经费 10 240 亿元，占 GDP 的 1.97%[23]；2021 年，全国共投入 R&D 经费 27 864 亿元，占 GDP 的 2.44%[24]。

除得到国家的大量投资外，高等教育还在"教育产业化"的政策的指引下得到大量社会投资。其结果是，从大专生、本科生到硕士生、博士生，高等教育的招生规模持续多年以超过 20% 的增速扩大，毛入学率从 1998 年的 9.76%[25]上升到 2020 年的 54.4%[26]，高等教育从精英教育变成了大众教育。

与此同时，中国的出国留学规模也在急速扩大，从 1998 年的 17 622 人增加到 2019 年的 703 500 人[27]。

在大量经费的支持下，教育科研部门通过基础设施建设、科研仪器设备购置，大幅度改善了科研条件、办公条件，并制订了多种引智计划，大力引进科技人才。著名的引智计划有中国科学院的"百人计划"①、国家自然科学基金委员会的"国家杰出青年科学基金"②、教育部和李嘉诚基金会的"长江学者奖励计划"③等。除中央部委的这些计划外，地方政府也出台了"泰山学者""黄河学者""楚天学者"等计划。除提供丰厚的研究资金外，中国科学院、北京大学、清华大学、中国科学技术大学等著名科教机构还渐次进行了主要研究者（principal investigator，PI）制改革，加大科学家在实验室的自主权。在这些计划和措施的作用下，大量海外的学者归国，尤其是 2008 年美欧等地发生金融危机之后。这些计划针对的主要是海外留学人员及有海外留学经历的人员，而"海归"的待遇和工作条件提升后，也产生了显著的带动效应，令其他科技人员的住房、收入等也得到明显改善，进而令科技岗位对于优秀人才的吸引力大大提升。

科教机构中的这些新人，尤其是那些曾在西方一流实验室学习、工作时间长达好几年乃至一二十年的，学到和掌握了当前最新的知识与技能，和欧美同事相比也未必逊色，与他们的中国前辈相比则明显更高。在他们的指导下，研究生选题的质量和科研水平也有显著提升。

2009～2017 年，中国科学家发表的科学引文索引（Science Citation Index，SCI）论文在数量上已经高居世界第二，从 2018 年起更是高居世界第一。不仅如此，在高影响因子期刊上发表的论文数量也有显著提升。截至 2019 年 7 月 20 日，中国科学家作为通讯作者在《细胞》（Cell）《自然》（Nature）和《科学》（Science）上共发表了 100 篇论文。在平均被引数量方面，中国科学家发表的这些文章也有显著提升。经过大量的资金投入和大规模的引智计划，近

---

① "百人计划"于 1994 年启动，最初的计划是以每人 200 万元的资助力度从国外吸引并培养百余名优秀青年学术带头人，后来扩大规模，分为 A、B、C 三类。

② "国家杰出青年科学基金"计划于 1994 年启动，每人的资助经费一般为 80 万～100 万元，后来又扩展出"优秀青年科学基金"。

③ "长江学者奖励计划"于 1998 年启动，包括特聘教授、讲座教授，前者聘期 5 年，每年 20 万元奖金；后者聘期 3 年，聘期内每月 3 万元奖金。后来又增设"青年长江学者"。

20年来，中国的科研水平出现了跨越式的发展，理工农医类的各个学科也都有显著的发展。大专院校和科研院所得到的科研成果，有不少是有开发价值的，他们也因此在国际、国内申请了很多的专利。

在高等学校的学科专业设置方面，与之前长期模仿、追赶发达国家不同的是，这一阶段更加注重学科促进知识和生产的功能，从而形成了更加完备的学科体系和布局。特别地，"985工程"的平台建设正是面向国家亟待发展的重点领域和重大需求，围绕国家发展战略和学科前沿而开展的。国家自然科学基金委员会则承担着夯实基础、聚集前沿、促进交叉的责任，努力为知识生产提供更为优化、合理的学科体系[3]。

在作为科技源头的大专院校和科研院所（尤其是水平相对较高的研究型大学和中国科学院）得到大发展的同时，作为开发主力的（民营）科技企业也得以在中国涌现并获得长足发展。

现代科学技术的各门学科在中国的发展，经历了一个漫长而坎坷的历程。自17世纪初传入中国，在长达300年的时间内，在中国发展缓慢。

进入20世纪，科学教育兴起，国家兴办学堂、废除科举、鼓励留学、对留学生进行选官考试，才得以成批培养科技人才。辛亥革命之后，在丁文江等归国留学生的主持下，中国开始兴办专业的科研机构。尽管这些由中央政府、国防部门、产业部门、企业、社团或大学所建立的科研机构基本学到了西方的管理方法，迅速产出了一些有实用价值的成果，令举国上下都明白了科学的价值，可由于环境恶劣（战乱、恶性通货膨胀等）、资金匮乏，它们的成长十分缓慢，所产出的成果数量与质量都不理想。

1949年至1976年，新中国对科学技术的重视跃上了一个新台阶，发起了专门的"向科学进军""技术革新和技术革命"运动，所建立的科研装置（即专业科研机构）、所投入的科研资金都比以前多了上百倍。但遗憾的是，科技产出依然不够理想，多为工程性质，既缺乏科学上的创新，生产出来的产品也缺乏竞争力。

1977年到20世纪90年代中期，国家开始以经济建设为中心，科学技术发展被要求"面向经济建设主战场"。在这之后的约20年时间里，科研环境大有改善，但由于国家对于科研投入的资金非常少，科学发展得依然不够好。"文化大革命"所导致的科技人才断层现象未能得到有效缓解。

　　20 世纪 90 年代后期以来，随着国家经济形势的明显好转、国际形势的变化，国家对科学和高等教育的投入激增，培养出来的科技人才、出国留学人员也相应激增。与此同时，一些在激烈的国内、国际竞争中成长起来的企业也加大了科研投入，它们的研发部门成为中国一支新的科研主力军。随着各种人才计划的推出、期权激励制度的推出，科研岗位的吸引力大大增强，大量优秀人才涌入这些岗位，科研和生产"两张皮"的问题也在一定程度上得到解决，现代科技的各个学科在中国实现了跨越式发展。但我们也应当看到，我国的创新更多地体现在"从 1 到 N"上，"从 0 到 1"的原始创新还严重不足。如何才能培养出更优秀的人才，使各个学科在中国更好地发展，是另一个很有现实意义、值得深入探讨的问题。

本章参考文献

[1] 肖朗 . 中国近代大学学科体系的形成——从"四部之学"到"七科之学"的转型 . 高等教育研究，2001，22（6）：99-103.

[2] 陈宝泉 . 中国近代学制变迁史 . 太原：山西人民出版社，2014.

[3] 王孜丹，杜鹏 . 新中国成立以来学科体系的形成、发展与展望 . 科技导报，2019，37（18）：60-69.

[4] 董光璧 . 中国近现代科学技术史论纲 . 长沙：湖南教育出版社，1991：2.

[5] 石云里，吕凌峰 . 从"苟求其故"到但求"无弊"——17—18 世纪中国天文学思想的一条演变轨迹 . 科学技术与辩证法，2005，（1）：101-105.

[6] 刘敬坤，徐宏 . 中国近代高等教育发展历程回顾（上）. 东南大学学报（哲学社会科学版），2004，（1）：114-119.

[7] 舒新城 . 中国近代教育史资料 . 上册 . 北京：人民教育出版社，1961：28.

[8] 蒋廷黻 . 中国近代史 . 上海：上海古籍出版社，1999.

[9] 舒新城 . 中国近代教育史资料 . 上册 . 北京：人民教育出版社，1961：27.

[10] 舒新城 . 中国近代教育史资料 . 上册 . 北京：人民教育出版社，1961：29.

[11] 舒新城 . 中国近代教育史资料 . 上册 . 北京：人民教育出版社，1961：30.

[12] 舒新城 . 中国近代教育史资料 . 上册 . 北京：人民教育出版社，1961：34.

[13] 舒新城 . 中国近代教育史资料 . 上册 . 北京：人民教育出版社，1961：35.

[14] 舒新城. 中国近代教育史资料. 上册. 北京：人民教育出版社，1961：39.

[15] 陈宝泉. 中国近代学制变迁史. 太原：山西人民出版社，2014：17-18.

[16] 陈宝泉. 中国近代学制变迁史. 太原：山西人民出版社，2014：19.

[17] 舒新城. 中国近代教育史资料. 中册. 北京：人民教育出版社，1961：647.

[18] 宋恩容，章咸. 中华民国教育法规选编（1912—1949）. 南京：江苏教育出版社，1990：47. 转引自：李森. 民国时期高等教育史料汇编. 第一册. 北京：国家图书馆出版社，2014：序言.

[19] 王燕来. 民国教育统计资料续编. 第8册. 北京：国家图书馆出版社：23.

[20] 丁文江. 我国的科学研究事业 // 丁文江著，朱正编注. 丁文江集. 广州：花城出版社，2010：223-240.

[21] 金碚，等. 中国工业发展70年. 北京：经济科学出版社，2019：4.

[22] 国家统计局. 1998年国民经济和社会发展统计公报. http://www.stats.gov.cn/xxgk/sjfb/tjgb2020/201310/t20131031_1768605.html[2022-09-19].

[23] 国家统计局. 2012年国民经济和社会发展统计公报. http://www.stats.gov.cn/xxgk/sjfb/tjgb2020/201310/t20131030_1768604.html[2022-09-19].

[24] 国家统计局. 中华人民共和国2021年国民经济和社会发展统计公报. http://www.stats.gov.cn/xxgk/sjfb/zxfb2020/202202/t20220228_1827971.html[2022-09-19].

[25] 马光荣，纪洋，徐建炜. 大学扩招如何影响高等教育溢价?. 管理世界，2017，（8）：52-63.

[26] 中华人民共和国教育部. 2020年全国教育事业发展统计公报. http://www.moe.gov.cn/jyb_sjzl/sjzl_fztjgb/202108/t20210827_555004.html[2022-09-19].

[27] 中华人民共和国教育部. 2019年度出国留学人员情况统计. http://www.moe.gov.cn/jyb_xwfb/gzdt_gzdt/s5987/202012/t20201214_505447.html?from=groupmessage&isappinstalled=0[2022-09-19].

第三章

国家需求驱动下的科学前沿演进

现代科学作为一种不断累积和进步的知识形式，是以拥有不断拓展的科学前沿作为其重要标志的。在现代科学的历史上，科学前沿概念的深入人心同现代国家对于科学的系统资助密不可分。第二次世界大战后，随着《科学：没有止境的前沿》（*Science: The Endless Frontier*）报告的发布，科学逐渐被主要国家政府塑造成为一种具有重要战略价值及经济社会效益的知识形式。同时，科学探索具有无尽前沿这一特点，也使得主要国家都建立起系统的科学资助体系。这一方面推动了现代科学知识在学科、专业领域上的不断细化；另一方面，由政府参与甚至主导的科学，也使得现代科学从一种相对独立于政府及市场的自主性事业，逐渐发展成为一种需要回应国家及社会需求的公共事业；科学被纳入社会治理的范畴，科学同社会之间的联系也日趋紧密。

第一节 从"小科学"到"大科学"：现代科学演进与国家需求

一、迈进"大科学"时代：第二次世界大战后科学事业的恢复和发展

20 世纪中叶是现代科学史上的一个承前启后的关键时期。随着第二次世界大战的结束及世界政治格局的变化，一个以意识形态对抗为基础的世界体系在近半个世纪的时间里深刻地影响了人类历史的进程。作为主要的社会事业之一，科学研究活动自然也无法置身事外。在这一时期，基于国家之间竞争的需求所导致的科学研究组织化程度加深，使得自然科学在形态面貌方面发生了重大的变化。

随着第二次世界大战的结束，西方乃至整个人类社会得以从战时体制中解脱出来。随着社会秩序的恢复，科学研究也重新回到正常的轨道。尽管世界很快又陷入"冷战"之中，但总体和平的国际局势还是为科学研究的开展提供了长期稳定的环境；同时，经济的持续增长也保障了科学研究所需要的资助，催生出战后科学事业的繁荣。普赖斯（Derek John de Solla Price）曾基于战后 15 年的时间里科研人员数量及科学出版物数量都翻了一番的事实，总结出科学的指数增长法则（exponential growth law）[1]。根据这个法则，科学知识的积累天然具有加速的趋势；而随着科学研究规模的扩大，科学活动所占据的社会财富和公共资源也大幅度地攀升，致使科学原有的形态特征及组织方式发生了很大的改变。换句话说，现代科学已经成长为"大科学"[1, 2]。尽管对于何谓"大科学"仍然缺乏准确的定义[3, 4]，但总的来看，"大科学"与以往的"小科学"的差别至少体现在以下三个方面。

首先，在科学事业的规模上，与"小科学"时代相比，"大科学"时代的科学研究的规模呈现急剧扩大的趋势。从整个社会系统的运作来看，科学研

发活动则日益构成了整个社会不可或缺的组成部分。

其次，在分工程度上，伴随着科学研究规模急剧增大的是科学知识分工程度的加深，具体表现在随着科学研究边界的不断拓展，既有的知识体系不断分化；"小科学"时代较粗放的学科划分在这一时期逐渐精细化为更复杂的学科知识体系。同时，研究型大学也形成了以学科为基础、以学院和系所为单元的组织架构，来进行知识的生产活动[5]。

最后也是最主要的，在科学与社会的关系，特别是科学资助的模式上，"大科学"也告别了过去那种业余的、零散及不稳定的状态。在"小科学"时代，科学研究花费较少，主要由爱好科学的国王、贵族或对研究成果有需求的私人企业主资助，资助力度较小且不成系统；在"大科学"时代，科学研究所需要的经费激增，个人或小型工业企业已无力负担庞大的科学研发开支，在这种情况下，各国政府开始取代个体及私人企业，成为资助科学研究的主体。由于接受了政府所给予的公共财政经费开展科学研究，科学也相应地背负了国家、公众及社会责任。在这个过程中，来自国家层面的期待及需求，越来越显著地影响了科学知识体系的建设及科学的发展路径。

二、国家需求成为推动科学发展的重要因素

如果以第二次世界大战为界将科学的历史划分为近代科学和现代科学等不同阶段，可以发现，近代科学大致可以与"小科学"的诸多要素相对应，而现代科学阶段则具有"大科学"的典型特征。如果说第二次世界大战后和平的国际环境提供了"小科学"演进到"大科学"的充分条件，那么，以"冷战"为背景的国家（及国家集团）间的科技竞争则使"大科学"的诞生成为一种必要。实际上，早在第二次世界大战期间，美国政府便通过成功实施曼哈顿计划（Manhattan Project），大大缩短了战争进程。与此同时，苏联则"建立了'动员式'科研管理和运行模式，把国家的科技力量统一组织协调起来，形成了'管理－科研－生产'有机联合体"[6]。进入"冷战"阶段，美国和苏联在争夺世界主导权的过程中，也都将科学技术视为影响未来国家竞争成败的关键因素，并且以国家主导的方式组织相关领域科技人员参与"大科学"项目的研究[7]。在近半个世纪的时间里，双方在空间科学、核物理、信息

技术等关键领域展开了激烈的角逐。从某种意义上讲，正是国家层面的竞争刺激了战后科学研究投入的持续增长，同时影响了特定学科和领域前沿的突破方向，进而塑造了现代学科知识体系本身。

除了参与国际科技竞争或其他直接的国家利益外，"国家需求"概念还有着更为广泛和基础性的内涵。早在 1939 年，贝尔纳（J. D. Bernal）便提出，科学是根本性的社会变革的主要因素，而为了使科学更好地适应社会发展的需要，需要对科学进行改造，使之超越科学共同体自身，成为人类文化的普遍基础[8]。随着时代的发展，贝尔纳所提出的改造科学的任务逐渐成为各国政府的责任。1945 年 7 月，时任美国科学发展局局长的万尼瓦尔·布什（Vannevar Bush）向当时的美国总统罗斯福（Franklin D. Roosevelt）提交了著名的《科学：没有止境的前沿》的报告。这份报告随后成为美国联邦政府制定科学政策的奠基性文献。在报告中，万尼瓦尔·布什一方面强调基础科学研究对国家的发展及社会进步的重要意义；另一方面则基于对基础科学研究的性质的分析，认为一些学科领域"虽与公众有严重的利害关系却可能得不到足够的扶持"[9]；因此，建立专门支持科学研究事业的联邦机构无论对于国家的整体利益还是科学的健康持续发展来说都显得十分必要。

通过阐述政府机构与科学界各自的责任和义务，《科学：没有止境的前沿》报告第一次将国家需求的内涵置于"科学与政府关系"这个更根本性议题上[9]。在他看来，科学对于国家和社会的发展与进步来说具有十分重要的意义，在预防和治疗疾病、研制武器设备、发明和迭代工业产品、提高农业产出等方面都起到不可替代的作用；通过提高生产效率，科学研究也能够提供充分的就业机会、提高公民的生活水平，从而保障国家的安全与繁荣[9]。因此，"国家需求"不仅与参与国际竞争或直接的政治、军事需求相关，而且与更广泛意义上的增益社会福祉（social well-being）的需要有关。本章对于现代学科知识体系的探讨，也是基于这样一种广义的、科学的社会功能的国家需求概念。

第二节　各国政府系统化支持科学前沿探索

一、通过高度计划性体制直接推动科学前沿探索

第二次世界大战前后，世界主要国家的政府机构都将资助科学研究作为一项重要的政府职能，并设置了相应的组织机构来应对不断增长的科学研究及成果应用方面的需求，其中，作为美国在"冷战"中的头号对手，苏联早在十月革命后不久便建立起高度整合性及计划性的科研管理体系，试图将科学研究纳入整体性的国家目标之下。20世纪30年代，苏联最高领导人斯大林提出要"在短期内迅速提高苏联的整体科技水平"。为实现这一目标，苏联政府一方面将全国的科研机构置于新成立的"国民经济最高委员会"的管理之下，将科研与国防工业归口一处，同时建立许多从事新型军事技术、新式武器研发的研究所、实验室和实验机构；另一方面，则改组沙俄时期的科学院系统，迅速扩大其规模，并加强其与军事科研的联系，使之成为苏联科学"总指挥部"[10]。第二次世界大战期间，苏联又进一步完善了其中央集权式的党政科研管理体制，建立起在最高苏维埃的"动员令"下，通过管理机构、研究机构和生产企业之间的协作网络来推进科研工作的模式[10]。通过这种模式，苏联在短时期内提升了其技术研发能力，并一跃成为可以与美国并肩的世界科技强国。

同世界其他国家相比，苏联独特的计划经济体制使其科学研究同国家需求的相关性更为直接，其取得突出成就的领域同其军事、国防工业及重工业具有更密切的关联。例如，苏联科学家在火箭学家科罗列夫（Sergei Korolev）的领导下，先后解决了从V-2导弹到洲际导弹研制过程背后的关键科学问题，将齐奥尔科夫斯基（Konstantin Tsiolkovsky）等科学家奠定的基础研究优势拓展成为国与国科技竞争中的军事技术优势。1955年，通过成立"人造地球卫星委员会"，苏联又开始实施其航天计划，并很快在1957年发射第一颗人造

地球卫星"斯普特尼克 1 号"（Sputnik-1），且于 1961 年率先成功实施了载人航天飞行[11]。但是，苏联体制下对基础科学研究的强计划性和强干预性，使得苏联的学科体系呈现出发展不均匀和"偏科"的问题，具体表现在直接服务于计划经济和国家竞争的需要的学科领域严重依赖政府资金的持续投入；而那些与国家需求相关性不强或短期不能见到收益的研究领域，则得不到资金和人才的支持，在科学研究上进行自由探索的空间被压缩。长期来看，自主性的丧失也使苏联科学发展的后劲不足。

由于在科学技术上取得了显著的成就，苏联的科技管理体制也输出到其他社会主义国家。作为社会主义阵营重要成员的中国在 1949 年以后开始从制度到学科体系上全面效仿苏联模式。中国的科技管理体系的建设主要从以下三个方面展开：①改革科学院系统，通过学部委员制度来领导全国的科学事业[12]；②建立科学研究的举国体制，通过倾全国之力开展"两弹一星"等工程，实现关键科学问题的解决及技术层面的突破；③在学科建设上，采取了"任务带学科"的方式，推动数理化天地生等自然科学诸学科的发展[13]。同苏联一样，中国的科技事业和科研能力在短期内实现了飞跃，但在高度计划性的管理体系下，诸如"任务带学科"的模式也呈现出短视性、高成本等特点，长期来看对学科建设也产生了负面的影响[13]。

二、通过制度设置与政策调整促进科学系统发展

与苏联等社会主义国家相比，同时期资本主义国家政府支持科学研究的手段则更为灵活。传统上，在小政府传统及自由主义科学观的支配下，西方老牌科技强国（英国等）对于科学事业奉行的是不干预政策（除赋予英国皇家学会等机构以特殊地位，更多地给予其象征性的支持外），整个国家层面并无系统促进科学发展的举措。但进入 20 世纪以后，迫于动荡的国际局势，英国政府也开始积极地进行科学技术动员。例如，第二次世界大战期间，英国军方曾邀请计算机科学理论奠基人图灵（Alan Turing）破译德国 Enigma 密码系统，客观上推动了当时新兴的计算机科学从理论走向实践。同时，从"海军至上"（navalism）到"空军至上"（airforceism）再到"核武至上"（nuclearism），英国每次国防战略的转变都伴随着对前沿技术方向的调整，通

过将大量资源投注于军事科技的研发，试图以高科技武器系统战胜数量更为庞大、以地面部队为主的对手[14]。作为其结果，英国在雷达、运筹学、青霉素等基础科学研究领域取得了重要进展，也确保了英国相对领先的科技地位。

作为第二次世界大战的战败国，德国在战后也将发展科学作为经济社会重建的重要举措[15]。其中，联邦德国更多的是通过多元化渠道，一方面依靠如马克斯·普朗克科学促进协会（MPG）、德意志研究联合会（DFG）等自治性的科学共同体组织，另一方面通过政府设立专门负责科技工作的职能部门来共同推动科学研究的开展。1955年，联邦德国政府成立原子能部（于1962年更名为科学研究部），开始了对科学技术的系统管理和指导。到20世纪60年代末，联邦德国建立起集中协调型的科技体制和多层次、配套齐全的科研结构，包括12个大型国家研究中心、各职能部门下属研究机构及德国联邦科学委员会等专业咨询机构[16]。同时，还通过改革高等教育体系、丰富人才培养途径等方式，在其学科体系同其技术工业体系之间建立起紧密的联结[17]。

与德国相比，日本则更多地采用自上而下的方式推动。日本对科学技术事业的制度化支持始于20世纪30年代。第二次世界大战期间，通过制定《科学技术新体制确立纲要》，日本政府将科学技术作为"实现高度国防化的基础"，以期实现"科学的划时代进步和技术的飞跃式发展"；同时，在内阁设置综合性行政机构——技术院，来统摄包括飞机与武器研制、通信、专利等一切与战争有关的科技活动，来满足侵略战争的需要[18, 19]。

但是，这种战时科技体制并没有取得其设想的成效。随着战后盟军司令部全面接管政权，日本废除了包括技术院在内的所有与军事有关的科技活动，代之以内阁调查局、商工省专利标准局和文部省科学教育局等机构来承担原有科技职能。1956年5月，日本政府设立科学技术厅，负责全国的科学技术研究工作。1959年2月，又在内阁层面设立"科学技术会议"，作为全国科技政策的最高审议机构。此外，日本的科技体制还包括文部省，主要负责大学的科学研究工作及科技人才的培养，以及通商产业省下属的工业技术院，负责工矿企业技术和综合技术研究工作。此外在农林水产省、运输省及邮政省等，也都设置了相应的科技管理职能[14, 20]。在具体方式上，日本的科技体制采取的是"官民分立"和"部门分割"的模式[15]。在包括科学技术厅在内的国家机构的长期支持下，日本在开发和利用原子能、能源和资源开发、海洋科学、地震预测及灾害科学等学科和领域取得了领先世界的成果[20]。从 20 世纪 80 年代起，为进一步提升基础科学对于先进技术的支撑作用，日本科学技术厅又提出"创造科学技术推进事业"（Exploratory Research for Advanced Technology，ERATO）计划，并于 1986 年 3 月出台《科学技术政策大纲》，试图通过投入基础科学研究力量，来培育创新型技术的土壤[19]。在发展经济、增强国力的政策主线下，日本的科技同产业之间有着更为紧密的结合，同时也塑造了筑波研究中心等具有国际工业技术水平的研究机构。

第三节　美国联邦政府对学科及前沿领域探索的系统推动

20 世纪初，随着经济体量和综合国力超过英法等老牌资本主义国家，美国的科学技术迎来了长足的发展，多个学科和领域都跃居世界领先地位。美国科技实力的后来居上有赖于以下几方面的因素。①在经济上，更多依靠市场竞争的方式，促使企业通过改进技术、提高生产效率来降低生产成本，获取竞争优势，企业对于利润的追求，有效刺激了技术创新背后科学问题的研究；②在制度上，引入源自德国的现代大学制度，并将其改造为以院系为基础研究和教学单位的模式[5, 21]，基于学科划分的院系制度不仅确保了战后各学科的发展，同时也输出到了全世界，成为当代大学的基本组织模式；③在人才上，有针对性地放宽移民政策，吸引来自世界各地的科研人员。第二次世界大战期间，美国接纳了大量来自欧洲的学术难民，这些移民学者后来在核武器研发等方面发挥了重要的作用，同时也加速了世界科学中心由欧洲转移到美国[22, 23]。

随着美国确立其在科学研究上的领先地位，在联邦层面上建立专门支持科学研究事业的机构不论对于国家的整体利益还是科学的健康持续发展来说都显得十分必要。根据《科学：没有止境的前沿》报告的建议，美国于 1950 年成立了全面资助基础科学研究的国家科学基金会（National Science Foundation，NSF）。同时，联邦政府内部的相关职能机构，也先后根据自身需求，开始了对相应自然科学领域的系统支持。

一、系统资助各学科开展基础研究

按照万尼瓦尔·布什的设想，联邦政府对科学技术的支持，应当以尊重科学研究本身的特点——也就是自由探索精神为前提，甚至应重点支持那些实际应用前景不明确的基础研究工作[9]。NSF 的设立也基本符合这一设想，即依靠由精英科学家组成的国家科学委员会（National Science Board，NSB）管理 NSF，展开对除医学领域外的自然科学、工程科学和社会科学等所有学科的资助[4, 24]。在组织结构上，NSF 对基础科学研究的支持也是以学科领域为单元的，分为数学与物质科学、生物科学、地球科学、工程科学、计算与信息科学工程、社会行为与经济科学等几大学科门类，每个门类又下设若干学科，以同行评议的方式，通过学科共同体的建议来决定研究经费的归属[25]。在 NSF 的垂范下，欧洲、日本及中国也先后设立国家层面的资助机构，以学科为单位在世界范围内推动基础研究的开展。

不同于 NSF 资助覆盖所有基础研究领域，联邦政府其他机构也有针对基础科学研究的资助，但这种资助主要服务于各机构职能，集中对特定科学领域进行支持。其中，美国卫生与公众服务部（U.S. Department of Health and Human Services）下属国立卫生研究院（National Institutes of Health，NIH）是当今世界规模最大的生物医学与公共卫生研究的资助机构，也是美国高校和研究机构的最大资助方[4]。NIH 的资助主要针对临床研究、生物技术等与生命科学相关的学科领域，但整体资助规模要超过 NSF，2018 年为 212 亿美元[26]。除 NIH 外，诸如美国农业部对食品安全、农学、动植物疾病，国防部对工程学和计算机科学，国家航空航天局（National Aeronautics and Space Administration，NASA）对空间科学、地球科学和空间应用，能源部对核物理学和高能物理学、生物和环境研究、基础能源研究和高性能计算等领域，都进行了专门的资助，推动了相应领域研究的开展[4]。

二、设立专门研究机构与项目，直接参与科学前沿探索

为使科学研究更好地服务于国家需求，美国联邦政府除了间接提供研究经费的支持外，还通过设立专门研究机构、组织大型科学研究项目和基础设施等方式，直接参与基础科学研究的组织和管理过程。美国国家实验室主要隶属于美国能源部、国防部和国家航空航天局等联邦部门，其中，美国能源部下属的 17 个实验室是典型代表。国家实验室最早可以追溯到第二次世界大战期间，当时的美国政府为了研制核武器的需要组织了曼哈顿计划。该计划的实施不仅推进了与核能相关的基础科学研究，而且对推动系统工程的发展同样起到了至关重要的作用。能源部自身也是在整合曼哈顿计划及其他与能源项目的基础上成立的[27, 28]。在能源部的主导下，当前美国已经建立起颇为完善的国家实验室研究体系，既有传统的能源技术实验室，又有多学科实验室、单一项目实验室、国家安全综合实验室及环境综合实验室等[29]。在定位方面，国家实验室将自身定位介于以基础科学为主的大学机构及以应用研究为主的工业企业之间，以国家需求为目标开展包括寻找清洁能源、保障核安全及研发大型科学仪器设施等活动，并通过这些研究来确保美国在物理、化学、生物、材料、计算和信息科学领域的领先地位。

除国家实验室外，美国联邦政府还通过项目和任务的形式推动科学前沿的进展，典型机构便是美国国防部高级研究计划局（Defense Advanced Research Projects Agency，DARPA）和 NASA。其中，DARPA 成立于 1958 年，最初是美国国防部出于同苏联进行军事科技竞争的需要而设立的[30]。作为国防部的下属机构，DARPA 主要以项目的形式资助那些与国家安全领域相关的突破性技术研发，截至 2022 年末，该机构由 6 个技术办公室约 220 名政府雇员组成，包括近 100 个项目经理，管理约 250 个研发项目[31]。2020 年，DARPA 的预算为 35.56 亿美元[32]。从成立至今的 60 多年的时间里，DARPA 对推动美国的科技前沿进步起到十分关键的作用，当下人类经济社会生活中所使用的若干重要的科技基础设施，如互联网、全球定位系统（global positioning system，GPS）等，最初都是 DARPA 推动的前沿领域[33]。此外，DARPA 还推动了高性能雷达、数字计算机、集成电路、密码学、移动通信、复合材料等研发活动；布局诸如机器学习与人工智能、高性能电子器件的研

发[34]。除物质科学、工程学及计算技术外，DARPA 的项目还覆盖了社会和行为科学及健康和生物科学，如癌症研究、药物研发，以及传染病快速诊断与应对等[4, 33]。

作为执行太空探索任务为主要职能的联邦机构，NASA 主要从两个方面推动基础科学研究活动：①参与并资助与航空航天领域相关的研究，如电力推进和超音速飞行技术的研发等；②利用特殊的太空条件进行基础科学研究工作，包括月球和火星等外太空探索、天文学、环境与气候研究等。在 NASA 的推动下，美国在航空、空间科学、地球科学和空间应用方面有着长足的进展，对包括航空工业在内的美国整体科技竞争力的提升起到了重要的作用[4]。

与"其他国家是在一个中央政府部门或科技部之下集中支持科学"相比，"美国则采用分散式的途径，在政府各机构之内，以着眼于促进机构的广泛使命而自主研究"[4]，这使得美国没有真正意义上的科技部组织。然而，美国联邦政府将国家对科学技术的需求置于其各职能部门中，使得科学技术满足国家需求的方式更为精细和多元；而国家需求的多样性，也使美国得以在多个学科及前沿领域占据世界领先的位置，形成了广泛和深厚的基础科学研究力量。因此，在很多美国的科学家看来，这样一种体制"是美国科学在近百年来崛起，尤其是第二次世界大战之后领先世界的一个重要原因"[35]。

第四节　通过整合市场和社会资源推动科学研发

20 世纪六七十年代以来，特别是进入后"冷战"时代，经济社会发展水平开始慢慢取代单纯的军事实力，在综合国力的竞争中发挥着越来越重要的作用。因此，对于世界主要国家和经济体来说，确保经济繁荣与社会稳定成为国家需求的重要维度之一。科学技术创新由于能够使国家保持经济竞争力，在国际贸易中占据优势地位，其重要性被一再强调。如何通过政策手段促进科学技术进步，同时培育科学技术事业在创新方面的潜能，促进科技创新对于经济发展的引领和带动作用，成为世界各国政府在政策制定时考虑的重要问题。在这种形势下，各主要国家大都提出"国家创新体系"（National Innovation System）等战略，通过整合政府、市场及科学技术等各种社会要素，使科技更好地促进社会发展。与此同时，各国政府也意识到，科学本身作为重要的社会事业，对吸引优秀人才、提升国家软实力也起着重要的作用，因此，国家创新体系本身对持续推动科研活动和科学事业也具有重要意义。

"国家创新体系"的概念最早是 1987 年由英国创新经济学家弗里曼（Chris Freeman）提出的。他将国家创新体系定义为"公共部门和私人部门中的机构网络，其活动及相互作用激发、引入、改变和扩散着新技术"。与其他创新体系不同，国家创新体系是站在国家的角度探讨国家内部各要素对创新的影响[36]。其他像丹麦学者伦德瓦尔（Bengt-Åke Lundvall）、美国学者尼尔森（Richard R. Nelson）等，也从不同角度对这一概念进行了阐释，并认为国家创新体系是提高国家竞争力的关键[37, 38]。例如，借助对日本经验的总结，学界认为，日本之所以能够在短短几十年内一跃成为科技创新强国，有赖于几方面的重要因素，这些因素相互联结，构成了体系化的推动力量。①在教育政策上，通过培养大量受过良好教育的劳动力，为国民经济承接高技术产业奠定人力基础；②在产业政策上，通过大力发展民用科技，将优先领域置于先进技术制造等基础商业技术领域，特别对钢铁、半导体等其他行业至关重要的基础技术进行重点研究，并逐渐扩展深化至包括机器人技术和人工智能在内的技术；③在政府与社会的关系上，通过协调公共和私人行动者的关系，激励私营企业参与科技研发；④在国际竞争策略上，奉行出口导向型战略，通过积极参与国际竞争，来激励本国企业进行创新[39]。

在国家创新体系概念提出后，美国、西欧等经济发达国家和地区也开始借用这一概念，鼓励各自的科学研发活动。例如，德国制定夫琅禾费模式（Fraunhofer model），提出以创新集群（innovation cluster）的方式，将官方、私营和学术部门紧密联系在一起[39]。对于美国这种具有企业资助科学研发传统的国家来说，针对某些前期投入巨大，同时市场前景不明朗的潜在研究议题，包括 DARPA 在内的许多美国创新计划也还是需要依靠政府作为一个大消费者来刺激没有商业市场的早期技术的开发，通过国防采购计划等方式，来为早期技术创造市场。与此同时，美国还通过政府-私营企业合作的方式，持续推动相关领域研究水平的提高。例如，20 世纪 80 年代末 90 年代初，美国通过这种方式在半导体领域组织了半导体制造技术战略联盟 SEMATECH（Semiconductor Manufacturing Technology）)[39]。

　　回顾 20 世纪中期以来科学技术的发展历程可以发现，在这一时期，随着科学研究规模的迅速壮大，科学自身的形态特征与"精神气质"都发生了重要的转变。组织化的力量开始取代那种基于少数天才科学家的零星创新，成为科学研究的常态。与此同时，随着国家对于科学研究的系统化资助，科学开始被纳入国家秩序，国家需求成为影响乃至塑造科学的重要力量。在经过了将科学制度化的途径之后，科学成为一项公共事业，它不再只是一种单纯的认知活动。同时，科学知识也成为一种公共产品——社会公众开始期待科学为维护社会良性运转及推动社会进步提供解决方案，科学从业人员也须将回应公众诉求内化到其自身的责任伦理及行动原则之中。未来，学科及前沿领域的推进方向，也在很大程度上被包括国家需求在内的整个社会需求所深度地影响。

本章参考文献

[1] de Solla Price D J. Little Science, Big Science. New York: Columbia University Press, 1963.

[2] Weinberg A M. Impact of large-scale science on the United States. Science, 1961, 134(3473): 161-164.

[3] Merton R K, Gaston J. The Sociology of Science in Europe. Carbondale: Southern Illinois University Press, 1977.

[4] 荷马·A. 尼尔，托宾·L. 史密斯，珍妮弗·B. 麦考密克. 超越斯普尼克：21 世纪美国的科学政策. 樊春良，李思敏译. 北京：北京大学出版社，2017.

[5] Delanty G. Challenging Knowledge: The University in the Knowledge Society. Bucking ham: SRHE and Open University Press, 2001.

[6] 樊春良. 科技举国体制的历史演变与未来发展趋势. 国家治理，2020，（42）：23-28.

[7] 王作跃. 在卫星的阴影下：美国总统科学顾问委员会与"冷战"中的美国. 安金辉，洪帆译. 北京：北京大学出版社，2011.

[8] 贝尔纳. 科学的社会功能. 陈体芳译. 北京：商务印书馆，1982.

[9] 布什，等. 科学：没有止境的前沿. 范岱年等译. 北京：商务印书馆，2004.

[10] 鲍鸥，周宇，王芳．科技革命与俄罗斯（苏联）现代化．济南：山东教育出版社，2020．

[11] 吴国盛．科学的历程．长沙：湖南科学技术出版社，2018．

[12] 王扬宗．从学部委员到院士制度．科学文化评论，2015，12（3）：69-84．

[13] 张九辰．二十世纪六十年代对"任务"与"学科"关系的讨论：以中科院组织的自然资源综合考察为例．自然辩证法通讯，2011，33（3）：32-38．

[14] 大卫·艾杰顿．老科技的全球史．李尚仁译．新北：左岸文化出版社，2016．

[15] 白鹏飞，段倩倩，洪瑾．主要发达国家政府科技管理模式研究．科技进步与对策，2012，29（19）：12-16．

[16] 谷俊战．德国科技管理体制及演变．科技与经济，2005，18（108）：31-34．

[17] 方在庆．持续不断地推进科研体制创新．中国科学院院刊，2018，33（5）：502-508．

[18] 张利华．日本战后科技体制与科技政策研究．北京：中国科学技术出版社，1992．

[19] 武安义光，等．日本科技厅及其政策的形成和演变．杨舰，王莹莹译．北京：北京大学出版社，2018．

[20] 张利华．日本战后科技体制与科技政策研究．北京：中国科学技术出版社，1992．

[21] 爱德华·希尔斯．学术的秩序：当代大学论文集．李家永译．北京：商务印书馆，2007．

[22] 孙玉涛，国容毓．世界科学活动中心转移与科学家跨国迁移：以诺贝尔物理学奖获得者为例．科学学研究，2018，36（7）：1161-1169．

[23] 陈仕伟，徐飞．世界科学技术活动中心转移规律再分析：以1901—2016年诺贝尔科学奖获得者国际分布为例．科技进步与对策，2018，35（18）：11-19．

[24] 龚旭．科学政策与同行评议：中美科学制度与政策比较研究．杭州：浙江大学出版社，2009．

[25] National Science Foundation. NSF Organization List. https://www.nsf.gov/staff/orglist.jsp[2022-09-19].

[26] National Institutes of Health. NIH Budget History. https://report.nih.gov/nihdatabook/category/1[2022-09-19].

[27] Department of Energy. DOE History Timeline. https://www.energy.gov/lm/doe-history/doe-history-timeline[2022-09-19].

[28] Department of Energy. Origins of the Department of Energy. https://www.energy.gov/sites/default/files/Origins-of-the-Department-of-Energy.pdf[2022-09-19].

[29] Department of Energy. The State of the DOE National Laboratories: 2020 Edition. https://www.energy.gov/sites/prod/files/2021/01/f82/DOE%20National%20Labs%20Report%20FINAL.pdf [2022-09-19].

[30] DARPA. 2018. DARPA 60 years: 1958—2018. https://www.darpa.mil/attachments/DARAPA60_publication-no-ads.pdf[2020-12-30].

[31] DARPA. About DARPA.https://www.darpa.mil/about-us/about-darpa[2020-12-30].

[32] DARPA. Budget. https://www.darpa.mil/about-us/budget[2020-12-30].

[33] DARPA. Advancing National Security Through Fundamental Research. https://www.darpa.mil/about-us/advancing-national-security-through-fundamental-research[2020-12-30].

[34] DARPA. DARPA: Creating Technology Breakthroughs and New Capabilities for National Security. https://www.darpa.mil/attachments/DARPA-2019-framework.pdf[2020-12-30].

[35] 王作跃. 为什么美国没有设立科技部?. 科学文化评论，2005，2（5）：36-49.

[36] 沈桂龙. 美国创新体系：基本框架、主要特征与经验启示. 社会科学，2015，（8）：3-13.

[37] 理查德·R. 尼尔森. 国家（地区）创新体系比较分析. 曾国屏，刘小玲，王程韡，等译. 北京：北京大学出版社，2011.

[38] 冯泽，陈凯华，陈光. 国家创新体系研究在中国：演化与未来展望. 科学学研究，2021，（9）：1683-1696.

[39] Gerstel D, Goodman M P. From Industrial Policy to Innovation Strategy: Lessons from Japan, Europe, and the United States. https://csis-website-prod.s3.amazonaws.com/s3fs-public/publication/200901_Gerstel_InnovationStrategy_FullReport_FINAL_0.pdf [2022-09-19].

第四章

技术驱动与学科及前沿领域发展的演进

当代各门学科尤其是学科前沿领域的发展、科学知识生产本身的内在逻辑与研究范式，以及科学研究的组织模式与交流模式（如国际合作科学计划、大科学装置）等，已悄然发生新的变化，并呈现出新的特质和新的趋势，展现出一些值得关注的新要素。其中，尤以技术驱动力因素产生的带动作用不容忽视，即技术的广泛带动效应，实质化地促进了学科融合交叉日益紧密、推动学科前沿的演进，以及衍生出更多新的学科生长点等。因此，本章重点关注技术驱动对学科及前沿领域发展的现实效应，并以实际案例加以诠释。

鉴于技术与学科前沿领域涉及的范畴十分宽泛，既包括物质科学、生命科学、环境科学、信息科学与技术，又包括门类繁多的新兴与交叉学科前沿领域，因此，本章重点关注生命科学领域、关键共性技术领域、大科学装置这三个主要方面。生命科学领域发展进步到现阶段，已然与物质科学（物理学、化学、数学、材料科学等学科）紧密联系在一起，因此选取其中的显微技术、基因测序技术和病原微生物技术作为典型案例，系统诠释这些基础技术、底层技术的关键作用及学科前沿领域发展的带动作用。纳米技术和人工智能技术，作为关键共性技术的代表，也被列为本章的典型案例以描述它们对相关学科前沿领域的使能驱动效应和对其他技术的赋能带动作用。此外，还以大科学装置为例，如高能光源、原子对撞机等，阐述大科学装置对相邻学科的带动效应。

第一节 技术发展对学科及前沿领域的促进作用
——以显微技术和基因测序技术为例

纵观近代生命科学的发展，19 世纪的突出成就是细胞学说的提出和达尔文进化论的诞生；20 世纪则是脱氧核糖核酸（deoxyribonucleic acid，DNA）双螺旋结构的发现、遗传密码的破译、遗传工程学和分子生物学的创立等[1]。这些里程碑式的成果带领着生命科学开始从宏观切入微观、从细胞水平跨越至分子水平。此后，在人类基因组研究计划完成的"后基因组"时代，新的学科生长点不断涌现，一系列新兴生命科学领域和新兴生物技术方向如雨后春笋般纷至沓来[2]。在这当中，显微技术和基因测序技术的诞生、应用与发展对生物学及其前沿领域的演进起到不可替代的带动作用。

一、显微技术的发展与小型新视界

生物学从最初的博物学、动植物分类学发展到当今的分子生物学，研究尺度逐渐从宏观层面步入微观层面。显微镜的发明及后续不断进步的显微镜技术，实质性地带动了生物学前沿研究领域的发展和新知识的发现，诸多研究成果与显微镜的研究和发展密不可分。"显微镜"一词源于希腊文，直译就是"小型观察器"。人眼睛的分辨率为 0.1 毫米；光学显微镜的分辨率为 0.2 微米；电子显微镜（简称电镜）的分辨率为 0.2 纳米。显微镜的发明和发展使人们看到了许多用肉眼无法看见的微小生物和生物体中的微细结构，打开了认识微观世界的大门[3]。

1665 年，英国皇家学会会员、物理学家、天文学家罗伯特·虎克（Robert Hooke）按照安东尼·范·列文虎克（Antony van Leeuwenhoek）的报告制作了一架显微镜，并且使用它逐步深入观察微观世界的秘密，同时改良了光线的问题，"成就"了一台新型显微镜。这台显微镜被收藏在英国伦敦博物馆里。同年出版的《显微图谱》一书也是最早的论述显微观察的专著。罗伯特·虎克曾把软木塞薄片放在自制的显微镜下观察，发现软木塞薄片是由许多小室组成的，于是他把这些小室命名为"细胞"，并一直沿用至今[3]。至此，显微镜才真正成为科学研究的重要光学仪器。19 世纪后期至 21 世纪，光学显微镜得到迅速的发展，出现了多种用途的显微镜。1939 年，第一批批量生产的透射电镜在德国问世。1949 年，人类获得了第一张超显微结构的细胞电镜图。自电镜问世以来，人们一直改进样品制作，努力提高电镜分辨能力并取得了突破性进展，出现了各种类型、多种用途的电镜[4]。

电镜的出现打破了光学显微镜的分辨极限。例如，透射式电镜的分辨率已达到 0.2 纳米的水平，高压电镜的分辨率已接近 0.1 纳米。这使基础医学的研究从细胞水平进入了分子水平，DNA 的详细结构、过滤性病毒、细菌内部结构等都可以用电镜进行观察。激光扫描共聚焦显微镜（laser scanning confocal microscope，LSCM）是显微镜制造技术、光电技术和计算机技术相结合的产物，是现代化的光学显微镜。LSCM 的分辨率比传统的光学显微镜有了大幅度提升，被广泛应用于生物三维结构重组及动态分析。一台配置完备的 LSCM 在功能上已经可以完全取代以往任何一种光学显微镜。1982 年，国际商业机器公司（IBM）苏黎世实验室研制出了新型的表面分析仪器——扫描隧道显微镜（scanning tunneling microscope，STM）。它的出现，使人类第一次能够看见单个原子在物质表面的排列情况，标志着人类对微观领域的研究又向前迈进了一大步。原子力显微镜（atomic force microscope，AFM）是在扫描隧道显微镜的基础上发展起来的一种新型显微镜，原理与 STM 的相似，是利用探针尖端的原子与样品表面的原子之间产生的极微弱的相互作用力为探测信号并将其放大，从而达到探测样品表面结构的目的[5]。

瑞典皇家科学院将 2017 年的诺贝尔化学奖颁给发明冷冻电镜的三位学者，以表彰他们在冷冻显微术领域的贡献。冷冻电镜的主要作用是促进了结构生物学的蓬勃发展，科学发现往往建立在对肉眼看不见的微观世界进行成功显像的基础之上，但是在很长时间里，已有的显微技术无法充分展示分子生命周期全过程，在生物化学图谱上留下很多空白，而冷冻电镜将生物化学带入了一个新时代。2016 年，拉丁美洲暴发严重的塞卡疫情。研究者利用冷冻电镜技术，成功观测到塞卡病毒的结构，这是传统电镜无法做到的，也是这项新技术实际应用的一个例子。冷冻电镜打破了长期停滞的局面，研究人员无须将大分子样品制成晶体，通过对运动中的生物分子进行冷冻，即可在原子层面上进行高分辨成像。随后，蛋白质或复合蛋白结构解析领域诸多被称为诺贝尔奖级的论文陆续发表，背后的利器正是冷冻电镜，这项技术的应用也正式迎来了快速发展的阶段。例如，中国科学家施一公团队得到的剪接体结构接近原子量级（3.6 埃），但如果没有冷冻技术使样品形状固定，便于观察，如果没有电镜能观察到原子级的结构，如果没有数据采集和储存系统帮助收集和分析数据，光靠人类的力量，这几乎是不可能完成的任务[6]。

物理学的现代光学理论和量子力学，为显微镜的发展提供了理论基础。计算机技术、激光技术、扫描技术、纳米技术及制造水平的提高，为现代显微镜的发展提供了技术保障，使其各方面性能尤其是分辨能力都有了极大提高，促进了生物学和医学的发展，为人类探索微观生物世界提供了便利。

"工欲善其事，必先利其器。"科学实验的成功离不开科学仪器和设备的支撑，很多重大科研成果的突破都是得益于科学仪器和方法。一个新的方法、新的仪器、新的技术都可能打开一片新的领域，帮助科学家完成更多"不可能"。1953 年轰动世界的 DNA 双螺旋结构的发现，就是因为研究出了利用 X 射线去研究 DNA 衍射的方法。现代生物学的研究中，显微镜及其技术扮演着越来越重要的角色，已然变成科学家的眼睛、手和脑的延伸，是生命科学不可或缺的工具箱和宝藏技术。

二、基因测序技术的发展与生物医学前沿

基因测序技术的发展极大地推动了生物医学及其前沿领域的进步。众所周知，基因组携带了生物个体的全部遗传信息，基因测序技术实现了对遗传信息的精确解读，从基因密码层面揭示了 DNA、核糖核酸（ribonucleic acid, RNA）、蛋白质等"生命信息流"的传递信号及其路径，是人们探索生命现象

本质的信息基础和技术基础。

在人类基因组学计划完成之后，人类微生物组计划正在如火如荼地进行，基因测序技术的发展更加迅猛，在生物学、临床医学和基础研究中的应用也更加广泛。最初，化学裂解法是基于聚合酶链式反应（polymerase chain reaction，PCR）的 DNA 测序法，可以对未知基因进行检测，但是不能读取长的 PCR 产物片段，所以很快被桑格（Sanger）的双脱氧链末端终止法取代，此为第一代基因测序技术。以高通量为特点的二代测序（next-generation sequencing，NGS）技术，包括聚合酶克隆测序（polony sequencing）和连接测序（sequencing-by-ligation）等，是目前应用最普遍的测序技术[7]。时至今日，第三代测序技术——单分子实时测序已经逐渐成熟，而且以纳米孔为基础的第四代测序技术也已崭露头角。

当前，基因测序技术在分子生物学和基础医学领域应用广泛，已经从第一代发展到第四代，比较其优缺点可以发现：第一代测序技术测序精确，是常用的单基因病诊断技术，但通量较低、成本高；第二代测序技术测序通量提高，在临床上发挥重要作用；第三代测序技术在测序通量、时间和成本方面都有极大改善；第四代测序技术正朝着无须标记、长读取、高通量、少样本制备的方向发展，将会成为低成本快速进行基因测序的选择[8]。总体来说，基因测序技术的每一次变革，都对遗传物质信息研究、基因组研究、疾病诊疗研究、药物研发等领域起到巨大的推动作用。

近年来，基因测序技术伴随"精准医疗"概念的提出，发展更是日新月异。借助基因测序技术，科学家可以从基因组机制上阐释遗传学、发育生物学、进化生物学等学科的经典概念，在全基因组水平延伸了染色体高级构象、细胞异质性、功能模块等新概念，为精准医学开辟了应用性新领域。随着分子水平的基因测序技术平台不断发展和完善，基因测序成为临床诊断和研究的热点。此外，基因测序技术应用于遗传病诊断、无创产检、临床个体用药及肿瘤监测治疗等领域的科研成果也层出不穷。

总的来说，基因测序技术作为人类探索生命奥秘的重要手段之一，对生命科学和生物医学等领域的发展起到了明显的带动作用。尽管目前最为先进的纳米测序技术具有诸多优势，但仍面临很多挑战。例如，DNA 控制和纳米孔制造技术还处于实验室阶段。然而，我们有理由相信，新一代测序技术的难点会逐渐被克服，基因测序指导下的遗传病诊治、个性化精准医疗等能够更加高效地进行，未来基因测序技术必将对生物医学研究领域和人类健康产生重大影响。

第二节 关键共性技术对多学科的使能作用
——以纳米技术和人工智能技术为例

所谓关键共性技术，是指在多个产学研领域广泛应用，并对整个或多个产学研领域形成瓶颈制约作用的技术，是当前我国国家综合竞争力提升的关键。关键共性技术及其所产生的使能作用，为学科的发展带来效率和效能上的根本性提升。

历史上关键共性技术的运用，如印刷术的发明及其与造纸术的联用，促成了图书资料的广泛散播，为知识的传播和交流创造了条件，引起了世界科学、文化传播和发展方式的深刻变革，极大地推动了社会的进步和发展；19世纪电话的发明同样也是当时的使能技术，基于电磁学理论的发展，电话使人们可以远程通话，极大地改变了人类的交流形态；20世纪互联网的发明使得人类的信息交换摆脱了时间和空间的限制，彻底颠覆了传统的收集、加工、存储、处理、控制信息的形态和模式，极大地扩展了人类的认识空间；21世纪第五代移动通信技术（5G）的开发则是当下最典型的关键共性技术，满足了智能终端的快速普及和移动互联网高速发展的要求，让世界进入了"万物互联"的时代[9]。本节将以纳米技术和人工智能技术这两种关键共性技术为例，阐述其对学科前沿发展的使能推动作用。

一、纳米技术与"纳米＋"效应

纳米技术是指在纳米尺度上（0.1～100纳米）研究物质的特性和相互作用，以及利用这些特性的多学科交叉的技术。纳米技术与信息技术、生物技术共同构成当今世界高新技术的三大支柱，纳米技术已被公认为是最重要、发展最快的前沿领域之一。过去的 30 年间，纳米科学与技术已经充分揭示，物体的尺寸缩小到纳米尺度就会产生某种变化和功用。人们发现尺寸小到 100 纳米以下的程度时，同一个物质便产生了"量子尺寸效应、小尺寸效应、表面效应和宏观量子隧道效应"，这些"纳米 +"效应都与"小"有关，在催化、滤光、光吸收、医药、磁介质、新材料甚至生物活性等方面展现出广泛的应用前景。这是因为纳米材料及其器件的每个原子与周围接触的原子数量和环境都发生了显著的量级变化。

例如，纳米技术可带动光谱与成像技术领域的深入发展，并应用到多学科的实际研究中。最初的成像技术是基于对无生命体或非生命固化物体的表面或内部层面的成像，只能反映样本被处理当时的情况；当前绝大多数正在应用的成像技术，也仅限于对生命活体或非生命物体在特定环境中的状态识别；未来，原位表征成像技术可以借助纳米技术，反映被观察样品所处的实际状态和真实环境。纳米技术可从原位表征固／液相界面反应活性的针尖增强拉曼光谱术（tip enhanced Raman spectroscopy，TERS）角度，显著提高在非金属材料表面及生物界面的 TERS 灵敏度，并产生具有数纳米分辨率的液相环境探针纳米红外光谱，进而可以实现基于单颗粒纳米粒子增强的超高分辨光谱成像[10]。

可见，纳米技术作为一个促进多学科交叉发展的使能技术，既是现代科学（混沌物理、量子力学、分子生物学、材料化学等）和现代技术（计算机技术、微电子技术等）结合的产物，也是时下一些新兴学科（量子信息学、纳米生物学、纳米电子学）的共性技术。纳米技术的发展使人类第一次可以从微观层次主动设计、开发材料，是向分子原子尺度控制物质性能的重大跨越，被誉为当前最重要、最前沿的技术。"纳米 +"效应使得高性能和多功能特性的纳米材料和器件，在化工、机械、电子、信息、能源、环境、生物等几乎所有学科和行业领域，均展现出诱人的应用前景，对新学科生长点的产生、新技术的开发、新兴产业的促进和传统产业的升级具有重大意义。

二、人工智能技术的使能作用

人工智能（artificial intelligence，AI）与工业、商业、金融业、科研界等领域的全面融合和深度渗透，推动产业形态不断发生演变，形成更广泛的以互联网为基础设施和实现工具的科技、产业、经济发展新形态。

人工智能技术的渗透性、带动性强，其作为一种具有重要战略价值的使能技术或共性技术，学科交叉特点十分突出，涉及物理学、化学、材料科学、环境科学、生命科学、电子学、光电子学、医药学，以及评估技术与方法、系统工程与技术等各个方面，人工智能技术的应用则几乎涵盖了所有的科技和工业领域。

在当前新一轮产业升级和科技革命的大背景下，人工智能技术必将成为未来高新技术产业发展的基石和先导，对全球经济、科技、环境等各个领域发展产生深刻影响[11]。当前，全球人工智能技术重大成果不断涌现，并正在向能源、信息、环境等多个领域快速渗透，人工智能技术的赋能效应，影响了当前诸多学科的研究范式，有望深刻地改变科技发展的趋势和人类的生产生活。未来，在人工智能技术所展现出的使能作用的带动下，可以预见人工智能将带动各个学科领域、应用领域和产业领域产生飞跃式发展，成为推动科技进步与经济发展的重要驱动力。

例如，当前人工智能技术已经从机器学习阶段应用到人工智能化学的研究与应用领域。近年来，国内外医药企业商业模式发生了较大改变，不断加大创新药物研发的力度，但是研发费用高、周期长、成功率低的现状依然存在。在此背景下，人工智能和大规模生物医药数据挖掘等赋能技术，在新药研发中有广阔的发展空间。机器学习可以有效应用到化学分子模拟的多个层面，包括量子多体问题、化学分子动力学模型、优化与自由能问题等。通过开展药靶发现、先导化合物设计与优化、活性测试分析、药物动力学和药代特性预测、药效和毒副作用评估等工作，人工智能技术可以为新药研发的各个环节提供有力支撑，显著提高新药研发效率、降低风险和研发成本。

因此，人工智能技术对科技、社会和经济的发展产生了重要影响，已经成为世界主要发达国家关注的焦点。人工智能技术产生的"AI+"效应，是其发挥使能作用的源泉，在电子、材料、化工、能源、环境、航空航天、生物和医学领域展现出强有力的带动作用和广阔的应用前景，已成为当前国际战略前沿研究领域。此外，人工智能技术的成果已经进入信息、生物、医药、能源、环境、航空航天及国家安全等各个方面，对一个国家的经济繁荣与文化生活产生了重要的影响。同时，人工智能技术产品也拥有广阔的市场，各国为了争夺战略制高点，制定了许多政策与法规来支持人工智能的发展。

党的十九大报告提出，"突出关键共性技术、前沿引领技术、现代工程技术、颠覆性技术创新，为建设科技强国、质量强国、航天强国、网络强国、交通强国、数字中国、智慧社会提供有力支撑"[12]。党的十九届四中全会进一步提出构建社会主义市场经济条件下关键核心技术攻关新型举国体制。由此可见，关键共性技术对新时代我国的科技和经济发展具有极为重要的作用。

第三节　大科学装置对学科知识演进的带动效应

20 世纪中叶以后，科学发展的一个重要特征便是大科学装置的出现，世界主要国家和地区以建设大科学装置为抓手，构建科技支撑平台和大型综合研究基地，力图从根本上提升各自国家和地区创新能力和国际竞争力[13]。从国内外发展态势来看，科学研究的重大突破越来越依赖大科学装置，已成为国家和地区科技发展不可或缺的基础设施[14, 15]。

大科学装置也被称为重大科技基础设施，是指通过较大规模投入和工程建设来完成，建成后通过长期的稳定运行和持续的科学技术活动，实现重要科学技术目标的大型设施。随着国家对科学的支持不断增加，越来越多的大科学装置在政府的支持下不断建立起来，提高了科学家探索未知、发现规律的能力，并在众多与国家核心竞争力、与社会可持续发展相关的核心技术方面提供了有力的支持。在 2018 年国务院新闻办公室就科技工作进展与成果相关情况介绍的新闻发布会上，中国科学院国家空间科学中心吴季研究员介绍到，他曾对 100 多年来诺贝尔物理学奖的成果进行调研。研究发现，1950 年以前的诺贝尔奖中只有一项来自大科学装置；到 1970 年以后，就有超过 40%

的研究来自大科学装置，如天文望远镜、科学卫星、加速器等；到了 1990 年以后，这个比例高达 48%[16]。这说明，大科学装置对科技发展有重要的推动作用。

按照功能类型，大科学装置可以分为以下三类。①基础科学专用装置，如正负电子对撞机、聚变堆、专用空间科学卫星、天文望远镜等。这类装置具有特定的科学目标，是开展特定领域的研究必不可少的手段。②应用型公共平台，如同步辐射光源、自由电子激光装置、散裂中子源等。这类装置的技术大部分来源于基础科学专用装置，如用于高能物理中的加速器等，为凝聚态物理、材料、环境、地质、生物等各方面的研究提供了手段[17]。③公益性服务设施，如授时台、卫星地面站等，为社会上的各方面提供保障。其中，基础科学专用装置的建立为其学科的发展提供了重要的推动作用，如我国的北京正负电子对撞机、兰州重离子研究装置、全超导托卡马克核聚变实验装置大亚湾反应堆中微子实验、大天区面积多目标光纤光谱天文望远镜（LAMOST，又称郭守敬望远镜）等重大科技基础设施，在涉及的粒子物理与核物理、遥感、天文、时间标准发布、同步辐射、地质、海洋、生态、生物资源、能源和国家安全等众多领域提供了关键的研究平台，以及学科发展的重要推动力。相对于基础科学专用装置，大科学装置中的应用型公共平台为更多的学科领域的基础研究、应用研究提供服务，具有强大支撑能力，如我国的同步辐射装置、稳态强磁场实验装置、散裂中子源、大连相干光源、X射线自由电子激光试验装置。本节将以应用型公共平台中的同步辐射光源、散裂中子源这两种大科学装置对相关领域的推动为例，阐述其对相关学科的带动作用。

同步辐射是指速度接近光速的带电粒子在做曲线运动时沿切线方向发出的电磁辐射（被称为同步光）。这种电子的自发辐射，具备许多常规光源不具备的异常优越的特性，如高强度、高光谱亮度、高光子通量、高准直性、高偏振性及具有脉冲时间结构等，因此成为一种科学研究的新光源。早在 1961 年，意大利弗拉斯卡蒂核物理研究所（Frascati Nuclear Research Center）就启动了第一个利用同步辐射的研究计划。两年后，美国国家标准学会（American National Standards Institute，ANSI）和日本东京大学的同步加速器也开始了类似的实验工作，从此同步辐射正式成为人类认识自然的一种新工具[18]。

同步辐射光源为研究物质的微观动态结构和各种瞬态的过程提供了前所未有的手段和机会，给科学技术发展提供了一个新的实验平台、一个新的研究途径，将一些常规光源下认为不可能做的实验变为可能。在材料科学、生命科学、环境科学、物理学、化学、医药学、地质学等学科领域的基础和应用研究中，同步辐射光源成为最先进、不可替代的工具之一，并在电子工业、医药工业、石油化工、生物工程和微纳加工等领域具有重要而广泛的应用。例如，在生物领域，利用同步辐射 X 射线衍射方法是测定生物大分子晶体三维结构的最主要手段，同步辐射 X 射线小角散射是目前唯一能够动态测量生物大分子形状的方法，是研究一些重要生物过程动力学的重要手段；在理化科学领域，同步辐射光源产生的高亮度 X 射线光，能清楚地描述原子的精确构造，得到有价值的电子结构和磁性结构参数等信息；在医药科学领域，通过研究病毒及病毒与人体内发生作用的生物分子的结构，从而有望设计出能够与该病原特异结合的药物小分子；在医疗领域，通过同步辐射光源替代普通 X 射线，能大大提高计算机断层扫描（computed tomography，CT）的空间分辨率，缩短扫描时间，提高图像质量。

同步辐射光源拥有广阔的应用前景，因此大量的同步辐射光源在政府的支持下建立起来。截至 2022 年底，全球有超过 50 个同步辐射装置，分布在 23 个国家和地区，在提升国家核心竞争力相关的技术方面提供了有力的支持。

在同步辐射发展推动的众多领域中，生物领域的发展尤其显著，同步辐射光源的应用直接推动了蛋白质晶体学的发展。蛋白质晶体学是一门利用 X 射线晶体衍射方法进行生物大分子结构研究的学科，揭示蛋白分子空间结构与功能的关系，是结构生物学的重要的组成部分[19]。该学科在 20 世纪 70 年代形成，利用 X 射线对生物大分子晶体进行研究。在随后的 30 多年里，蛋白质晶体学不断发展，解析的蛋白质结构数目也逐年增加。在 1989 年时，蛋白质结构坐标数据库（protein data bank，PDB）中的结构数目为 300 多个。1991 年，亨德里克森（W. A. Hendrickson）提出了基于同步辐射的多波长反常散射法[20]，使得蛋白质晶体学的结构测定速度逐渐加快。当前，蛋白质晶体学技术飞速发展，利用同步辐射光源的单晶衍射方法，已经成为最常用及最准确的确定生物大分子是三维结构的测量手段。截至 2022 年 8 月，PDB 已经收录近 20 万个蛋白质结构, 其中约 80% 是利用同步辐射的晶体学衍射手段测定的[21]。

同步辐射光源与高效、高速探测器的发明对蛋白质晶体学技术的发展有着巨大的推动作用[19]。在众多对生物大分子的检测手段中, 晶体 X 射线衍射是当前原子水平上确定生物大分子结构最有效的手段。而同步辐射 X 射线的强度是实验室中普通 X 射线机的千万倍以上, 同步辐射光源具有强度高、相干性好、发散小、频谱范围宽广且可调等优点。随着同步辐射光源自身的发展, 当前第三代光源的射线在光强、光分散 (准直) 方面也得到极大的改善和提高, 对于制备晶体的尺寸要求降低, 使得蛋白质衍射数据的采集从几天缩短到几分钟, 效率提高了成千上万倍。不仅如此, 利用同步辐射光源常常能够得到分辨率更高的数据, 这是促进蛋白质结构解析出现巨大飞跃的原因。将同步辐射应用到蛋白质结构解析以后, 由于其独特优点得到了广泛应用, 结构生物学得到了迅猛的发展, 每年解析出来的结构数目急剧增加, 对生物学各个领域都产生了深远的影响[22]。

散裂中子源也是大科学装置应用型公共平台中的一员, 是探索物质微观结构的有力手段之一。中子有不带电、有磁矩、穿透性强、能分辨同位素和紧邻元素及非破坏性的特性, 在物理、化学、生命科学、材料科学及工业应用等领域与同步辐射光源相互补充, 并且在磁结构、动力学特性等方面发挥了不可替代的作用[23, 24], 成为衡量一个国家科技能力的标志之一[25]。中子的特性适合研究物质内部结构和动态过程[26], 在多学科中都有广泛应用, 从蛋白质三维结构的测定到飞机螺旋桨叶片裂痕的探测, 从材料性能的检测到物质磁性的研究, 中子散射科研手段在前沿基础学科、国防科研和核能开发等领域都有重要作用。例如, 在高分子科学领域, 中子散射通过衬度匹配技术, 可以实时、无损地观测不同外界条件变化情况下本体中的高分子单链结构, 从而验证高分子的内部结构, 体现出中子散射技术在高分子材料研究中的重要作用。早在 20 世纪 70 年代初, 利用中子散射手段证实了高分子链在非晶态状态下具有无规线团的形态, 为日后化纤和塑料的研发做出了重要的贡献。中子散射技术在高分子科学中的应用, 促进了实验中获取信息量和结果精度两方面的发展和完善, 进一步使得单个分子链结构中本体的链构象问题的解决成为可能。高分子领域的两个诺贝尔奖工作 [1974年保罗・弗洛里 (Paul J.

Flory）和 1991 年皮埃尔 - 吉勒·德热纳（Pierre-Gilles de Gennes）］都是通过中子散射或反射直接得到的验证。高分子结构随着中子散射技术的发展得到了更好的表征，从而得到了快速发展。

第四节　技术产生的内在逻辑与学科发展的内在技术需求——以病原微生物学科领域为例

　　病原微生物学科（pathogenic microbiology）领域虽然仅仅是生物学领域的一个分支，但进入 21 世纪以来，其发展十分迅速，关注度也日益提升，已经成为生物学、医学、农学乃至生物安全领域的研究热点和前沿。本节以病原微生物学科领域涉及相关技术为例，详述学科及前沿领域的发展过程中，技术产生的内在规律，学科及前沿领域谋求进一步发展对于新技术的诉求，以及学科的发展需要哪些新技术的支撑，并由此催生了新技术的开发。

　　纯粹意义上的病原学（etiology），一般是指专门研究人体疾病形成原因的学科，包括研究生理或心理方面医学问题的形成因素，以及预防、诊断、治疗的技术方法和实现途径等，是医学的一个基础学科[27]。而在这当中，病原微生物及其技术通常也作为主要的研究对象。因此，本节探讨的范畴除了涉及病原相关技术因素之外，还包括微生物本身及其与动物（人体）、植物的相互关系及涉及的技术范围，可以视为广义上的病原微生物学科领域方面的技术集合。

一、人类与病原微生物博弈中的技术

　　病原微生物一直与人类的发展史和科技史并存。由于病原微生物的变异和耐药性问题，人在生老病死的过程当中，与病原微生物的博弈从未间歇。一方面，瘟疫始终伴随着人类的发展历程，如曾在世界各个地区出现的鼠疫、霍乱、流感、严重急性呼吸综合征（severe acute respiratory syndrome,

SARS）、埃博拉病毒、中东呼吸综合征、口蹄疫、禽流感等[28-32]。这些由病原微生物导致的生物安全事件，对人类的社会、经济、文化、健康产生了深远的影响，有的甚至给农业、畜牧业等造成了巨大损失。另一方面，微生物也可以成为人类的朋友，为我们食物加工过程中的发酵、蛋类和蔬菜腌制、各种酒类的酿造、抗生素和药物的生产，以及人体免疫系统的激活和发育等，提供了重要的资源和动力。由此可见，病原微生物涉及的相关技术是近现代生物学重大基础理论建立的重要工具和基础技术，如揭示 DNA 是主要遗传物质、遗传中心法则的建立和完善、病原微生物的检测与示踪技术、药物与抗生素生产技术、微生物发酵与催化工程技术等。当今，无论是合成生物学还是表观遗传学，无论是基因编辑技术还是传统的基因沉默技术，各类微生物试验技术仍然作为诸多研究领域的基本技术和重要平台。

所以，从某种意义上来说，病原微生物与人类亦敌亦友，人们越来越意识到对微生物本身的研究、对相关技术的诉求，以及微生物与寄主之间的相互作用关系，对生命科学、医学、农学及其相关科学技术的发展至关重要。2007 年底，美国国立卫生研究院正式启动了"人类微生物组计划"。直到今日，这项由美国主导，中国、日本和多个欧盟成员等十几个国家参与的国际性合作任务，将使用新一代测序技术开展人类微生物组 DNA 的测序工作。这项大科学计划被视为人类基因组计划的延续，其目标是通过绘制人体不同组织和器官中微生物元基因组图谱，解析微生物菌群结构变化对人类健康的影响[33]。可以预见，人类微生物组研究计划最终将帮助人类在健康评估与监测、新药研发和个体化用药，以及慢性病的早期诊断与治疗等方面取得突破性进展，甚至对新技术的研发起到积极的促进作用。

二、动植物与病原微生物竞赛中的技术

动物作为重要的生物资源，在保持生态平衡、生物多样性、公共卫生安全等方面发挥着重要作用。然而，动物携带着大量的病原微生物，尤其野生动物是许多传染性人畜共患病的自然宿主或易感宿主。鸟类可携带并传播多种类型的禽流感病毒、禽结核病、沙门氏菌病或弓形虫病等病原[34]，啮齿类动物会引发鼠疫、肾综合征出血热、钩端螺旋体病、地方性斑疹伤寒、恙虫

病等疾病。此外，截至 2021 年，已经发现的 38 种冠状病毒中有 16 种与蝙蝠相关，如中东呼吸综合征冠状病毒[35]。在新发的人类传染病中，从动物感染到人类的病原微生物占比达 75%～80%[36]。由此可见，从长远来看，动物与病原微生物的共生关系或将导致动物源性新发传染病的防控变成不可避免的"常规性事件"。当人类面对人畜共患病的巨大威胁时，应主动采取措施，及时确定动物源性病原微生物并阻断其传播。例如，人类可通过构建中国动物病原微生物本底信息数据库，加强高风险宿主动物病原微生物监测，开展动物病原微生物预测、流行病学、跨物种传播和风险评估等研究，同时借助高通量测序、纳米生物、反向遗传学、反向病原学和人工智能识别等技术和策略，科学、系统、便捷、快速地开展动物病原微生物的筛查、识别、监测和评估。

植物与病原微生物的协同进化过程，可以说是一场没有硝烟的军备竞赛。与人一样，植物生活的环境中时刻面临着形形色色的微生物，如细菌、卵菌、病毒、真菌等，有一些病原微生物无时无刻不尝试着"侵略"植物。尽管植物不具有像人和动物那样逃跑的能力，但在长期的进化过程中，植物形成了特有的抗病机制或天然免疫系统。为了突破植物的免疫防御系统，病原微生物进化出复杂的侵染方式以感染植物，通过向植物分泌各种效应因子，如有毒次级代谢产物、效应蛋白、胞外酶等，病原微生物侵染相关基因受到精细的调控以确保其侵染成功。植物为应对病原微生物的侵染，不断完善其天然免疫体系，科学家通过研究积累，归纳出目前被广泛认可的植物防御机制是四个阶段的 Zigzag 模型[37]，并以此开发多种新兴生物学技术。Zigzag 模型的第一阶段是，植物跨膜模式识别受体（pattern recognition receptors，PRRs）识别病原体相关分子模式（pathogen-associated molecular patterns，PAMP），如细菌鞭毛蛋白，并引发病原体相关分子模式诱导的免疫反应（PAMP-triggered immunity，PTI），以抑制病原微生物的进一步定殖和扩散。科学家模拟病程识别过程，开发出了传统的灭活疫苗技术等。第二阶段，病原微生物为了继续侵染，向植物体内分泌效应蛋白干扰 PTI 反应过程，引发了效应蛋白诱导的植物易感反应（effector-triggered susceptibility，ETS）。第三阶段，植物也不会坐以待毙，进化出多种抗病蛋白直接或间接地识别病原微生物的效应蛋白，并引发效应蛋白诱导的免疫反应（effector-triggered immunity，ETI）；

ETI 是一种更强烈的免疫应答反应，通常在病原微生物侵染位点伴随产生超敏反应（hypersensitive response，HR）现象。由此，科学家致力于研发各种抗体技术，并制备了"精准打击"类型的药物抗体。第四阶段，在植物与病原微生物的协同进化（即自然选择）过程中，病原微生物通过分泌其他类型的效应蛋白或修饰原有的效应蛋白以突破植物的防御体系，而植物也不断进化出新的抗病蛋白以应对新型的病原效应蛋白，持续向前推进着这种反复的协同进化过程[38]。此外，关于植物与病原微生物互作系统的研究及其产生或涉及的关键技术，在农作物的抗病育种上尤其具有重要意义。栽培作物（如水稻、小麦、大麦、玉米、大豆和各种蔬菜水果等）的生物多样性远远低于野生品种，致使农作物的抗病能力也远远低于野生植物。病害会导致农作物减产甚至绝收，从而造成重大的经济损失，并威胁国家的粮食安全。因此，当前生物学家力图发展新的抗病育种新技术，如作物基因编辑技术、分子设计育种技术等，这也是随着生命科学学科前沿领域的不断拓展，对新兴技术诉求的结果使然。

　　总体来看，科学家通过不断的探索和研究积累，初步了解了植物与病原微生物竞赛中的基本机制，而多种技术的创新开发和综合应用正是这一系统发现的基础和工具；并且随着相关基础理论和基础知识的成熟，衍生出一系列新的技术和方法，如识别病原微生物的荧光染色技术、表征病原微生物动态变化的示踪技术、研究效应蛋白的多种蛋白质鉴定技术等。此外，植物与病原微生物互作研究，带动产生了一系列新兴生物技术，如表面增强超分辨技术、双光子荧光技术、离子结构照明技术和基于芯片的宽视场纳米显微技术等，可通过增加获取的信号纵深以更好地捕捉样品的三维图像，增强样品表面的成像效果。

三、学科交叉：病原微生物与生物安全前沿领域的技术基础

　　当前，生物安全已经上升到国家安全的层面，生物安全事件的应对急需病原微生物学科领域相关科技能力的支撑。从已颁布的《中华人民共和国生物安全法》中可以获知，生物安全研究领域的基本内涵和边界及涉及的关键技术领域主要包括八个方面：①防控重大新发突发传染病、动植物疫情，体

现对人民生命健康的呵护；②研究、开发、应用生物技术，重点在于推进生物技术的健康发展；③保障病原微生物实验室生物安全；④保障生物资源和人类遗传资源的安全；⑤防范外来物种入侵与保护生物多样性，以确保生态安全；⑥应对微生物耐药，以保障人类和动物的生命安全；⑦防范生物恐怖袭击和防御生物武器威胁；⑧其他与生物安全相关的活动[39]。由此可见，这里体现了广义"生物安全"的理念，也蕴含着病原微生物与生物安全研究领域共同的技术基础、研究热点和学科前沿。而病原微生物学科领域作为一类基础学科领域，所采用的研究策略和技术体系，所产生的基础理论和方法论成果，可作为共同的知识基础和技术基础适用于生物安全的多个研究方向。

当代病原微生物与生物安全研究领域的发展，越来越呈现出多种技术集成、多学科相互交叉、相互渗透、高度综合及系统化、整体化的发展态势，学科交叉和技术驱动已经成为这一大类研究领域的时代特征。实质上，病原微生物与生物安全研究领域的交叉，更多体现的是相关知识体系的融合和技术体系的集成，是知识、技术、方法三者的协同，是不同思维、观点、理论的碰撞，两者共同促进了新技术的研发、新知识的产生和新学科生长点的涌现，共同推动了传统学科的发展，并已经成为相关学科前沿领域演进的主要驱动力之一。

本章参考文献

[1] 赵刚. 20 世纪遗传学的发展轨迹及其启示. 生物学通报，2003，（6）：58-61.

[2] 焦健，范克龙，胡志刚，等. 纳米生物学的研究现状与关键科学问题. 中国科学：生命科学，2020，50：778-787.

[3] 闫云侠. 显微镜的发明和发展. 生物学教学，2012，（5）：58-59.

[4] 黄德娟. 浅谈显微镜的发展史及其在生物学中的用途. 赤峰教育学院学报，2000，（2）：51-52.

[5] 李继刚，李庆丰. 显微镜技术的发展对生物医学的贡献. 中国医学装备，2007，（5）：60-62.

[6] 黄岚青，刘海广. 冷冻电镜单颗粒技术的发展、现状与未来. 物理，2017，46（2）：91-99.

[7] 林燕敏，门振华，陈业强，等．基因测序技术发展及生物医学应用．齐鲁工业大学学报，2016，30：24-30.

[8] 郭奕斌．基因诊断中测序技术的应用及优缺点．遗传，2014，36：1121-1130.

[9] 陈大明，杨露，刘樱霞，等．国内外使能技术的发展布局与现状探究．竞争情报，2020，16（3）：19-26.

[10] 庞然，金曦，赵刘斌，等．电化学表面增强拉曼光谱的量子化学研究．高等学校化学学报，2015，36：2087-2098.

[11] 阙天舒，张纪腾．美国人工智能战略新动向及其全球影响．外交评论（外交学院学报），2020，（3）：121-154.

[12] 白春礼．准确把握深刻理解建设世界科技强国"三步走"战略的基本内涵．中国科学院院刊，2018，33（5）：455-463.

[13] 张玲玲，赵明辉，曾钢，等．文献计量视角下依托大科学装置的学科主题与合作网络研究——以上海光源为例．管理评论，2019，31（11）：279-288.

[14] Florio M，Sirtori E. Social benefits and costs of large scale research infrastructures. Technological Forecasting and Social Change, 2016, 112: 65-78.

[15] Florio M, Forte S, Sirtori E. Forecasting the socio-economic impact of the Large Hadron Collider: a cost-benefit analysis to 2025 and beyond. Technological Forecasting and Social Change, 2016, 112: 38-53.

[16] 中华人民共和国国务院新闻办公室．吴季：大科学装置项目国家在未来应该给予更多的支持．http://www.scio.gov.cn/video/qwjd/34146/Document/1624116/1624116.htm?from=singlemessage[2020-12-21].

[17] 王贻芳．建设国际领先的大科学装置　奠定科技强国的基础．中国科学院院刊，2017，32（5）：483-487.

[18] 赵籍九，尹兆生．粒子加速器技术．北京：高等教育出版社，2006：18.

[19] 李兰芬，南洁，苏晓东．蛋白质晶体学技术的发展与展望．生物物理学报，2007，（4）：246-255.

[20] Hendrickson W A. Determination of macromolecular structures from anomalous diffraction of synchrotron radiation. Science, 1991, 254: 51-58.

[21] PDB 结构库．https://www.rcsb.org/[2022-08-11].

[22] 麦振洪，等．同步辐射光源及其应用．北京：科学出版社，2013.

[23] 程贺，张玮，王芳卫，等．中国散裂中子源的多学科应用．物理，2019，48（11）：701-707.

[24] 叶春堂，刘蕴韬．中子散射技术及其应用．物理，2006，（11）：961-968.

[25] Roe R J. Methods of X-ray and Neutron Scattering in Polymer Science. New York: Oxford University Press, 2000.

[26] Hammouda B. Probing Nanoscale Structures—The SANS Toolbox, National Institute of Standard and Technology. https://www.ncnr.nist.gov/staff/hammouda/the_SANS_toolbox.pdf [2022-08-11].

[27] 周小洁，佟颖，曾晓芃．寨卡病毒的病原学与流行病学研究进展．国际病毒学杂志，2020，27：521-524.

[28] 张雪冰，潘纹玉，陈丽丽．新型冠状病毒实验室检测方法研究进展．病毒学报，2021，37（2）：428-434.

[29] 张珍，白威峰，王中安．基于生物信息学分析 SARS-CoV-2 S 蛋白与 ACE2 受体结合机制．生物技术，2021，31：56-64.

[30] 王彦贺，董雪，杨明娟，等．基于 CRISPR 的埃博拉病毒核酸检测方法的建立．中国病原生物学杂志，2021，16：125-130.

[31] 燕丽娜，赵忠欣，孙培录，等．中东呼吸综合征疫苗研究进展．中国病原生物学杂志，2020，15：359-363.

[32] 邓斐，祁贤，余慧燕，等．2017～2019 年我国南方地区高致病性 H5N6 亚型禽流感病毒血凝素蛋白分子特征分析．微生物学通报，2021，48（2）：516-523.

[33] 刘双江，施文元，赵国屏．中国微生物组计划：机遇与挑战．中国科学院院刊，2017，32（3）：241-250.

[34] 韩林飞，李响．健康城市与完善的城市生态规划策略探析．科技导报，2020，38（7）：26-33.

[35] 秦天，阮向东，段招军，等．开展野生动物微生物研究应对未来新发传染病．疾病监测，2021，36（3）：209-213.

[36] Chen X P, Dong Y J, Guo W P, et al. Detection of *Wolbachia* genes in a patient with non-Hodgkin's lymphoma. Clinical Microbiology Infection, 2015, 21: 182.e1-182.e4.

[37] 韩长志．植物与病原菌互作理论研究进展．河南农业科学，2012，41：5-8.

[38] 刘雅琼，侯岁稳．蛋白磷酸化修饰在植物－病原微生物互作中的作用研究进展．植物学报，2019，54（2）：168-184.

[39] 王盼娣，熊小娟，付萍，等．《生物安全法》实施背景下基因编辑技术的安全评价与监管．中国油料作物学报，2021，43（1）：15-21.

第五章

学科及前沿领域演进的未来趋势

科学的体制化和职业化，不但使科学走上了稳定迅速发展的轨道，而且深刻改变了人类的生活空间。社会变迁——无论是向知识社会的转变，还是沿着全球化、信息化的方向不断前行——既是科学技术进步的结果，又深刻改变了知识生产的资源禀赋和知识消费的需求状况，形成了科学知识生产的新的利益格局，改变了科学知识生产与科学知识应用之间，科学、技术与创新之间的关系。

21世纪以来，科技创新步入了一个十分活跃且空前密集的阶段，世界科技前沿不断向宏观拓展、向微观深入。宏观世界大至宇宙起源、黑洞研究、暗物质暗能量，微观世界小至量子调控、基因组学、合成生物学，都是当前世界科技发展的最前沿，而宏观和微观世界的科学研究成果，又会深刻影响和有力推动事关人类生存与发展、改变世界发展格局的科技进步，推动各个学科及前沿领域不断演进。

当前，科学研究本身、科学建制及政策和研究文化，都处于快速发展变化之中。日趋激烈的竞争和不断增加的社会期望，正在推动大学、科研机构、资助机构和出版商的角色、职能及互动关系发生深远的变化。尽管科学事业的目标并没有改变，但是围绕着我们追求这些目标的几乎所有要素都在改变。在众多因素的推动下，学科及前沿领域的发展呈现出一些与以往明显不同的变化趋势[1]。

第一节　科学的组织化趋势

科学研究是一项集体事业。这里的集体一般有两个含义：①参与科学研究的科学家群体构成了科学共同体，科学共同体通过同行评议等形式确定诸如谁学、谁教、谁领先、谁将进行科研工作，以及什么结果应被发表和应用等一系列关键决策；②科学基本概念的重大变化都是逐步地发生的，重大的科学贡献必然依赖于科学上的继承，依赖于前人或大或小的科学创新积累。

当今世界，科学成为昂贵的事业，需要更多的资源支持，科学组织形式也发生了翻天覆地的变化，重大科学成果往往是集体努力的结晶，科学家只有纳入到组织框架中才有较大的可能成功。平均而言，从 20 世纪初到 20 世纪末，科研团队的规模几乎翻了两番，而且这种增长趋势持续至今。如今很多科学问题的研究，需要更多的技巧、昂贵的科研设备和庞大的研究团队，才能取得有效进展[2]。

这种变化也拓展了"集体事业"的内涵，对科学提出了组织化的迫切要求，而资源也就成为相关科学组织生存发展最重要的基础。当前，衡量相关的科学组织科研能力的 SCI、基本科学指标数据库（Essential Science Indicators，ESI）、自然指数等及各项排名也成为标定该组织资源争夺能力的标尺，这也使得科学家的科学目标和科学产出必须与相应的组织目标有机协调起来，才能实现共同发展。

科学的组织化程度愈来愈强，科学被整合到不同层级的组织范畴之中，特别是体现在国家、机构、个体三个层面上。在国家层面，随着科学在国家战略中地位的日趋提升，科学的发展已经完全置于国家和经济社会的发展目标之下。在全球竞争日益激烈的背景下，各国政府不断增加对科技的投入，积极培育战略新兴产业，抢占科技发展的制高点，从而确保在国际竞争中占据有利地位。尤其是在当前国际逆全球化思潮肆虐的背景下，科技之间的竞争成为国际竞争的核心内容，如 2018 年 8 月美国国会通过《出口管制改革法案》，发布 14 类前沿技术封锁清单；2019 年 5 月，美国国务院国际安全与防扩散局宣布对 13 个中国企业及个人实施制裁；2019 年 10 月，美国商务部宣布将 28 家中国高科技企业加入"实体清单"；等等。在新的时代背景下，更应在国家层面不断调整与完善科技创新战略与政策，加强重点领域的研发，以应对国家间人为的"技术铁幕"所带来的国际变局。而广大科技工作者需要"不忘初心、牢记使命"，秉持国家利益和人民利益至上，主动肩负起历史重任，把自己的科学追求融入全面建设社会主义现代化国家的伟大事业中，汇聚起建设世界科技强国的磅礴力量。

从机构层面来看，科学建制在经历了空前的增长之后，当前已经进入相对稳定发展的阶段。科研人员面临相对过剩与过度竞争的状态，在基金申请、成果发表及固定职位获得等方面，面临激烈的竞争压力[3]，而产生了一些制度化的冲突，例如成果发表的目的往往是职业生涯需要而非科学研究本身的需要、学科布局更多地考虑已有社会建制的要求而不是科学本身发展的需要等。由此，高度组织化的科学建制类似于一般意义的职业组织，需要相应的外部控制来达到组织目标[4]，这些外部控制既可以表现在职业规范或技术规范层面，也可以通过联合设立边界组织或者直接调控进行，如设立美国国立卫生研究院的研究诚信办公室、技术转移办公室等横跨在政治与科学边界之上的"边界组织"[5]，通过建立政治家与科学家有效对话的平台和共同管理，来确保科学诚信和产出率。

从个体层面来看，科学研究将告别个人英雄时代[6]，个体科学家、业余科学家的发展空间将日趋缩小。虽然当前科学领域的领军人物仍然有非常重要的作用，但与从前的科学伟人却可能完全不同，他们需要更多的领导能力和综合能力，率领庞大的团队，获取社会的巨大支持，才能成功做出重大科学成果。当今的很多重大科研成果，大都是在强大的团队、充足的经费等条件的支撑下取得的。例如，引力波探测仪激光干涉引力波天文台（Laser Interferometer Gravitational Wave Observatory，LIGO）即是多国学者合作完成的大科学装置。

需要注意的是，国家、机构、个体等不同层面的目标和约束条件并不是完全一致的。在多重目标约束下，科学的组织化程度进一步加强，呈现出一幅复杂的图景。

第二节　学科交叉与学科融合

当前，新一轮的科技革命正在快速地孕育、发展，并深刻地改变着当前的科研范式及世界的发展格局。面对复杂的现实挑战和多变的发展形势，学科交叉与学科融合逐渐成为科学研究的新领地和解决问题的新模式。

从广义上讲，交叉学科指由两门或两门以上不同学科交叉渗透形成的学科，包括了多学科（multidisciplinary）、交叉学科（interdisciplinary）及跨学科（transdisciplinary）的意蕴内涵。从狭义上讲，交叉学科指的是不同学科交叉所形成的新学科，它来自被交叉的原有学科，但又不同于已有学科[7]。在飞速发展的科技形势和日益激烈的全球竞争当中，越来越多的科研发现产生于传统学科的交界处；越来越多的现实性问题需要跨越学科界限、集成多方利益相关者的力量来协同解决。相应地，将研究和教育结合起来，通过交叉学科训练培养能够以多元创新方式应对科学挑战的科研后备人才也成为交叉融合背景下的关键问题。可以说，它既是实现科学知识系统整合的重要基础，又是孕育重大科技创新的现实通道，也是新时代创新型科研队伍的培养方式[8]。

2005 年，我国 133 位科学家共同提出了 21 世纪的 100 个交叉科学难题并结集出版《21 世纪 100 个交叉科学难题》一书；2015 年 9 月 17 日的《自然》开设专栏，详细讨论了"交叉学科研究为什么重要"[9]；从诺贝尔奖获得者也可以看出，物理学、化学及生物学和医学之间的界限越来越模糊，它们不仅相互交叉和渗透，而且逐渐形成了许多界限模糊的连续区间并产生了大量的科学新生长点[10]。正如韩启德院士所言："学科交叉是科学题中应有之义，是科学发展的必然，同时也确确实实是颠覆性创新的重要途径。"[11] 交叉学科融合了不同学科的范式，增加了各学科之间的交流，形成了许多新的学科或研究领域，并且创造了以"问题解决"研究为中心的研究模式，推动了许多重要实践问题的解决。由此，各个国家在科学研究、科学政策及科研管理上采取了不同的措施对交叉学科予以关注和重视。2020 年 8 月，全国研究生教育会议决定新增交叉学科作为我国第 14 个学科门类。同年 11 月，国家自然科学基金委员会新增交叉科学部，正式开启对交叉学科的推进和发展。

面临人类社会发展宏大的挑战，如全球气候变化、传染病防控、资源安全、实现"可持续发展目标"，并不是单一学科的研究能解决的，通常需要横跨生物学、物理学等多种专业知识，还要使自然科学、社会科学与人文学科的研究汇聚在一起，通过学科融合来寻求解决方案。这些系统性的复杂问题往往具有整体性和复杂性的特征。整体由部分组成，但整体的性质却不只是各部分性质的简单相加，每个层次都有新的、有效的、普遍的规律，这些规律往往不能采用还原论的方法从更基本层次的规律推导出来。在考察部分与整体的关系时，不免产生了复杂系统的作用（关联）、反馈、相变等特质，爱德华·罗伦兹（Edward N. Lorenz）于 1963 年提出的"蝴蝶效应"最鲜明地反映了其非线性和不确定性。例如，气候问题，有关未来气候的一般问题可能将继续由辐射反馈的不确定性所主导。这些反馈会受到系统的非线性和未来变化模式的影响，但具体会有多大影响却是一个不确定的问题。在区域尺度上，非线性将可能发挥更大的作用，但也很难预测。气候问题或许永远都是复杂问题：在混沌中存在确定性，在理解中存在不可预测性[12]。

如今，以经济社会重大使命为导向的新型研发管理政策正在国际社会兴起。使命导向提供了一种控制和引导研究和创新力量的方式，不仅可以刺激经济活动和经济增长，还可以通过学科融合找到创新的解决方案来应对最紧迫的挑战。

当前的学科融合是对传统意义上的交叉学科研究的新拓展，更多的是一种"愿景驱动"研究。它强调对多个学科领域的思想、方法和技术的高水平整合，强调对复杂情境下愿景和目标的共同认知及在学科交叉汇聚中形成的共同概念和话语体系。每一个学科领域就是汇聚研究的一个专业模块，各个专业模块又汇聚整合成一个更加宏大的有机整体，这个整体为新思想、新发现、新方法、新工具、新创造的产生提供了一种新的研究框架，充分发挥了专业模块的乘数效应和溢出效应[13]。如今，使命导向下的学科融合已不单单是一种理念，而成为一种实践模式，在欧美的一些研究计划中已有体现。特别是美国科学促进会（American Association for the Advancement of Science，AAAS）将"科学跨越边界"（science transcending boundaries）作为 2019 年年会的主题，强调通过跨越实际的和人为的界限，包括学科、部门、意识形态和传统，把人和思想汇集一起，来解决人类社会共同面临的问题[14]。在重大使命的牵引下，国际社会通过国际协议、倡议和协商，促进相关领域的国际合作，有效推动了科学的汇聚融通。

2018 年，国际科学理事会与国际社会科学理事会合并为一个全新的国际科学理事会，一个代表自然科学和社会科学的全球性非政府组织。新组织将40 个国际科学联盟和协会及 140 个国家、地区的科学组织聚集在一起，推动科学作为全球公益事业，以及充当全球科学之声的使命。对此，国际地理联合会主席曾表示："长期以来'科学'一词的理解都被窄化了，人们认为科学仅指自然科学。二者合并的意义在于，今后这个词将会被赋予更加包容、宽泛的概念，科学的内涵除了自然科学还包含了社会和人文科学。国际科学理事会的成立不只是双方简单在技术和财务上的合并，而是具有前瞻意义，可以深入影响到各个方面的非常重大的结构性变革，最重要的是对全球可持续发展的重大挑战所做出的响应。其影响的范围不仅是科学和学术团体，还会进一步涉及全球、区域以及地方的社会、教育和环境等。"[15]

第三节　科学方法的整合与发展

1620 年，培根在《新工具》中描绘出"假说、实验、结论"的科学方法的轮廓，对亚里士多德的方法提出了全面挑战。1660 年，英国皇家学会成立。该学会聚集了一批自然哲学家，他们推崇科学的实验方法，信奉培根的方法，也拉开了科学体制化的序幕。一直以来，实验归纳和基于实验的模型推演也成为科学研究的主要方法。随着计算机仿真模拟和数据科学的发展，科学方法越来越体现出系统研究的视角。

一、超越还原论的系统科学和复杂性科学

以牛顿为基础的经典科学在还原论方法的指导下取得了巨大成就，但在解释生物机体的秩序、目的性和精神等方面仍遇到不少困难，特别在解决经济、社会等复杂问题时更是如此。20 世纪初，人们把目光转向"有机整体""进化""系统"等概念。生物学家贝塔朗菲（L. von Bertalanffy）于 20 世纪 40 年代创立了一般系统论，在 1968 年出版了《一般系统论：基础、发展和应用》。与一般系统论同时兴起的是控制论，其代表性成果是维纳（N. Wiener）于 1948 年出版的《控制论》。20 世纪 70 年代，耗散结构理论、协同学、超循环理论等自组织理论的相继出现丰富了系统科学的内涵。普利高津（I. Prigogine）于 1969 年提出了耗散结构理论，并因此于 1977 年获得诺贝尔化学奖。德国物理学家哈肯（H. Haken）在激光研究中发现了自组织系统间的协同作用，于 1977 年出版了《协同学导论》，详细地阐释了多组分系统是如何通过子系统的协同行动而形成从无序到有序的演化过程的。诺贝尔奖获得者艾根（M. Eigen）在研究生命起源问题（即无生命向有生命的进化阶段）时，意识到这实际上是生物大分子的自组织过程，而支持这一过程的机理是"所谓的超循环的组织形式"。

20 世纪 80 年代以来，以混沌、分形为核心的非线性科学及计算机智能、人工生命等理论逐渐融合，系统科学得到进一步充实和发展，并发展出一门以"复杂系统"为研究对象，具有高度综合性和交叉性的新科学"复杂性科学"。1984 年，在诺贝尔奖获得者默里·盖尔曼（Murray Gell-Mann）、菲利普·安德逊（Philip Warren Anderson）、阿罗（Arrow）等的支持下，会同一批从事物理、经济、理论生物、计算机科学的著名的研究人员，成立了美国圣塔菲研究所（Santa Fe Institute，SFI）。该研究所的首任所长乔治·考温（George Cowan）在阐释建所理念时写道："大家经常说我们处在一个专业化的时代，这是真实的。但是，在第二次世界大战后的 40 年中，科学中已出现了明显的综合现象，特别是在最近 10 年来，这种综合现象加速发展。新的学科（从传统的观点看是高度交叉的）在不断凸现，并且在许多情况下成为科学研究的前沿。"[16] 最值得注意的是，该研究所认为复杂性科学研究内容包罗万象，几乎包括传统自然科学和人文社会科学的全部领域。而在圣塔菲研究

所成立之后，就有了专门的独立的复杂性科学研究组织，并形成了统一的复杂性科学研究团体，而且还出版了专门的刊物《复杂性》(*Complexity*)。

经过多年的发展，系统科学、复杂性科学已经得到学术界和社会广泛的认可，如"系统"的概念已经深入人心。纵观系统科学相关理论形态可以看出，系统科学理论几乎没有推翻任何经典科学的理论形态，只是改变了后者的部分结论或增加了一些新的结论。这一特征在经典科学范式内部的理论发展过程中也时时出现。

二、计算机仿真模拟正在体现出巨大的价值

20世纪中期以后，计算机作为一种有效的方法工具，在解决各个学科的数值模拟、模型拟合和计算优化等问题中发挥了重要的作用，成为实验归纳和模型推演的有益补充，而复杂性科学的出现更加放大了计算机仿真模拟的价值。圣塔菲研究所认为，在科学研究中使用计算机所产生的革命，类似于生物学中使用显微镜所导致的科学革命，计算机使许多复杂系统第一次成为科学的研究对象。

当前物理学非线性的前沿研究表明，数学与物理不可分地连接在一起。但是在一些不可能进行解析的非线性系统数学处理时，将一些已知的微观客体的物理性质与复杂系统的基本经验性定律联系起来之后，计算机模拟提供了另一种（可能是新的）理解高度[17]。21世纪初，一群程序员兼宇宙学家开始着手在一部超级计算机上模拟宇宙140亿年的历史。经过初期的失败之后，各种精确模拟宇宙诞生和物质演化的计算机模型被提出，其中最精细的模型当属IllustrisTNG。这套模型对宇宙中各种作用力的模拟达到前所未有的精细水平。这一先进的计算机模型所提供的细节和规模，使科学家们能够观察星系如何在140亿年的时间跨度内形成、演化、成长和促成新恒星形成的过程。他们已经利用该模型来进一步揭示黑洞对暗物质分布的影响、重元素如何产生和分布及磁场起源等问题。

生物学也是如此。生物学家们一直都有一个梦想，那就是将一个细胞里的每个组件及它们之间的相互作用关系都分解清楚，然后利用计算机模型重构出一个完整的计算机细胞，这样就可以在计算机中模拟出一个完整的细胞

行为。但是一个好的计算机模型绝不只能还原出通过我们的观察得到的，然后输入电脑中的那些细胞行为，一个好的计算机模型应该可以预测出任何一个未知的信号或突变会给细胞带来什么样的影响和结果。可是因为科学家们还无法对细胞中的每个基因产物和代谢通路的每步反应都进行量化研究，所以这个目标长期以来还只是一个可望而不可即的美好愿景。

2012 年，Karr 等的一个计算机模型让我们离这个目标又更近了一步，因为这套计算机模型可以对正在分裂的支原体细胞中的每个生物反应步骤进行计算[18]。Karr 等在《细胞》上发表了一篇文章，首次模拟了来自人类病原菌支原体（mycoplasma genitalium）的整个生命周期，提出了一个全细胞计算机模型，这一模型囊括了这个病原菌的所有分子组及相互作用[19]。这个全细胞模型包含所有的基因功能注释，并且在多种数据中进行验证，为许多之前未能观察到的细胞行为提出了新的观点和线索，如体内蛋白-DNA 协同作用率、DNA 复制起始和复制持续时间之间比例关系等。而且，这一模型预测的实验分析还能用于之前未能识别的动力学参数和生物功能，由此研究人员指出，这个系统全细胞模型能用于生物学研究的多个方面。

计算机仿真模拟在地球科学领域也取得了较大的进展。2015 年，中国科学院大气物理研究所、曙光信息产业股份有限公司、中国科学院计算技术研究所、中国科学院计算机网络信息中心等单位共同启动了"十二五"国家重大科技基础设施项目——"地球系统数值模拟装置"（Earth System Numerical Simulation Facility）预研及原型系统建设。同年 9 月 23 日，地球系统数值模拟装置原型系统正式发布。原型系统包含软件、硬件和可视化系统。

当代计算机科学正在尝试对我们所在世界的各个方面进行模拟。我们对物质世界、生命世界、精神世界的模拟程度，取决于我们的知识与探索程度。我们对真实世界的了解越深，做出的模拟就越精细，模拟效率取决于计算机的运算能力。因此，随着超级计算和人工智能的发展，充分利用高性能计算和科学仿真手段实现新的实验、归纳和演绎将是推动科研范式变革的有效突破口。

三、数据科学展现出巨大的潜力

2007 年 1 月，图灵奖获得者吉姆·格雷（James Gray）在美国国家研究理事会计算机科学与通讯分会（National Research Council-Computer Science and Telecommunications Board，NRC-CSTB）大会上，发表了题为"e-Science：一种科研范式的变革"的演讲，在实验归纳、模型推演、仿真模拟的基础上提出了第四范式——数据密集型科学发现。实际上，吉姆·格雷提出的四种范式是科学方法意义上的变革。他指出，由软件处理各种仪器或模拟实验产生了大量数据，并将得到信息或知识存储在计算机中，科研人员只需从这些计算机中查找数据。例如，在天文学研究中，科研人员并不直接通过天文望远镜进行研究，而是从数据中心查找所需数据进行分析研究，数据中心存有海量的、由各种天文设备收集到的数据[20]。

随着5G、物联网、大数据、云计算、人工智能、区块链等新一代信息技术的发展，无论是在学术界、产业界中，还是在现实的经济社会生活中，都可以很容易地发现数据的力量。海量的数据、计算能力的极大提高、数字经济的发展等都在催生着数据科学的产生。

尽管当前对数据科学的内涵和外延缺乏严谨定义和学界共识，但一般可以从方法论视角和本体论视角两个方面进行探讨。方法论视角的数据科学也就是吉姆·格雷提出的第四范式，借用美国谷歌公司皮特·诺维格（Peter Norvig）的话来说，"所有的模型都是错误的，进一步说，没有模型你也可以成功"（All models are wrong, and increasingly you can succeed without them.）[21]。海量的数据使得我们可以在不依靠模型和假设的情况下，直接通过对数据进行分析发现过去的科学研究方法发现不了的新模式、新知识甚至新规律[22]。本体论视角的数据科学认为数据是反映自然世界的符号化表示。既然自然世界是客观存在并具备共性科学规律，那么反映自然世界的数据空间也可能具有独立于各个领域的一般性规律[23]。

数据科学目前刚刚起步，其建立及作用的发挥还需要一个漫长的过程。当前还需要在以下三个方面开展积极的探索：①需要通过数据平台的建立来解决数据获取、存储、质量、传输及应用场景问题；②如何促进机理与数据的融合来提升算法和模型的有效性；③如何在离散几何、离散拓扑、图论与组合等基础数学中建立数据科学的根基[24]。

第四节 科学与社会的融通

进入网络时代以来，人们的生活方式和思维模式都在不断发生变化，"互联网＋"正在改变科学交流生态，并且重塑科学的边界。科学与社会的关系越来越密切，开放获取（open access，OA）、开放科学、公众科学等都使得越来越多的非科学人士有机会参与到科学活动中来，科技伦理问题也出现了新的内涵。

一、开放科学与公众科学

在网络环境下，无论是正式交流还是非正式交流，科学交流都将呈现新的形态与模式。OA 作为一种新的文献出版模式，是学术界、出版界、图书情报界为了推动科研成果利用互联网自由传播而采取的行动，在 21 世纪初一经推出便得到学术界的广泛响应和强力推动。由于 OA 采取作者或机构付费、读者免费的出版模式，出版机构的收入直接取决于 OA 论文的发表数量，因此近年来 OA 论文数量远远超过同期传统科技期刊所发表的论文，也引发了学术界对 OA 期刊的质量的担忧[25]。我们不去探讨 OA 期刊的质量问题，仅从其科学传播和交流的效果来看，OA 的出现大大增加了科学成果传播的广度，扩展了其在学术界之外传播的可能。

与此同时，非正式交流也得到了极大的改变。社交网络媒体提供了大量便捷、高效的非正式交流工具和技术，科学家可以在网络上直接发布自己的科研成果，并且与更大范围的同行和非同行进行交流，实现及时反馈和多次互动，使得非正式科学交流活动十分活跃。新的科学交流形态引发了新的学术评价——替代计量学（altmetrics）的兴起。替代计量学关注的是科研成果在生产、传播、反馈和改进的整个学术交流过程，为"互联网＋"状态下科学交流过程中科研成果影响力评价提供了新视角。科学家也可以通过替代计量学的工具了解学术成果的在线交流传播情况，观察到自己学术成果所产生的更为广泛的社会影响。

开放是网络时代科研变革的重要特征，而开放科学这一概念更加充分地体现了这一点。欧盟委员会在《开放创新，开放科学，开放世界》(Open Innovation, Open Science, Open to the World)中指出，开放科学是基于合作工作的科研的新途径和通过使用数字技术和新的合作工具传播知识的新方法，这种理念系统改变了过去科学研究的方式——从在学术出版物上发表科研成果转向在科研过程的早期就共享和使用所有可用的知识[26]。开放科学可以帮助科研人员迅速找到有相同研究兴趣的伙伴，提供了更多的合作交流机会，加快了科研的进程。尽管在国家或机构层面及社会上有很多开放科学成功的案例，但是目前大多数部门、资助者及期刊认为，数据从收集到出版都是私人或组织专有的。即使科学家个人和机构领导人想要有所改变，也不得不面对来自各方的压力：坚持传统的评审人员、同事和竞争对手[27]。

公众科学是日益发展的开放科学的一部分。对于数字化互联社会而言，公众科学具有特殊的意义，因为它通过探索公众参与科学研究及这些活动对社会造成的影响，使科学研究超出了专业科学家的范围。目前公众科学活动在学术界还没有得到更广泛的接受，尽管仍然是一个小众领域，但它正在日益壮大，并逐渐成为一个日益重要的社会机遇，同时也使公众有机会参与到与他们相关的事务中去[28]。

从传统上来说，科学由下至上自然而然地建构自身，每一个学科都按照自己的方向发展，而作为重新启动开放科学主要动力的数字经济的到来，则是各学科在未来恰当的时候，主导自身发展的一个阶段改变。不同专业研究人员及大量非科学人士的参与，在一定程度上模糊学科之间乃至科学与社会之间的边界，并重塑科学的边界。"互联网+"给科技界带来的改变正在进行，我们也很难明确地提出具体的方向和结果，但是这种更加提倡平等、自由、合作和共享的扁平化结构，或许正表达着人们对科学未来的理想和追求。

二、科技伦理问题及其新转向

新兴技术是建立在科学基础上的创新，具有创造一个新的产业或者改变某个老产业的巨大潜力。正因为如此，新兴技术引起了政府和产业界的极大兴趣和热情。在巨额资金的支持下，其研发和应用的速度很快，影响的范围和程度迅速增加。在短时间内，新兴技术就从只有少数科学家研究的实验室技术，迅速发展成为全球性的科学与产业活动。而同时新兴技术往往又成为现代社会风险的重要来源，引发了相关伦理、法律和社会问题。

新兴技术的发展和应用涉及不同的利益主体，包括政府、公司、消费者、科学家等。多元主体的利益诉求不同，具有不同的风险偏好，对新兴技术发展的价值敏感性不尽相同，因而对新兴技术风险识别的目标、模式，以及风险归因等都会存在差异，甚至引起冲突。这是因为每一个利益团体都试图通过风险感知与风险界定来保护自己，并通过这种方式去规避可能影响到它们利益的风险。这种状况也影响了不同主体对新兴技术的认知，加剧了新兴技术风险管理的复杂性。面对新兴技术的潜在风险，需要转变观念，从管理走向治理，把新兴技术不同类型的利益相关者整合在一起，通过有效的治理机制，以必要的伦理原则来约束不良科学技术的研究和应用，从而构建科学技术与社会之间、科学技术与伦理规范之间的良性互动关系。

技术具有双重性已经成为当今社会的共识。如果我们将技术的两面性作为对技术后果的内在性解读，那么，它所强调的是，技术的两面性是内在于技术本身的，是技术的内在结果。例如，某种技术对生态安全的影响问题，其安全风险是随着这种技术的出现而产生的，而不是因使用方式而导致的[29]。这也将技术伦理问题置于技术自身发展的框架中。为此，很多机构和研究人员开始关注：如何建立起人类与新兴技术之间的信任关系，并通过一系列机制确保新兴技术在创新和使用中沿着人类预想的方向发展。

当前关于人工智能、大数据技术等相关技术治理鲜明地反映了这个新趋势。正如在隐私和数据保护方面，"经由设计的隐私"（privacy by design，PbD）理念在过去十几年获得了强大的生命力，使得通过技术和设计保护个人隐私成为数据保护机制中不可或缺的组成部分，加密、匿名化、差分隐私等技术机制发挥着重要的作用。这样的理念也可以移植到人工智能领域，欧盟提出了"经由设计的伦理"（ethics by design，EbD）[30]。2019年，腾讯研究院和腾讯 AI Lab 联合发布《智能时代的技术伦理观——重塑数字社会的信任》。报告指出，虽然技术自身没有道德、伦理的品质，但是开发、使用技术的人会赋予其伦理价值，因为基于数据做决策的软件是人设计的，他们设计模型、选择数据并赋予数据意义，从而影响我们的行为。所以，这些代码并非价值中立，其中包括了太多关于我们的现在和未来的决定。更进一步，现在人们无法完全信任人工智能，一方面是因为人们缺乏足够的信息，对这些与我们的生活和生产息息相关的技术发展缺少足够的了解；另一方面是因为人们缺乏预见能力，既无法预料企业会拿自己的数据做什么，也无法预测人工智能系统的行为。因此，我们需要构建能够让社会公众信任人工智能等新技术的规制体系，让技术接受价值引导[31]。因此，人工智能伦理成为人工智能研究与发展的根本组成部分，是纠偏和矫正科技行业的狭隘的技术向度和利益局限的重要保障。

本章参考文献

[1] 杜鹏，王孜丹，曹芹.世界科学发展的若干趋势及启示.中国科学院院刊，2020，35（5）：555-563.

[2] Collison P，Nielsen M.科学研究投入在增加，但收效却在减少？http://zhishifenzi.com/innovation/depthview/4643?category=depth[2022-08-11].

[3] Maher B, Anfres M S. Young scientists under pressure: what the data show. Nature, 2016, 538: 444-445.

[4] 杜鹏.21世纪的中国学会与科学共同体的重构.北京：科学出版社，2017：140-143.

[5] 大卫·古斯顿.在政治与科学之间：确保科学研究的诚信与产出率.龚旭译.北京：科学出版社，2011.

[6] 陈经.科研告别个人英雄时代.环球时报，2018-01-06（7）.

[7] 柯华庆.跨学科还是交叉学科？大学（学术版），2010，（10）：90-95.

[8] 王孜丹，杜鹏，马新勇.从交叉学科到学科交叉：美国案例及启示.科学通报，2021，（9）：965-973.

[9] Brown R. Why interdisciplinary research matters. Nature, 2015, 525: 305.

[10] 刘仲林，赵晓春.跨学科研究：科学原创性成果的动力之源——以百年诺贝尔生理学和医学奖获奖成果为例.科学技术与辩证法，2005，（6）：107-111.

[11] 韩启德.学科交叉是科学的题中应有之义.新华日报，2020-05-20（13）.

[12] Rind D. Complexity and climate. Science, 1999, 284(5411): 105-107.

[13] 林成华，徐瑞雪. 大科学时代的会聚研究——美国"大学主导"的重大挑战计划科研模式创新与启示. 教育发展研究，2020，（1）：68-76.

[14] 樊春良. 跨越边界的科学——美国科学促进会（AAAS）2019 年会的观察与思考. 科技中国，2019，（5）：18-29.

[15] 中国地理学会. 国际科联和国际社科联合并成立新的国际科学理事会，将代表全球科学界发声. http://gsc.org.cn/content.aspx?id=841[2022-09-19].

[16] Pines D. Emerging Syntheses in Science. Redwood City: Addison-Wesley, 1988.

[17] Gordon Fraser. 21 世纪新物理学. 秦克诚主译. 北京：科学出版社，2013.

[18] Isalan M. A cell in a computer. Nature, 2012, 488: 40-41.

[19] Karr J R, Sanghvi J C，Macklin D N，et al. A whole-cell computational model predicts phenotype from genotype. Cell, 2012, 150(2): 389-401.

[20] Hey T, Tansley S, Tolle K, et al. The Fourth Paradigm: Data-intensive Scientific Discovery. Redmond: Microsoft Research, 2009.

[21] Anderson C. The end of theory: the data deluge makes the scientific method obsolete. Wired, 2008, 16(7): 16-17.

[22] 李国杰，程学旗. 大数据研究：未来科技及经济社会发展的重大战略领域——大数据的研究现状与科学思考. 中国科学院院刊，2012，27（6）：647-657.

[23] 程学旗，梅宏，赵伟，等. 数据科学与计算智能：内涵、范式与机遇. 中国科学院院刊，2020，35（12）：1470-1481.

[24] 张平文. 数据科学融通应用数学. http://www.global-sci.com/intro/article_detail/cam/16107.html [2022-09-19].

[25] van Noorden R. Open access: the true cost of science publishing. Nature, 2013, (495): 426-429.

[26] Directorate-General for Research and Innovation (European Commission). Open Innovation, Open Science, Open to the World. Luxembourg: Publications Office of the European Union, 2016.

[27] Cutcher-Gershenfeld J, Baker K S, Berente N, et al. Five ways consortia can catalyse open science. Nature, 2017, (543):615-617.

[28] Knack A, Smith E, Parks S, et al. Open science: The citizen's role in and contribution to research. https://www.rand.org/pubs/conf_proceedings/CF375.html[2022-09-19].

[29] 李真真. 技术政策的伦理维度 // 中国科学院. 2010高技术发展报告. 北京：科学出版社，2010：238-244.

[30] 曹建峰，方龄曼. 欧盟人工智能伦理与治理的路径及启示. 人工智能，2019：39-47.

[31] 腾讯研究院和腾讯 AI Lab. 智能时代的技术伦理观——重塑数字社会的信任. https://tech.qq.com/a/20190711/004971.htm[2022-09-19].

第六章

中国学科及前沿领域的现状与问题

21 世纪以来，全球科技创新进入空前密集活跃的时期，新一轮科技革命和产业变革正在重构全球创新版图，重塑全球经济结构。大国间科技竞争态势更趋激烈，各国在基因编辑、量子、人工智能等颠覆性技术领域和生物、信息、能源等学科领域纷纷加强战略性和针对性布局。新技术的突破加速带动产业变革，对世界经济结构和竞争格局产生了重要影响。

第一节　中国学科发展总体概况

一、政策资金重点支持，需求推动学科发展

（一）国家规划重点支持

我国学科建设研究从初步探索走向深化创新。《中华人民共和国学位条例》于 1980 年颁布后，学科建设进入全面改革阶段；2002 年全国重点学科评选后，我国学科建设迎来了新的高潮；2010 年《国家中长期教育改革和发展规

划纲要（2010—2020 年）》聚焦于学科布局调整和学科转型发展；2015 年国务院印发《统筹推进世界一流大学和一流学科建设总体方案》，之后围绕世界一流大学和一流学科建设，学科建设深化与创新研究繁荣发展。

我国在航空航天、海洋工程、能源动力、交通运输、矿产资源、环境保护、生物、医药等领域面临大量紧迫的现实发展需求，给相应的学科既提出了严峻的挑战，又赋予了极好的发展机遇。《国家中长期科学和技术发展规划纲要（2006—2020 年）》《"十二五"国家自主创新能力建设规划》《国家重大科技基础设施建设中长期规划（2012—2030 年）》《"十三五"国家科技创新规划》《"十三五"生态环境保护规划》《"十三五"国家战略性新兴产业发展规划》《"十三五"卫生与健康规划》《"十三五"国家食品安全规划》《中华人民共和国国民经济和社会发展第十四个五年规划和 2035 年远景目标纲要》等一系列规划，重点部署了量子科学与量子通信、脑科学与类脑研究、国家网络空间安全、深空探测、云计算和大数据、光电子器件及集成、纳米科技、新材料、新药创制、生物育种等学科领域，确定了各学科领域重大任务，积极推动重大科技专项实施及重大科技基础设施建设，促进了相关生物技术、信息技术、新材料技术、先进制造技术、先进能源技术、海洋技术、激光技术、空天技术等前沿技术的发展。例如，我国成功发射的第一个月球探测器"嫦娥一号"探测卫星，在深空探测领域突破了卫星的轨道设计、热控制、测控数传等关键技术，大大推动了深空探测领域的发展。

此外，科技部、农业农村部、教育部、工业和信息化部、自然资源部、水利部及国防部等分别发布了具有学科领域特色的战略规划，对学科发展任务进行了细化，如在人口健康与医疗卫生领域，重点部署了重大疾病防控、精准医学、生殖健康、康复养老、药品质量安全、创新药物开发、医疗器械国产化、中医药现代化等[1]。

（二）学科投入持续增长

1. 我国 R&D 经费总量逐年增长，投入规模居世界第二位

据国家统计局《2020 年全国科技经费投入统计公报》，2020 年我国共投入 R&D 经费 24 393.1 亿元，约为美国的 54%，是日本的 2.1 倍①，居全球第

---

① 美国、日本的经费数据为 2019 年的。

2 位。从增量来看，2016～2019 年，我国 R&D 经费年均净增量超过 2000 亿元，约为 G7 国家（美国、英国、德国、法国、日本、加拿大和意大利）年均增量总和的 60%，成为推动全球 R&D 经费增长的主要力量。从增速来看，2016～2019 年，我国 R&D 经费年均增长 11.8%，增速高于美国（7.3%）、日本（0.7%）等。从 R&D 经费投入强度来看，在世界主要经济体中，我国 R&D 投入强度水平已从 2016 年的世界第 16 位提升到 2020 年的第 12 位，接近经济合作与发展组织（OECD）国家的平均水平[2]。

2. 稳定支持创新研究，基础学科投入逐步提升

2011～2020 年各学部资助金额整体呈波动上升趋势。统计 2020 年国家自然科学基金委员会各个学部批准项目资助情况，发现资助较多的 3 个学部为医学科学部（42.40 亿元）、工程与材料科学部（34.17 亿元）、生命科学部（30.79 亿元）。与 2019 年相比，除医学科学部、管理科学部资助金额基本保持平稳，数学物理科学部、信息科学部、工程与材料科学部、地球科学部、化学科学部、生命科学部等学部资助金额略有下降（图 6-1）。

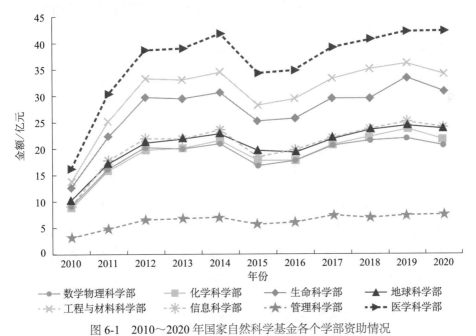

图 6-1　2010～2020 年国家自然科学基金各个学部资助情况

包括面上项目、重点项目、重大项目、重大研究计划项目、青年科学基金项目及国家杰出青年科学基金项目，资料来源于 2010～2020 年的《国家自然科学基金委员会年度报告》

二、学科分类逐步完善，重视交叉均衡发展

（一）学科设置与时俱进，学科布局不断优化

1983年学科目录创设以来，我国根据学科实际发展及高层次人才培养需求，不断调整学科目录结构、各层级学科数量，学科结构由"学科门类——一级学科——二级学科"三级演变为"学科门类——一级学科"两级，演变趋势体现为：①学科门类和一级学科的数量不断增加，二级学科的数量不断减少；②一级学科地位逐渐提升，二级学科作用日渐减弱。这充分反映了学科知识分化的发展规律及国家通过调整学科目录使培养方向与经济社会发展需求相适应的人才培养导向。同时，学科目录作为高校学科设置依据的功能正在减弱，随着高等教育领域"放管服"改革的推进和学科设置权的有限下放，高校获得了"选择设置"目录内二级学科和"自主设置"目录外二级学科（含交叉学科）的权力。截至2019年5月31日，共有422所高校设置目录外二级学科5167个（包括交叉学科508个）。

近年来，我国逐渐重视弱势学科与优势学科、基础与应用学科的均衡发展。当代科技发展日新月异，学科间相互渗透的趋势日益明显，研究对象的复杂性不断增强。如果各学科不能均衡发展，就可能产生木桶效应，个别弱势学科或落后学科可能制约学科的整体发展。《国家创新驱动发展战略纲要》重视原始创新、源头供给；《中华人民共和国国民经济和社会发展第十四个五年规划和2035年远景目标纲要》提出加强原创性引领性科技攻关，持之以恒加强基础研究，瞄准人工智能、量子信息、集成电路、生命健康、脑科学、生物育种、空天科技、深地深海等前沿领域实施国家重大科技项目；《关于全面加强基础科学研究的若干意见》《加强"从0到1"基础研究工作方案》指出开展量子科学、干细胞、合成生物学、发育编程研究，加强引力波、极端制造、催化科学、物态调控、地球科学、疾病动物模型等领域部署，推动基础学科与应用学科均衡发展。

（二）重点学科发展迅速，交叉融合速度加快

近年来，通过实施"211工程""985工程""优势学科创新平台""特色重点学科项目"等，我国一批重点高校和重点学科建设取得了重大进展，带

动了我国学科整体水平的提升，促进了学科层级结构不断优化，为经济社会持续健康发展做出了重要贡献。目前，我国重点学科建设现状为理工门类处于重点发展地位；经济学门类异军突起，发展速度较快；人文社会科学相对处于弱势地位。学科发展存在不平衡现象，主要与不同学科在经济社会发展中的作用有关。

随着科学技术的深入发展，学科领域日益交叉融合，基础研究、应用研发和产业创新界限日益模糊，跨学科、跨领域、跨创新链环节的协同创新正成为科学发展的新增长点。《"十三五"国家科技创新规划》《国家自然科学基金"十三五"发展规划》强调面向国家重大战略任务和重大科学问题，以自然、工程科学和管理科学为基本框架，提出促进自然科学与工程科学及人文社会科学交叉、物质科学与生命科学交叉，加强问题导向的综合交叉研究。2020 年 8 月，新增交叉学科作为新的学科门类，交叉学科成为我国第14 个学科门类。国家自然科学基金委员会不断推进学科布局优化，申请代码体系由三级调整为两级，代码总量由 3542 个压缩至 1389 个，并于 2020 年11 月成立交叉科学部，负责统筹国家自然科学基金交叉科学领域整体资助工作，促进复杂科学技术问题的多学科协同攻关。2021 年 1 月，国务院学位委员会、教育部发布《关于设置"交叉学科"门类、"集成电路科学与工程"和"国家安全学"一级学科的通知》，首次批准设立了属于交叉学科的两个一级学科。

我国高校在促进学科交叉融合方面也做了大量工作。据教育部《学位授予单位（不含军队单位）自主设置二级学科和交叉学科名单》，截至 2021 年6 月，完成交叉学科备案的高校共有 196 所（截至 2020 年 6 月，为 160 所），交叉学科共计 616 个（截至 2020 年 6 月，为 549 个），北京航空航天大学、中山大学、中国人民大学、中国石油大学、东北大学、大连理工大学等高校完成备案的交叉学科数相对靠前。从交叉学科来看，主要集中在集成电路设计、纳米科学与技术、能源与资源工程、数据科学和信息技术、整合生命科学、空间技术应用、航空器适航审定工程、人工智能、公共卫生化学等方向。

三、学科建设成效显著，科研水平稳步提升

（一）基础研究实力不断提升

1. 基础研究呈快速发展态势

一是超宏观方面的研究不断拓展，对宇宙起源与演化的研究持续取得重大进展，有望在重大理论、科学问题上取得革命性突破，使人类对宇宙的认识实现新的飞跃；二是超微观方面的研究不断深入，微观物质结构研究开始从"观测时代"走向"调控时代"，将为能源、材料、信息等产业发展提供新的理论基础和技术手段。中国在量子信息、高温超导、中微子振荡、干细胞和基因编辑、纳米催化等领域取得大批世界领先的原创成果 [3]。

2. 论文发表规模全球领先

2010～2020 年，中国 SCI 论文总量占世界的比例从 2010 年的 12.19% 增至 2020 年的 27.77%，SCI 论文总量年均增长率（13.41%），远高于世界 SCI 论文总量的年均增长率（5.23%）。2018 年，中国论文量以 397 964 篇超过美国 384 209 篇位居第一后持续保持领先位置（图 6-2）。

3. 中国发表论文部分学科指标①与发达国家相当

基于中国、美国、德国、英国等国 Web of Science 中数学、生物学、物理学、医学、材料科学等 18 个学科的论文量、总被引、篇均被引、ESI 高水平论文量、ESI 高水平论文量占比、学科领域 Top10% 期刊论文量、学科领域 Top10% 期刊论文量占比 7 个指标，对数据进行标准化，并通过主成分分析建模、分别赋予权重进行总体比较，可看出中国的纳米科学、化学等领域与美国相当，优于英国、德国、法国等。

---

① 分析方法：基于各国 Web of Science 18 个学科的论文量、总被引、篇均被引、ESI 高水平论文量、ESI 高水平论文量占比、学科领域 Top10% 期刊论文量、学科领域 Top10% 期刊论文量占比 7 个指标的数据进行标准化，并通过主成分分析建模，将 2 个指标分别命名为总量、平均，再分别赋予权重，获得总分进行总体比较。其中总量提取的是论文量、总被引、ESI 高水平论文量和学科领域 Top10% 期刊论文量的信息，体现研究体量，平均提取的是篇均被引、ESI 高水平论文量占比、学科领域 Top10% 期刊论文量占比的信息，表示相对指标的信息，可以看成是研究质量。

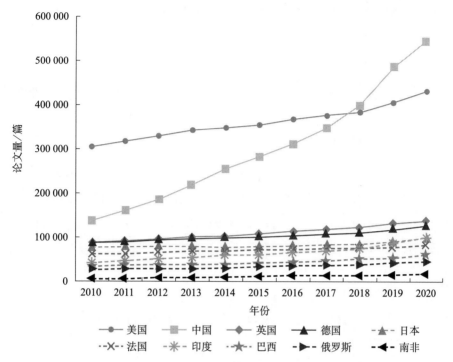

图 6-2　2010～2020 年中国与主要国家 SCI 论文量变化趋势

资料来源：Web of Science 核心合集数据库，文献类型为 Article+Review，检索日期为
2022 年 1 月 13 日

（二）技术研发实力稳步上升

1. 前沿技术不断取得新进展

党的十八大以来，我国在关键共性技术、前沿引领技术、颠覆性技术创
新领域取得了一系列重大成果。在凝聚态物理、量子信息、中微子、纳米科
技、干细胞研究、肿瘤早期诊断标志物、基因组学等前沿基础研究领域，我
国取得了系统性的原始创新进展；在空天科技、高速铁路、深海探测、核能
技术、移动通信和超级计算等战略高技术领域，我国取得了重大突破；天
宫、蛟龙、天眼、悟空、墨子、大飞机等重大科技成果的问世，标志着我国
在一些重要领域方向跻身世界先进行列。据《2021 研究前沿》和《2021 研究
前沿热度指数》报告，我国在农业科学、动植物学、生态与环境科学、临床
医学、化学与材料科学、数学、信息科学和经济学、心理学及其他社会科学

领域排名第一，在地球科学、生物科学和物理学领域排名第二，但在天文学与天体物理领域排名第八[4]。此外，北京字节跳动科技有限公司旗下短视频社交平台 TikTok 推荐算法被《麻省理工科技评论》（*MIT Technology Review*）评为 2021 年度"十大突破性技术"之一，并在量子计算优越性等方面取得突破[5]。

2. 专利申请与授权数量逐年增加

2019 年、2020 年《国民经济和社会发展统计公报》显示，2019 年我国专利申请量达 438.0 万件，较 2018 年增长 1.3%；2020 年授予专利权 363.9 万件，较 2019 年增长 40.4%，其中，发明专利授权数量为 53.0 万件，占专利授权总量的比重为 14.6%。世界知识产权组织（WIPO）数据显示，2019 年，我国发明人通过专利合作条约（PCT）途径提交的国际专利申请数量为 5.9 万件，继续保持增长趋势，超过美国（5.8 万件）升至第一位，成为提交国际专利申请数量最多的国家。2020 年，我国 PCT 专利申请数量为 6.9 万件，继续保持全球首位（图 6-3、图 6-4）。

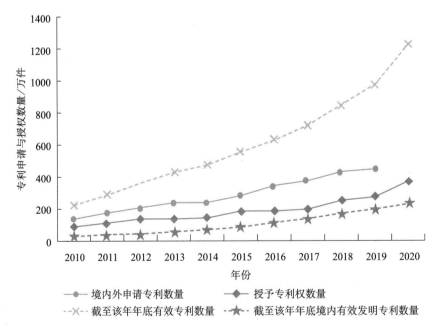

图 6-3 2010～2020 年中国专利申请与授权数量

图中数据不包括港澳台地区的数据，资料来源于 WIPO

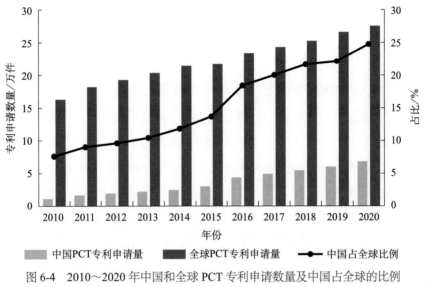

图 6-4　2010～2020 年中国和全球 PCT 专利申请数量及中国占全球的比例
图中数据不包括港澳台地区的数据，资料来源于 WIPO

（三）重大创新成果不断涌现

近年来，我国科学创新成果不断涌现，多项成果被《科学》《自然》评为年度突破，其中，12 项成果入选《科学》2010～2020 年"十大科学突破"，包括外显子组测序、微子混合角 theta13 的精确测量、对 M87 星系中心超大黑洞的颠覆性观测、重构丹尼索瓦女孩面容等。同时，我国也有众多科技成果被《麻省理工科技评论》评为"十大突破性技术"，如 2016 年中国科学院遗传与发育生物学研究所关于植物基因精准编辑的相关研究成果、2020 年中国科学技术大学基于量子物理学实现互联网的安全通信等。

2019 年我国有 3 篇论文入选《自然》"最具影响力的优秀论文"，分别是复旦大学利用"小分子胶水"特异清除亨廷顿病的致病蛋白、中国科学院上海有机化学研究所双击实现药物发现所需的化合物库的合成、广西壮族自治区妇幼保健院参与发现父亲可将线粒体 DNA 传递给子女等。此外，调节作物生长代谢以实现农业可持续发展、解析体内造血干细胞归巢的完整动态过程、全球首款异构融合类脑芯片"天机芯"等重要科学研究先后登上《自然》封面。

四、基础平台建设逐步完善，支撑学科发展

（一）学科人才队伍不断壮大

1. 研发人员规模不断扩大，拥有一定数量的高端人才

中国科技人力资源总量居全球首位，逐步从人才资源大国向人才资源强国转化。科技部《2019 年我国 R&D 人员发展状况分析》显示，我国 R&D 人员总量持续增长，2019 年达 480.1 万人年，较 2018 年增长 9.6%；R&D 研究人员总量达到 210.9 万人年，占 R&D 人员的比重为 43.9%，较 2018 年提高 1.3 个百分点[①]。据科睿唯安 2016～2021 年《高被引科学家报告》，2016～2021 年我国高被引科学家人数逐年增加（图 6-5），在 ESI 数学、化学、临床医学、材料科学等 21 个领域高被引科学家人数逐年上升，年均增长率达 34.78%。

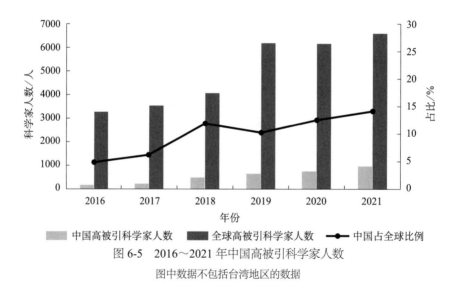

图 6-5　2016～2021 年中国高被引科学家人数

图中数据不包括台湾地区的数据

2. 科研生力军不断成长，学科人才创新能力不断提升

中国是学术性博士学位授予最多的国家。教育部各级各类学历教育学生

---

① R&D 人员：指参与研究与试验发展项目研究、管理和辅助工作的人员，包括项目（课题）组人员、企业科技行政管理人员和直接为项目（课题）活动提供服务的辅助人员，反映投入从事拥有自主知识产权的研究开发活动的人力规模；R&D 研究人员：指从事新知识、新产品、新工艺、新方法、新系统的构想或创造的专业人员及 R&D 项目（课题）主要负责人员和 R&D 机构的高级管理人员。

情况统计显示，2020 年，我国博士毕业人数达 6.26 万人，硕士毕业人数达 57.71 万人，与 2019 年相比，博士与硕士毕业人数增长率为 3.05%、6.15%。同时，中国高校和学科质量整体提升，在国际评价中的地位不断上升。2021 年 12 月的 ESI 前 1‰学科数据（数据覆盖时间范围为 2011 年 1 月 1 日至 2021 年 8 月 31 日）显示，全球共有 7558 家科研机构上榜，其中中国上榜机构共有 656 所（含合作办学的昆山杜克大学），较于 2021 年 9 月公布的数据增加 15 所。上榜的国内高校分布在数学、化学、临床医学、材料科学等 21 个学科，空间科学尚无中国机构。

3. 学科人才结构和布局不断优化，助力学科发展

青年人才成为科研主力军，区域科技人才布局趋向合理，中西部地区科技人才总量有较大增长；装备制造、信息、生物技术、新材料、航空航天、海洋、环境、新能源、农业科技等重点领域涌现出一批中青年科技创新领军人才，而且海外高层次人才引进计划、国家高层次人才特殊支持计划、创新人才推进计划、"长江学者奖励计划"、国家杰出青年科学基金等科技人才计划与工程的实施，不断推动着各类学科人才协调发展[6]。

（二）学科平台建设逐渐完善

我国学科平台建设对标国际一流，有综合国家科学中心、试点国家实验室、国家重点实验室等国家级科研平台等，《关于加强国家重点实验室建设发展的若干意见》的实施，促进了我国学科平台的建设发展。截至 2020 年底，我国正在运行的国家重点实验室有 522 个，国家工程研究中心（国家工程实验室）有 350 个（未包括香港、澳门、台湾数据）[7]。

以国家重点实验室建设为例，科技部与财政部设立国家重点实验室专项经费，围绕数学、物理、化学、地学、生物、医学、农学、信息、材料、工程和智能制造等领域，在干细胞、合成生物学、园艺生物学、脑科学与类脑、深海深空深地探测、物联网、纳米科技、人工智能、极端制造、生态系统、生物安全等前沿方向重点布局，围绕京津冀、长江经济带、粤港澳大湾区等区域发展需求，鼓励和引导联盟大力支持雄安新区建设发展，支撑北京、上海科技创新中心建设[8]。

此外，2018 年中央经济工作会议明确提出"抓紧布局国家实验室，重组国家重点实验室体系"，截至 2020 年，我国已建成 5 个国家实验室[9]。

（三）基础设施建设逐步加强

"十二五"时期以来，我国重大科技基础设施建设取得显著进展，设施支撑科技创新的能力明显增强。北京、上海、合肥等地初步形成集群化态势，产生具有一定国际影响力的设施群，并依托设施开展了蛋白质研究、磁约束核聚变研究、拓扑与超导新物态调控、宇宙结构起源研究、个性化药物研制等大量国际顶尖水平的科研工作，取得了四夸克物质发现、重大流行病跨种传播机制、磁约束聚变等离子体稳定控制等一批原创成果，推动我国高能物理、等离子体物理、结构生物学等领域部分前沿方向进入了国际先进行列。

"十三五"期间，我国优先发展空间环境地基综合监测网（子午工程二期）、大型光学红外望远镜、极深地下极低辐射本底前沿物理实验设施、大型地震工程模拟研究设施、高能同步辐射光源、硬 X 射线自由电子激光装置、多模态跨尺度生物医学成像设施等项目，截至 2022 年 8 月，已布局建设 57 个重大科技基础设施，覆盖导航、遥感、粒子物理与核物理、天文、地质、海洋、生态、生物资源、能源等诸多领域。国家重大科技基础设施在提升国家科技能力与水平、凝聚世界一流科技研究与开发群体、实施重大科学计划等方面发挥着日益重要的作用，逐渐成为重大科技创新的核心依托与关键抓手。

第二节　中国学科及前沿领域发展的驱动因素

一、技术和科学问题驱动

（一）探索重大科学问题需要

1. 科学问题牵引

近年来，科学探索加速推进，重大科学问题孕育着重大科学突破。《科学》

2005 年发布的 125 个科学问题，很多都是待解之谜。其中生命科学占 46%，宇宙和地球科学占 16%，物质科学占 14%，认知科学占 9%，数学与计算机科学、政治经济学等占 15%[10]。

2021 年，上海交通大学与《科学》发布新版本的 125 个最具挑战的科学问题。此次问题涉及数学、化学、医学健康、生命学科、天文学、物理学、信息科学、材料科学、神经科学、生态学、能源科学和人工智能多个领域[11]，将驱动相关领域向纵深发展。

2. 研究范式转变——数据 / 计算密集型研究

科学研究已经发展到第四范式，即数据密集型科学发现。与前三种范式不同的是，第四范式重点关注相关关系而非因果关系推理，通过"电脑 + 人脑"来实现。未来大数据、人工智能将进一步推动数据密集型科学研究蓬勃发展。

美国、英国等发达国家都加强数据密集型人才培养和相关机构建设。NSF 发布的 2021 年"研究生研究奖学金计划"优先资助人工智能、计算密集型研究和量子信息科学三大领域。英国建立了 N8 计算密集型研究卓越中心（N8 Centre of Excellence in Computationally Intensive Research，N8 CIR），重点开展数字健康、数字人文、材料与制造、可持续基础设施、计算科学领域的研究。英国生物技术与生物科学研究理事会（Biotechnology and Biological Sciences Research Council，BBSRC）提出"数据密集型生物科学"概念，解读数据密集型生物科学的研究格局、问题和未来需求，并为英国政府部署数据密集型生物科学研究资助提供重要的决策参考[12]。

（二）攻克战略共性技术需要

党的十九大报告、《储能技术专业学科发展行动计划（2020—2024 年）》、《建材工业智能制造数字转型行动计划（2021—2023 年）》《中共中央关于制定国民经济和社会发展第十四个五年规划和二〇三五年远景目标的建议》等计划报告，均强调要突出"关键共性技术、前沿引领技术、现代工程技术、颠覆性技术"创新，围绕重点行业转型升级和新一代信息技术、智能制造、增材制造、新材料、生物医药等领域创新发展的重大共性需求，完善共性基础技术供给体系，形成一批制造业创新中心（工业技术研究基地），开展行业基础和共性关键技术研发、成果产业化、人才培训等工作。

关键共性技术是指能够在多个行业或领域广泛应用，并对多个产业产生巨大影响和瓶颈制约的技术，是关系到国家产业安全的战略性平台技术，是工业和通信业发展的基础，也是我国培育发展战略性新兴产业、促进产业优化升级、构建现代化产业体系、增强自主创新能力和核心竞争力的关键环节。

科学问题的解决将推动技术的发展。同时，关键共性技术的发展反过来将推动科学与学科发展。恩格斯在《自然辩证法》中指出了技术对科学的两种作用路径：一是技术需求（即恩格斯说的"生产"）为科学提供了研究（观察）对象；二是作为实验手段和研究载体，构成了科学"给定条件"的一部分[13]。换句话说，科学为技术提供理论指导和支撑，技术为科学发展提供有力工具。现代科技发展的重要特点之一是，科学与技术之间的界限越来越模糊，两者在相互融合、相互促进。

二、国家需求驱动

未来，将面临全球气候变暖、人口老龄化与高龄化、万物互联与智能化等问题，以及由此带来的全球健康危机、能源需求不断增长等问题。在此基础上，我国的创新发展、基础与源头创新等战略、维护人民生命健康、国民经济与产业发展、保障国家安全等方面都对学科与前沿领域发展有重大需求。

（一）适应未来社会发展需要

1. 全球气候变暖

全球平均气温呈明显上升趋势，对自然环境造成巨大影响。《气候变化相关安全风险：情景分析》（*Existential Climate-Related Security Risk: A Scenario Approach*）报告预测：到 2050 年，出现"温室地球"场景，即使全球立即停止排放，地球的温度仍会进一步上升。

气候变暖将对不同地区的气候产生不同程度的影响：①东亚和东南亚国家由于集中在沿海地区，气候变化可能会引起恶劣天气、风暴潮、海平面上升和洪水等；②南亚气候变化可能导致帕米尔高原的冰川融化速度快于预期；③中东和北非地区干旱、极端气温和污染等环境危机的风险也将居高不下，土地和水资源已经非常紧张，而且随着城市化和气候变化的影响，情况可能会变得更糟。

气候变化将为人类社会带来健康、安全等风险。美国国家情报委员会（National Intelligence Council）发布的 Global Trends 系列报告指出，未来气候变暖将造成不可预估的危害：①导致更多极端天气、农作物歉收、山林大火、停电、基础设施故障、供应链断裂、传染病暴发；②海平面上升、海洋酸化、冰川融化和污染将改变人们的生活方式[14]。因此，迫切需要世界各国采取集体行动。研究人员建议各国"紧急评估国家安全部门在全社会范围内紧急调动劳动力和资源，以前所未有的规模建立零排放的工业体系并减少碳排放量以保护人类文明"[15]，推动太阳能、风能、水能、海洋能等新型清洁能源领域及低耗能产业、环保产业的发展。

2. 人口老龄化与高龄化

《世界人口展望 2019》（World Population Prospects 2019）报告显示，2050 年全球人口将达到 97 亿，较 2019 年增加 20 亿；在 2100 年达到顶峰（109 亿）。

1）生育水平下降，世界人口老龄化趋势严峻

该报告指出，全球生育率将从 1990 年的每名女性生育 3.2 个孩子降至 2019 年的 2.5 个，预计到 2050 年将进一步下降至 2.2 个。与此形成鲜明对比的是，65 岁以上老龄人口增长迅速。2018 年，全球 65 岁以上的人口数量首次超过 5 岁以下的儿童。到 2050 年，全球 65 岁以上老龄人口将占 16%。

2）劳动人口占比下降将给社会保障体系带来压力

全球处于工作年龄段的劳动人口除以老龄人口这一比率在持续下降。到 2050 年，预计 48 个国家（主要在欧洲、北美、东亚和东南亚）的这一比值将低于 2。这显示了人口老龄化对劳动力市场和经济表现的潜在影响，也将对许多国家未来数十年内的医疗、养老和社会保障等公共体系带来巨大压力。

人口老龄化问题日益凸显，要求各国进一步激发市场和社会活力，强化科技支撑，加速发展相关领域关键技术，不断完善积极应对人口老龄化的体制机制。

3. 健康的危与机

1）先进技术提升全生命周期的健康管理

人口老龄化导致医疗负担不断加重，迫切需要提升全生命周期的健康管

理。对遗传学、生物技术、材料科学、生物信息学、诊断学、支持性技术和机器人技术、精准医学、基因测序和基因组作图、生物标志物检测和精确靶向治疗、再生医学及干细胞移植、细胞重编程和合成器官等领域的发展提出了新需求。

2）传染病和抗生素耐药性考验全球公共卫生应对能力

到 2050 年，抗生素耐药性每年将导致 1000 万人死亡。新型冠状病毒感染已经导致全球经济巨大损失，未来世界仍面临潜在的传染病大流行威胁[16]。

3）慢性病患病率上升

预计到 2045 年，全球糖尿病人数将达到 7.83 亿[17]，到 2040 年癌症新增人数达 2750 万人，癌症死亡人数将达到 1630 万人[18]；预计到 2030 年，心血管病死亡人数每年将达 2220 万人[19]。

因此，需要不断促进医学、药学、生物学、计算机、大数据、人工智能、智能制造等不同学科、不同领域的科技力量的凝聚，推动人类健康事业发展。

4. 万物互联与智能化

未来的社会将是万物互联、智能化的社会。

1）物联网

麦肯锡公司发布的《物联网：超越炒作之外的价值》报告称，到 2025 年，物联网每年将为全球经济带来高达 3.9 万亿～11.1 万亿美元的价值，包括消费者盈余在内的最高价值或将相当于全球经济总量的 11%[20]。同时，物联网将促进可穿戴设备的发展。2017～2030 年，物联网设备数量每年将以 12% 的速度增长，全球数据传输年增长量从 20%～25% 增长到 50%[21]。预计到 2030 年，全球物联网设备数量将达到 1250 亿台，将在医疗、交通、环境、食品生产各方面带来变革[21]。

2）人工智能

斯坦福大学《2030 年的人工智能与生活》（*Artificial Intelligence and Life in 2030*）报告指出，21 世纪人工智能将对日常生活产生重大影响。例如，深度学习已使语音理解变得可行，并且其算法可以广泛应用于一系列应用程序中。预计未来人工智能技术将在自动驾驶汽车、医疗诊断和治疗及老年护理方面广泛应用。人工智能和机器人技术还将应用在农业、食品加工与配送中心、生产工厂等传统行业，推动传统行业创新发展和变革[22]。

5. 能源需求巨大

未来，全球将进入后碳能源时代，能源的生产和使用方式将成为未来全球经济、地缘政治和环境的关键因素之一。2016 年，麦肯锡全球能源观察（Global Energy Insights）团队对 2050 年的全球能源前景进行了描述[23]：①全球能源需求将继续增长，但增长速度将会放缓；②电力需求的增长速度将是运输需求的 2 倍，到 2050 年，电力将占所有能源需求的 1/4，2016 年这一比例为 18%；③到 2050 年，化石燃料将主导能源使用。总体而言，煤炭、石油和天然气将仍然是主要的初级能源需求，约为 74%，低于 2016 年度的82%；④到 2035 年，与能源相关的温室气体排放将增加 14%。

此外，大趋势观察研究所（MWI）在 2020~2030 年显著改变全球格局的10 个大趋势中也指出全球能源需求将增加 1/3。能源技术的进步和对气候变化的担忧将为能源使用变化奠定基础，扩大风能、太阳能、波浪、废物流或核聚变发电，以及使用改进的移动和固定能源储存技术[24]。

6. 国家安全

2020~2030 年，全球多极化深入发展，新兴经济体（E7）将超越发达国家经济体（G7）[24]，对各国各学科领域发展提出新要求。

未来，国家安全、军事冲突对科技的需求巨大，可以大致推算：到 2035年，国防生物科技发展遵循"控""仿""计""探"四大趋势，从微观量子到宏观生态系统各个层次全面提升国防防御能力。届时，国防生物科技将完成从量变到质变的积累，迈入国防科技创新的核心地带。到 2050 年，国防生物科技发展将面向"人 - 机 - 环境"三元融合、武器装备多元耦合仿生、军事环境生物技术、认知革命等领域。通过技术融合和理念融合，达到人与自然、人与社会、人与自身的和谐与融会贯通，达到以战止战、消弭可能的生物战争[25]。

国家之间的冲突风险未来将持续增加，且更加分散、多样化和具有破坏性[26]。新型战斗机将采用新一代隐形、激光和人工智能技术，以及高超音速发动机，并具备在有或没有人类飞行员的情况下进行操作的能力。未来核武器和其他形式的大规模毁灭性武器构成的威胁会继续存在，并可能由于技术进步和敌对军事力量之间日益不对称而增加。核武器和先进武器的开发推动了精确制导武器、机器人系统、远程打击装备和无人机等技术的发展。

（二）满足中国科技发展需要

1. 创新驱动发展战略需要

1）建设世界科技强国的需要

中共中央、国务院印发的《国家创新驱动发展战略纲要》提出我国科技创新发展"三步走"的战略目标：①到2020年进入创新型国家行列，基本建成中国特色国家创新体系，有力支撑全面建成小康社会目标实现；②到2030年跻身创新型国家前列，发展驱动力实现根本转换……为建成经济强国和共同富裕社会奠定坚实基础；③到2050年建成世界科技创新强国，成为世界主要科学中心和创新高地，为我国建成富强民主文明和谐的社会主义现代化国家、实现中华民族伟大复兴的中国梦提供强大支撑。

在学科前沿领域，需要实现从"并行"到"领跑"的转变。在优势学科领域，形成具有鲜明学术特色的世界级科学研究中心，引领世界学科的发展。在战略必争领域实现新的跨越[27]。

2）源头创新需求迫切，重大挑战亟待破解

《国家创新驱动发展战略纲要》提出要"强化原始创新，增强源头供给"，要求围绕涉及长远发展和国家安全的"卡脖子"问题，加强基础研究前瞻布局，加大对空间、海洋、网络、核、材料、能源、信息、生命等领域重大基础研究和战略高技术攻关力度，实现关键核心技术安全、自主、可控。明确阶段性目标，集成跨学科、跨领域的优势力量，加快重点突破，为产业技术进步积累原创资源。《加强"从0到1"基础研究工作方案》旨在充分发挥基础研究对科技创新的源头供给和引领作用，解决中国基础研究缺少"从0到1"原创性成果的问题，为建设世界科技强国提供强有力的支撑[28]。

源头创新需要充分发挥举国创新体制优势，明确我国科技创新发展的战略方向、重大任务和重点举措，强化产学研合作和协同创新，强化高端引领、重点突破，加快提升自主创新能力，推动创新链从中低端向中高端跃升，实现内涵式发展、高质量发展，实现建制化、多学科综合优势和依托重大科技基础设施开展多学科交叉研究，是作出重大原创成果的重要基础[29]。

2. 维护人民生命健康需要

中国特色社会主义进入新时代，我国社会主要矛盾转化为人民日益增长的美好生活需要和不平衡不充分的发展之间的矛盾，人民群众对安全食品、优美环境、健康生活的需求越来越强烈。

1）人口老龄化加剧，对科技发展提出新需求

自 20 世纪末进入老龄化社会以来，我国老年人口数量和占总人口的比重持续增长。第七次人口普查数据显示，截至 2020 年 11 月，我国 60 岁及以上人口为 2.64 亿人，占总人口 18.70%；65 岁及以上人口为 1.91 亿人，占总人口的 13.50%[①]。《世界人口展望 2019》报告显示，预计到 2050 年我国 65 岁及以上人口将达 3.66 亿（占比 26.07%）（图 6-6）。2020 年，我国潜在支持率（potential support ratio，PSR）[②]为 5.88%，到 2050 年下降到 2.29%，2100 年为 1.71%，PSR 将持续下降，我国养老负担将越来越重[③]。

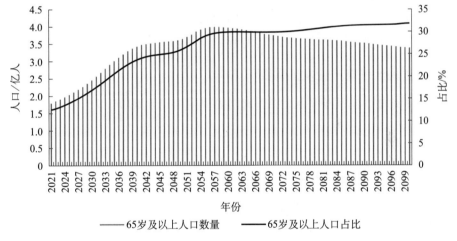

图 6-6　2021～2100 年我国 65 岁及以上人口数量及占总人口比例

资料来源：世界卫生组织《世界人口展望 2019》

---

① 国家统计局，国务院第七次全国人口普查领导小组办公室 . 第七次全国人口普查公报 .（2021-05-11）. http://www.gov.cn/guoqing/2021-05/13/content_5606149.htm [2023-04-06].

② 潜在支持率：15～64 岁劳动人口除以 65 岁及以上人口的比例，可在一定程度上表示社会保障体系面临的压力。

③ World Population Prospects 2019. https://population.un.org/wpp/publications/ files/wpp2019_highlights. pdf [2023-04-07].

随着人口老龄化的加剧，各类慢性病的发病率逐步上升。对养老、医疗等领域产生巨大需求，迫切需要采取措施进行早预防、早诊断、早治疗，对科技发展提出了新挑战。《国家积极应对人口老龄化中长期规划》明确指出，强化应对人口老龄化的科技创新能力，深入实施创新驱动发展战略，把技术创新作为积极应对人口老龄化的第一动力和战略支撑，全面提升国民经济产业体系智能化水平[30]。

2）"健康中国"战略深入实施的内在需求

近年来，我国与民生相关的学科发展快速增长。生命科学与生物技术迅猛发展，为改善和提高人类生活质量发挥着关键作用；环保领域新成果迅速增长，为应对环境问题提供新的方案。

党的十八届五中全会将"健康中国"上升为国家战略，党的十九大进一步明确提出实施"健康中国"战略。国家先后印发《"健康中国2030"规划纲要》《中医药发展战略规划纲要（2016—2030年）》《国民营养计划（2017—2030年）》等政策文件，从各方面为提高健康水平提供支撑，对相关领域科技创新提出了新要求，为健康领域可持续发展构建了强大的保障。

3. 国民经济与产业发展需要

1）支撑经济高质量发展，保障经济与环境和谐发展

我国经济已由高速增长阶段转向高质量发展阶段，高质量的经济发展要求从"量的积累"实现"质的提升"。例如，我国想要在国际生物经济发展大潮中迎头赶上，迫切要求把握生命科学纵深发展、生物新技术广泛应用和融合创新的新趋势，切实加快解决生物科技创新发展进程中的障碍和短板，以生物科技发展支撑产业创新发展。

目前各国都在积极追求绿色可持续的发展，绿色经济、循环经济、低碳经济等成为发展的主要潮流及趋势。迫切需要发展相关学科，突破制约原料转化利用、生物制造成本、生物工艺效率方面的关键技术瓶颈，实现原料、过程、产品的绿色化，促进经济增长与资源环境消耗的和谐统一，奠定绿色与低碳生物经济的产业基础格局。

2）促进传统产业转型及新兴产业发展

我国现有传统产业的发展方式已不能适应可持续发展的要求，迫切需要

用科技创新优化产业结构。需要通过供给侧结构性改革,用改革的办法推进结构调整,矫正要素配置扭曲,扩大有效供给,提高供给结构对需求变化的适应性和灵活性,提高全要素生产率。科技创新驱动传统产业转型升级发展的作用:①丰富传统产业的表现形式;②提高传统产业的技术含量;③拓展传统产业的发展方向;④促进传统产业的转型升级[31]。

我国已促进了一批新兴领域发展壮大并成为支柱产业。《战略性新兴产业重点产品和服务指导目录》提出五大领域八个产业,《中国制造2025》明确制造业强国的五大工程和十大领域,这些新兴产业都高度依赖相关学科和技术的发展。

4. 应对气候变化需要

近百年来,我国陆地平均增温和沿海海平面上升速率均高于全球平均水平。《第三次气候变化国家评估报告》结果显示,1909~2011年我国陆地区域平均增温0.9~1.5℃,增温幅度高于全球水平;到21世纪末,可能增温1.3~5.0℃。中国沿海海平面1980~2012年上升速率为2.9毫米/年,高于全球海平面平均上升速率。全球气候变化将对我国产生以下几方面重大影响[32]。

1)导致极端天气事件频发

20世纪90年代以后,我国极端强降水日数、极端降水平均强度和极端降水值都有显著增强趋势,极端降水事件趋多,极端降水量比例趋于增大。例如,2016年,全国平均气温较常年同期偏高0.6℃,降水量较常年同期偏多55%。

2)导致冰川、冻土和海冰面积进一步减少

从20世纪60~70年代到2006年,我国冻土面积大约减少18.6%,冰川面积退缩了10.1%;约92%的冰川作用区存在不同程度的脆弱性,而且强度脆弱区和极强度脆弱区面积占研究区总面积的41%。

3)对我国农业、水资源、重大工程、生态系统、沿海城市及海岸带、人体健康及经济社会发展带来极大威胁

(1)气候变暖导致部分作物单产和品质降低,耕地质量下降、肥料和用水成本增加、农业灾害加重,粮食生产安全面临挑战。

（2）水域面积进一步萎缩，各流域年均蒸发量增大，南水北调中线工程可调水量较规划期减少，冻土区的青藏铁路路基退化，"三北"防护林的造林早衰现象加重。

（3）全球气候变暖加剧了自然生态系统和海洋生态系统问题，如河（湖）封冻期缩短，中高纬生长季节延长，动植物分布范围向南北极区和高海拔区延伸，某些动植物数量减少，一些植物开花期提前，海岸带发生侵蚀现象等。

（4）海平面上升进一步导致部分沿海国土损失，城市内涝灾害等现象进一步加剧。近年来，中国大中城市不断发生严重的城市内涝，灾情呈现出复杂性、多样性和放大性的特点。2016 年夏季全国 31 个省（自治区、直辖市）和新疆生产建设兵团均遭受不同程度洪涝灾害，因洪涝受灾人口为 1.02 亿人，直接经济损失约 3661 亿元。

（5）气候变暖带来的热浪和高温，能使病菌、寄生物更加活跃，损害人体免疫力和抗病能力，同时导致与热浪相关的心脑血管疾病、呼吸道疾病发病率和死亡率增加。

（6）因全球气候变暖造成的直接经济损失有明显的上升趋势。21 世纪以来，我国由气象灾害造成的直接经济损失约相当于国内生产总值的 1%，是同期全球平均水平的 8 倍。1990～2013 年，年均气象灾害直接经济损失相比 1965～1989 年翻了 2.6 倍。

为应对气候变化对我国的影响，迫切需要发展生态学、环境科学等相关的学科，研发生态环境监测、病虫害监测与控制技术等。

5. 推动能源结构向绿色低碳转型需要

2020 年中央经济工作会议首次将"做好碳达峰、碳中和工作"作为 2021 年的重点任务。中央全面深化改革委员会第十八次会议提出"建立健全绿色低碳循环发展的经济体系"，中央财经委员会第九次会议指出"实现碳达峰、碳中和是一场广泛而深刻的经济社会系统性变革"。《2021 年国务院政府工作报告》将"扎实做好碳达峰、碳中和各项工作"列为重点。我国已成立碳达峰碳中和（简称"双碳"）工作领导小组，正在加快构建碳达峰碳中和"1+N"政策体系。

未来 30 年，我国能源总体需求主要表现在[33]：①能源需求总量在碳达峰节点后仍将继续增长，能源消费必须在中短期内加速优化调整；②能源结构中清洁能源比重持续增长，化石能源比重不断降低但不会被完全取代；③经济社会发展进入新的阶段，对能源需求和碳排放目标产生重要约束作用。

要满足我国经济社会发展的能源需求，需要推动我国能源结构向绿色低碳转型，需要发展能源科学技术、发展低碳清洁能源技术等。

6. 国家安全保障需要

1）认识科技安全新要求，牢筑生物安全防线[34, 35]

科技快速发展对科技安全提出新要求。加强自主创新，强化科技安全，为维护和塑造国家安全提供强大的科技支撑，成为新时代科技工作的重大任务。加强科技安全，一方面要加快提升自主创新能力，壮大科技实力，维护科技自身安全；另一方面要充分利用科技实力，为保障国家主权、安全、发展利益提供强大的科技支撑。

建立国家生物安全防线。中央全面深化改革委员会第十二次会议明确，要从保护人民健康、保障国家安全、维护国家长治久安的高度，把生物安全纳入国家安全体系，系统规划国家生物安全风险防控和治理体系建设，全面提高国家生物安全治理能力。生物安全关系国计民生，人工智能、合成生物学、基因编辑等技术对社会伦理产生极大冲击，此次新冠疫情对生物安全提出了更加紧迫的要求。随着生命科学、生物科技等领域的迅猛发展，新发传染病疫苗研发、网络生物安全防范等生物安全领域都离不开强大的科技实力支撑。

2）推进保密科技创新，确保国家秘密安全

在数字化、信息化、网络化、智能化条件下，进一步强化科技对国家保密事业的支撑和引领作用，维护国家安全和利益显得尤为重要[36]。

推进核心关键保密技术研发。面向国家战略需求，加强关键信息基础设施安全保护，强化国家关键数据资源保护能力，增强数据安全保密预警能力，提升保密技术防护、专用信息设备等能力水平，促进大数据、云计算、移动互联等新技术的安全保密应用的发展，切实保障国家数据安全保密。

推动自主安全可控产业发展。从供给侧着力，以企业为核心，以应用需

求为牵引，创新保密科技管理体制机制，搭建创新服务平台，不断提升保密技术和产业的核心竞争力、可持续发展力。确保涉密网络、涉密信息设备安全保密的根本是解决自主可控、安全可靠问题。

3）支撑国家安全体系建设的需要

实现"两个一百年"奋斗目标，建设世界科技强国，必须统筹发展与安全，坚定不移实施创新驱动发展战略，加快提升创新能力和科技实力，全面增强科技维护和塑造国家总体安全的能力。

完善国家创新体系，夯实维护国家安全的科技能力基础。加强科技创新，保障科技安全，必须构建系统、完备、高效的国家创新体系。强化国家战略科技力量，在重大创新领域布局建设国家实验室。建设世界一流大学，系统提升高校人才培养、学科建设和科研开发三位一体的创新水平。强化企业技术创新主体地位，通过完善市场环境、加大财税金融政策支持，引导企业加大研发投入，培育壮大一批创新型领军企业。完善科技人才发现、培养、使用和激励机制，激发科技人才创新创业活力。坚持全球视野，加强国际合作，合力解决人类共同面临的粮食危机、气候变化、公共卫生等重大挑战，协力打造人类命运共同体。

第三节　中国学科发展面临的问题

一、学科设置不尽合理

（一）学科门类划分过细，学科布局的综合性和交叉性不足

从不同学科层级来看，我国的学科数量最多，其中一级学科有 110 个，美国、英国、日本均低于 50 个（表 6-1），其他国家的科学基金会申请代码均少于 500 个，而我国则达到 2300 多个。我国学科传统布局导致学科疆域固化、互相隔离，已不适应学科之间、科学和技术之间、技术和工程之间、自然科

学和人文社会科学之间日益呈现的交叉融合趋势，不利于学科之间协同创新。因此，尽管有的学科论文数量在世界上数一数二，但少有特色和独创，自己开辟的领域、自成体系的学派、独创的理论和技术还很不够[37]。

表 6-1　主要国家或国际组织学科划分情况[38]　　　　　单位：个

国家/国际组织	学科大类	一级学科	二级学科	科目
联合国	—	24	247	2207
欧　盟	5	21	342	—
美　国	—	38	362	1265
英　国	—	20	159	654
日　本	9	49	—	1250
加拿大	13	49	387	1688
中　国	13	110	392	—

（二）交叉学科体系划分起步晚

美国的学科专业目录（classification of instructional programs，CIP）就把交叉学科列为一级学科，具体包括 21 个二级学科和 24 个科目。我国《学位授予和人才培养学科目录（2011 年）》只规定学科门类和一级学科，没有交叉学科的单独设置；2020 年 8 月，新增交叉学科作为新的学科门类，交叉学科成为我国第 14 个学科门类。国家自然科学基金委员会于 2020 年 11 月成立交叉科学部，负责统筹国家自然科学基金交叉科学领域整体资助工作，促进复杂科学技术问题的多学科协同攻关①。

（三）学科发展不均衡，基础科学研究短板突出

学科间交叉融合孕育着创新，正在逐步改变学科结构。从 ESI 高被引论文和综合指标看，我国在空间科学、临床医学、微生物学、免疫学、动植物学、分子生物与遗传学、地球科学、物理学等学科领域的学科贡献率远低于美国等科技强国，在一定程度上折射出我国在多个前沿学科重点发展方向上创新能力的不足（图 6-7）。

①　国家自然科学基金委员会交叉科学部 . http://dids.nsfc.gov.cn/.

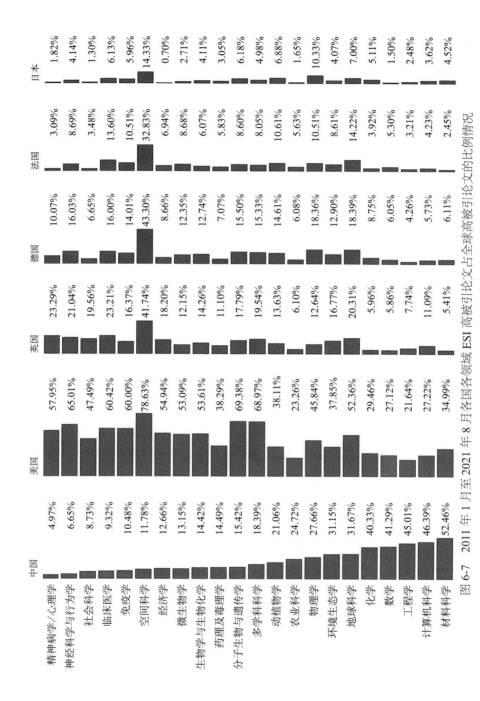

图 6-7 2011 年 1 月至 2021 年 8 月各国各领域 ESI 高被引论文占全球高被引论文的比例情况

领域	中国	美国	英国	德国	法国	日本
精神病学/心理学	4.97%	57.95%	23.29%	10.07%	3.09%	1.82%
神经科学与行为学	6.65%	65.01%	21.04%	16.03%	8.69%	4.14%
社会科学	8.73%	47.49%	19.56%	6.65%	3.48%	1.30%
临床医学	9.32%	60.42%	23.21%	16.00%	13.60%	6.13%
免疫学	10.48%	60.00%	16.37%	14.01%	10.51%	5.96%
空间科学	11.78%	78.63%	41.74%	43.30%	32.83%	14.33%
经济学	12.66%	54.94%	18.20%	8.66%	6.94%	0.70%
微生物学	13.15%	53.09%	12.15%	12.35%	8.68%	2.71%
生物学与生物化学	14.42%	53.61%	14.26%	12.74%	6.07%	4.11%
药理及毒理学	14.49%	38.29%	11.10%	7.07%	5.83%	3.05%
分子生物与遗传学	15.42%	69.38%	17.79%	15.50%	8.60%	6.18%
多学科科学	18.39%	68.97%	19.54%	15.33%	8.05%	4.98%
动植物学	21.06%	38.11%	13.63%	14.61%	10.61%	6.88%
农业科学	24.72%	23.26%	6.10%	6.08%	5.63%	1.65%
物理学	27.66%	45.84%	12.64%	18.36%	10.51%	10.33%
环境生态学	31.15%	37.85%	16.77%	12.90%	8.61%	4.07%
地球科学	31.67%	52.36%	20.31%	18.39%	14.22%	7.00%
化学	40.33%	29.46%	5.96%	8.75%	3.92%	5.11%
数学	41.29%	27.12%	5.86%	6.05%	5.30%	1.50%
工程学	45.01%	21.64%	7.74%	4.26%	3.21%	2.48%
计算机科学	46.39%	27.22%	11.09%	5.73%	4.23%	3.62%
材料科学	52.46%	34.99%	5.41%	6.11%	2.45%	4.52%

二、人才队伍数量不足

（一）R&D 人员比重偏低

从每万名就业人员中 R&D 研究人员数看，2019 年，我国在 R&D 人员总量超过 10 万人年的国家中排名靠后，日本、德国、韩国、英国、法国、荷兰、美国等多个国家这一指标值都在中国的 3 倍以上（表 6-2），且高端研发人才仍然缺乏。2021 年 ESI 高被引科学家中，中国占比为 14.2%，排名世界第二，高于 2020 年的 12.5%，但与美国（占比 39.7%）仍有较大差距[39]。

表 6-2　2019 年 R&D 人员总量超过 10 万人年的国家比较[40]

国家	R&D 人员 / 万人年	每万名就业人员的 R&D 人员数 / （人年 / 万人）	R&D 研究人员 / 万人年	每万名就业人员中 R&D 研究人员数 / （人年 / 万人）
中 国	480.1	62.0	210.9	27.2
日 本	90.3	130.4	68.2	98.5
俄罗斯	75.4	104.8	40.1	55.7
德 国	73.4	162.2	44.9	99.3
韩 国	52.6	193.8	43.1	158.8
英 国	48.6	148.2	31.7	96.8
法 国	46.4	163.1	31.4	110.5
意大利	35.5	139.5	16.1	63.1
西班牙	23.1	114.2	14.4	71.1
波 兰	16.4	100.2	12.1	73.8
荷 兰	16.0	167.1	9.9	103.4
土耳其	18.3	65.9	13.6	48.8
美 国	—	—	155.5	98.5

注：美国为 2018 年数据。

（二）人才竞争力有待加强

尽管 2021 年中国人才的竞争力由 2020 年的第 42 位升至第 37 位[41]，但与美国、英国、德国、日本等国还存在一定距离（表 6-3）。

表 6-3 2019～2021 年全球人才竞争力 Top20 国家[42]

国 家	2021 年度排名	2020 年度排名	2019 年度排名
瑞 士	1	1	1
新加坡	2	3	2
美 国	3	2	3
丹 麦	4	5	5
瑞 典	5	4	7
荷 兰	6	6	8
芬 兰	7	7	6
卢森堡	8	8	10
挪 威	9	9	4
冰 岛	10	14	13
澳大利亚	11	10	12
英 国	12	12	9
加拿大	13	13	15
德 国	14	11	14
新西兰	15	16	11
爱尔兰	16	15	16
比利时	17	18	17
奥地利	18	17	18
法 国	19	21	21
日 本	20	19	22
中 国	37	42	45

（三）学科交叉型人才缺乏

学科交叉型人才培养是连接多个学科门类、连通已知与未知世界的桥梁。人工智能技术、大数据技术等当前世界前沿领域，无一不是学科交叉发展到一定程度带来的结果。以脑科学与类脑智能领域为例，从论文发表的通讯作者统计，截至 2020 年 12 月，我国类脑智能领域的 PI 人数仅占整个脑科学与类脑智能领域的约 1/10，脑科学领域的院士有 30 位，类脑智能领域的院士有 6 位，仅占脑科学领域的 1/5。人工智能医疗领域等新兴前沿领域所需的生物 / 医学与计算机科学 / 人工智能专业背景的人才严重缺乏。我国学科交叉型人才培养面临制度束缚和经费不足、传统教学方式的桎梏、创新意识淡薄、专业设置阻碍等问题[43]。未来，随着研究范式转变成数据驱动与计算密集型研究，迫切需要既有专业背景又有数据分析与计算能力的复合、交叉型学科人才。

三、自主设施平台缺乏

我国大部分研究设备和试剂依赖进口，相关软件和平台多为国外研制。

（一）中高端仪器设备方面

在中高端仪器设备方面，我国依赖进口的局面尚未得到根本改观。2016～2019年，我国仪器设备年均进口额为978.3亿美元，年均出口额为706.4亿美元，存在较大的贸易逆差。2016～2019年，我国大型科研仪器整体进口率约为70.6%，分析仪器、医学科研仪器、激光器、核仪器进口率均在70%以上。中高端仪器设备市场主要被国际行业巨头占据。2020年度全球仪器公司市值Top20排位榜中，11家公司来自美国，5家公司来自欧洲，4家公司来自日本，没有一家中国公司。

（二）科研信息数据方面

科研信息数据"孤岛化""外流"严重，海量科研数据存在国外各大数据中心或散落于机构甚至个人手中，"出口转内销"现象明显。而且，国内数据共享艰难。例如，在生物学领域，我国产出大量与人类及医学相关的基因组及其他组学研究数据，仅存储在国际基因数据库的组学数据就有30%以上来自中国。但是，我国缺乏能够真正整合大量国内数据的公共数据库，基本不具备相互共享、整合并提供大规模数据服务的能力，严重依赖于国际数据开展研究。虽然我国于2019年建立了国家生物信息中心，承担国家生物信息大数据统一汇交、集中存储、安全管理、开放共享及前沿交叉研究和转化应用等工作，但相比欧美起步较晚。

（三）科研试剂方面

在这方面，我国与国外存在差距，原创性试剂少。高端试剂被外国公司垄断，科研用试剂高度依赖进口；2019年，我国诊断或实验用试剂进口金额为 19.28 亿美元，出口金额为 3.14 亿美元[44]。我国在科研用试剂的研发生产方面缺乏完备的质量控制与质量保障体系，国产产品质量良莠不齐（表 6-4）。

表 6-4　国内外化学试剂技术水平差距

分类		国外	国内
杂质级别		ppt（纳克 / 升）	ppm（毫克 / 升）～ppb（微克 / 升）
色标含量		99.90%～99.95%	99.0%～99.5%
生产工艺		新技术（离子交换、膜分离等）	传统（结晶、蒸馏、萃取等）
应用技术	微米级别	完全规模化生产	初步规模化
	纳米级别	初步规模化生产	尚未规模化

四、体制机制有待进一步完善

主要表现在评估机制、资助机制、科研成果转化机制及知识产权保护机制等方面。

（一）在评估机制方面

我国评估机制存在的问题有：①科研评价机制无法适应现时需求；②重过程评估，轻结果控制，科研评价管理与运行模式亟须改进；③重视量化指标，对于成果转化和社会效益等关注少，缺乏全面、公正的科研评价指标体系。而近年来科研评价体系的新趋势为：科学研究的社会经济效应将成为科研评价的核心标准、同行评审与科学计量评价相结合科研评价机制将成为主流、科研评价将实现系统化与自主化、网络指标日益成为科学评价的重要参考指标。对应科研评价体系新趋势，我国在评估机制方面还需进一步修改与完善。

（二）在资助机制方面

目前我国的科研经费分配体制不利于鼓励自由探索；科研经费涉及个人、研究组和单位利益，导致科研项目与经费竞争白热化；资助来源单一，主要从政府部门获得资助，从市场等其他来源的资助少；自上而下的科研经费分配方式，使大型科研项目指南和专家评审没有发挥应有的作用[45]。

（三）在科研成果转化机制方面

我国在科研成果转化机制方面存在的问题主要有：①科技成果管理制度与事业单位国有资产管理制度之间不衔接、不协调；②科技成果转化相关配套政策还不够细化，导致部分政策尚未有效落地；③科技成果自身的转化条件问题，如目前我国科研机构申请和授权的专利数量不断增加，但真正实现转化的比例并不高，主要原因是申请专利的目的大多是结题验收、职称评定等，偏离了专利制度的初衷；④缺乏专业化的知识产权和成果转化管理团队、高水平的科技成果转化服务机构和平台，政府在部分环节的支持不足[46]。

（四）在知识产权保护机制方面

在国际经贸新阶段、科学技术新发展等新形势下，信息和通信技术实现了跨越式发展，带来了数字革命，同时，人工智能、纳米、基因等技术的发展，都给知识产权制度带来了冲击。我国知识产权保护存在如下问题：①知识产权保护水平不足，存在赔偿金额低、举证难度大、耗时长、举证成本高等问题，无法对侵犯知识产权行为产生强有力的威慑作用，难以吸引创新主体；②知识产权保护渠道脱节，知识产权高标准立法，但在实践中灵活执法，导致与立法严重不匹配，引发了一系列问题，且我国有关知识产权的立法缺少系统性和逻辑性，立法反馈缓慢，难以满足新技术的需要；③我国民众未对知识产权保护达成社会共识，认为知识产权保护与公众利益相对立、国际竞争与发展相对立[47]。随着《关于强化知识产权保护的意见》的实施，我国将进一步加强知识产权保护，作出全面部署，进一步完善知识产权保护体系。

本章参考文献

[1] 自然资源部 . 关于印发自然资源科技创新发展规划纲要的通知 . http://gi.mnr.gov.
　　cn/201811/t20181113_2358751.html[2022-09-19].

[2] 国家统计局 . 国家统计局社科文司统计师张启龙解读《2020 年全国科技经费投入统计

公报》. http://www.stats.gov.cn/tjsj/sjjd/202109/t20210922_1822341.html[2022-09-19].

[3] 白春礼. 2019. 科技创新的主要发展趋势和重点突破方向. http://m.caijing.com.cn/
article/172609[2022-09-19].

[4] 中国科学院科技战略咨询研究院，科睿唯安. 2021 研究前沿热度指数. http://www.
casisd.cn/zkcg/zxcg/202112/P020211208408812341333.pdf[2022-09-19].

[5] 中国科学报. 2021. 2020 年中国十大科技进展新闻. https://www.cas.cn/cm/202101/
t20210121_4775288.shtml[2022-09-19].

[6] 中国科技通讯. 科技部关于印发《"十三五"国家科技人才发展规划》的通知. http://
un.china-mission.gov.cn/zgylhg/jsyfz/201706/P020210831731830074294.pdf[2022-09-19].

[7] 国家统计局. 中华人民共和国 2020 年国民经济和社会发展统计公报. http://www.stats.
gov.cn/tjsj/zxfb/202102/t20210227_1814154.html[2022-09-19].

[8] 科技部，财政部. 财政部关于加强国家重点实验室建设发展的若干意见. http://www.
gov.cn/zhengce/zhengceku/2018-12/31/content_5442073.htm[2022-09-19].

[9] 李佩娟. 2021 年中国国家重点实验室市场现状与发展趋势分析 未来加快筹建国家重点
实验室. https://www.qianzhan.com/analyst/detail/220/210616-785500a6.html[2022-09-19].

[10] 阮梅花，袁天蔚，王慧媛，等. 神经科学和类脑人工智能发展：未来路径与中国布
局——基于业界百位专家调研访谈. 生命科学，2017，29（2）：97-113.

[11] 上海交通大学. 上海交大携手《科学》共同发布全球 125 个科学问题. https://news.sjtu.
edu.cn/mtjj/20210412/145655.html[2022-09-19].

[12] Biotechnology and Biological Sciences Research Council. Review of Data-Intensive Bioscience.
https://www.ukri.org/wp-content/uploads/2020/11/BBSRC-201120-ReviewOfDataIntensive
Bioscience.pdf[2022-09-19].

[13] 孙喜，窦晓健. 我们需要什么样的基础研究——从科学与技术的关系说起. 文化纵横，
2019，（5）：104-113.

[14] Office of the Director of National Intelligence. Global Trends and Key Implications Through
2035. https://www.dni.gov/index.php/global-trends/trends-transforming-the-global-
landscape[2022-09-19].

[15] Asia 2050: Realizing the Asian Century. https://www.adb.org/sites/default/files/
publication/28608/asia2050-executive-summary.pdf[2022-08-07].

[16] Antimicrobial Resistance Collaborators. Global burden of bacterial antimicrobial resistance
in 2019: a systematic analysis. Lancet, 2022,399(10325):629-655.

[17] IDF Diabetes Atlas 10th Edition 2021. https://diabetesatlas.org/atlas/tenth-edition/[2022-09-19].

[18] American Cancer Society. Global Cancer Facts & Figures. https://www.cancer.org/research/cancer-facts-statistics/global.html[2022-09-19].

[19] Looking Forward to 2030 with the American Heart Association. https://medicine.stanford.edu/news/current-news/standard-news/AHA-2030-Goals.html[2022-09-19].

[20] 麦肯锡：2025年物联网对全球经济贡献超过10万亿美元. http://it.people.com.cn/n/2015/0715/c1009-27309483.html[2022-09-19].

[21] IHS Markit. The Internet of Things: A Movement, Not A Market. https://cdn.ihs.com/www/pdf/IoT_ebook.pdf[2022-09-19].

[22] Artificial Intelligence and the Future of Humans. https://www.pewresearch.org/internet/2018/12/10/artificial-intelligence-and-the-future-of-humans/[2022-09-19].

[23] McKinsey & Company. Energy 2050: Insight from the Ground Up. https://www.mckinsey.com/industries/oil-and-gas/our-insights/energy-2050-insights-from-the-ground-up[2022-09-19] .

[24] Global Megatrends 2050. http://www.megatrendswatch.com/megatrends-2050.html[2022-09-19].

[25] 光明日报. 展望2050年国防生物科技创新前景. https://www.chinanews.com.cn/mil/2019/02-23/8762497.shtml[2022-09-19].

[26] Office of the Director of National Intelligence. Global Trends 2040. https://www.dni.gov/index.php/gt2040-home[2022-09-19].

[27] 中科院院长白春礼与代表、专家对话：用科技支撑新发展理念. http://www.gov.cn/guowuyuan/vom/2016-03/07/content_5050328.htm[2022-09-19].

[28] 中共中央网络安全和信息化委员会办公室. 科技部 发展改革委 教育部 中科院 自然科学基金委关于印发《加强"从0到1"基础研究工作方案》的通知. http://www.cac.gov.cn/2020-03/04/c_1584872637385792.htm[2022-09-19].

[29] 白春礼. 中国科学院70年——国家战略科技力量建设与发展的思考. 中国科学院院刊, 2019, 34（10）：1089-1095.

[30] 中华人民共和国中央人民政府. 国家积极应对人口老龄化中长期规划. http://www.gov.cn/zhengce/2019-11/21/content_5454347.htm[2022-09-19].

[31] 科技创新如何驱动传统产业转型升级发展. https://www.zhazhi.com/lunwen/tongxinlunwen/

kjcxlw/148489.html[2022-09-19].

[32] 谭显春，顾佰和，王毅. 气候变化对我国中长期发展的影响分析及对策建议. 中国科学院院刊，2017，32（9）：1029-1035.

[33] 任喜洋，邓峰，高兵，等. 推动能源资源结构向绿色低碳转型. 中国国土资源经济，2021，34（12）：48-54.

[34] 人民日报. 加强自主创新 强化科技安全 为维护和塑造国家安全提供强大科技支撑. http://opinion.people.com.cn/n1/2020/0415/c1003-31673495.html[2022-09-19].

[35] 央广网. 用科技创新筑牢国家生物安全防线. https://www.shobserver.com/news/detail?id=211895[2022-09-19].

[36] 人民日报. 强化科技支撑 维护国家安全. https://tech.sina.com.cn/it/2018-10-29/doc-ifxeuwws9041601.shtml[2022-09-19].

[37] 李静海. 大力提升源创新能力，构建面向新时代的基金体系. http://www.qstheory.cn/dukan/qs/2018-11/15/c_1123709820.htm[2018-11-15].

[38] 张文玉. 中外学科划分情况比较研究. https://www.docin.com/p-2350325875.html[2020-04-25].

[39] 科睿唯安. 科睿唯安2021年度"高被引科学家"名单出炉，遴选全球顶尖科学人才. https://solutions.clarivate.com.cn/blog/20211116/[2021-11-16].

[40] 2019年我国R&D人员发展状况分析. http://www.most.gov.cn/xxgk/xinxifenlei/fdzdgknr/kjtjbg/kjtj2021/202105/P020210529690970027756.pdf [2021-09-22].

[41] The Global Talent Competitiveness Index 2021. https://www.insead.edu/faculty-research/research/gtci[2021-10-20].

[42] The Global Talent Competitiveness Index 2020. https://www.fescoadecco.com/index.php/public/pdf?file=/mkt/2020%E5%85%A8%E7%90%83%E4%BA%BA%E6%89%8D%E7%AB%9E%E4%BA%89%E5%8A%9B%E6%8C%87%E6%95%B0%E6%8A%A5%E5%91%8A.pdf [2020-02-06].

[43] 李阳，王宏志，陈戈珩，等. 国外学科交叉型创新人才培养与启示. 现代教育科学，2017，8：152-156.

[44] 华经产业研究院. 中国科研试剂行业市场现状分析，全球龙头企业竞争优势较为明显. https://caifuhao.eastmoney.com/news/20201126133350899719700[2022-11-07].

[45] 姚玉鹏. 对我国科研资助体系存在问题及深化体制改革的思考. 中国科学基金，2011，1：26-29.

[46] 孙芸，金海燕．科技成果转化面临的四个问题．http://news.sciencenet.cn/sbhtmlnews/ 2019/8/348925.shtm?id=348925[2019-08-22].

[47] 曹致玮，董涛．新形势下我国知识产权保护问题分析与应对思考．知识产权，2019，7： 66-74.

第七章

中国学科及前沿领域发展的形势与对策

我国正面临新一轮科技革命和产业变革的难得机遇，国家重大战略需求和高质量发展亟待科技创新的强力支撑。研判我国学科及前沿领域发展的科技大势、明确科技发展的核心领域与重点方向，能够更好地抢占科技竞争和未来发展的制高点。

第一节　新时代的开放创新与国际合作

近年来，贸易保护主义和政治民粹主义，替代全球自由贸易原则和全球主义成为部分发达国家的"新风尚"。2020 年新冠疫情的全球蔓延进一步加剧了逆全球化的趋势，一些国家试图改变多年来全球化所形成的国际供应链格局，人为拉起国家间的"技术铁幕"。面对错综复杂的国际形势、艰巨繁重的国内改革发展稳定任务，党的十九届五中全会指出，坚持创新在我国现代化建设全局中的核心地位，把科技自立自强作为国家发展的战略支撑。

党的十九届五中全会将科技自立自强的重要性提上了历史的新高度。为什么突出强调科技自立自强？一方面是国家发展和民族振兴的需要。关键核心技术是国之重器，对推动我国经济高质量发展、保障国家安全都具有十分重要的意义，必须切实提高我国关键核心技术创新能力，把科技发展主动权牢牢掌握在自己手里，为我国发展提供有力的科技保障。另一方面是防范外部风险的需要。关键核心技术上的短板，以及相应的"卡脖子"风险，困扰着我国经济社会发展。只有大力提升自主创新能力，才能从根本上保障国家安全。科技自立自强的提出，也将开放和自主的关系置于一个新的历史背景，呈现出新的内涵和要求。

一、科技自立自强需要新时代更加深化开放创新和国际合作

从当前的语境来看，科技自立自强的本质是实现关键核心技术、新材料等的自主可控，减少国外关键技术的依赖，并不是闭门造车、排斥学习。越是面临封锁，越不能自我封闭，而是要用好国际国内的科技资源，以更加开放的思维和方式推进国际科技合作交流，实施更加开放包容、互惠共享的国际科技合作战略。

（一）当前的逆全球化思潮并不能改变全球合作的发展趋势

今天为大多数人所理解和经历的全球化（一种将各大文明编织到一起的共识性的全球化），可以追溯到 15 世纪后期。当时的葡萄牙、西班牙人经历航海探险之后建立了世界各主要大洲之间的海上联系，奠定了全球化和当今世界经济发展的基础。第二次世界大战后，国际分工生产成为充分利用资源、创造更高效益的必然选择。20 世纪 90 年代以来，以信息技术为代表的高新技术迅猛发展，世界经济活动超越国界，通过对外贸易、资本流动、技术转移、提供服务、相互依存、相互联系而形成全球范围的有机经济整体。尽管当前国际上保护主义、单边主义抬头，但人类通过交流逐步交融的长期趋势并不会中断，人们由近及远、以达全球的历史进程将以新的方式复生。在新冠疫

情的冲击下，全球的供应链正在缩短，区域化正在成为全球化的新趋势。例如，2020 年 11 月 15 日，中国、东盟十国、日本、韩国、澳大利亚和新西兰共同签署了《区域全面经济伙伴关系协定》（RCEP），诞生了占据全球 1/3 经济规模的世界最大自贸区。

（二）追赶和学习依然是近一段时间内，中国向世界科技强国进发的征程中的主要内容之一

中国科技的发展与开放合作在一定程度上是同构的。中华人民共和国成立之初，在苏联的帮助下，建立了相应的学科体系和科技体制；20 世纪 70 年代以后，中国与西方国家逐步建立了正常的邦交关系，通过北京正负电子对撞机的建设和运行、全球变化研究等一系列的国际合作，中国科学研究者置身国际发展潮流中，更多地接触和了解所在领域有关研究工作的前沿进展和需要解决的问题，搭建合作平台，恰当地选择科学意义重要且有可能取得突破的研究课题，从而进入世界科学发展的前沿[1]。

改革开放 40 多年特别是党的十八大以来，中国科技创新成绩斐然，整体实力持续提升，一些突出领域开始进入"并跑"甚至"领跑"阶段，各种全球创新指数屡创新高。但是科技创新是长期积累的过程，从整体科技创新能力而言，中国和发达国家还存在明显的差距，有标志性的重大原创新理论成果仍显不足，科技创新对高质量的经济和社会发展支撑不足，在关键核心技术、核心零部件、基础工艺等基础性的关键核心领域，中国还有一定差距。这就需要通过深入的开放创新和国际合作，吸引和培养高精尖缺人才，提升使用全球创新资源能力，在全球创新网络中，努力学习国外先进的思想、经验及成果技术，提高中国科技的创新能力。同时，也需要通过国际合作来借鉴国际科学技术发展长期形成的一些好的理念、制度和管理方法，为中国科技高质量发展提供新的认识，打破一些制约中国科技发展的传统因素，推动科技体制深化改革。

（三）气候变化、能源环境、公共卫生与健康等人类共同面临的世界性重大问题，需要国际社会共同应对

面临人类社会发展宏大的挑战，许多研究项目日趋复杂化，不仅涉及多

学科、多部门协同，而且研究对象超越了国家界限的范围，需要不同国家、不同研究机构的科研人员共同协作完成。在重大使命的牵引下，国际社会通过国际协议、倡议和协商，促进相关领域的国际合作，有效地推动了科学的汇聚融通[2]。同时，大科学研究所需的昂贵仪器设备使科研成本不断增加，也需要不同国家分担成本，共享资源。因此，科学研究的全球化趋势日趋明显，从事科学研究的科学家将更多地在全球化和网络化的开放环境中相互竞争、相互交流与合作，使得各国提升科技交流与合作的力度增强，国际战略也成为多国科技发展战略的重要组成部分。例如，2020年11月，中国成功发射探月工程嫦娥五号探测器，让中国与国际社会的航天合作这一话题成为热点。航天项目具有高风险和高投入的特点，需要充分发挥各国优势进行国际合作。在嫦娥五号任务中，阿根廷和纳米比亚允许中方设立两个测控站，作为此次任务监测网络的一部分，欧洲航天局利用库鲁航天发射中心（位于南美洲）传输信号，帮助确认嫦娥五号探测器是否顺利抵达目的地。在嫦娥五号发射后，各方在发来贺电的同时，对于后续的合作也表现得格外热情。这些都充分表明，科学研究领域的国际合作是大势所趋。

二、新时代开放创新和国际合作的内涵与要求

目前，国际形势继续发生复杂深刻变化，不稳定性、不确定性明显增加，为此，新时代的开放创新和国际合作也展现了新的内涵。一是体现在渠道和途径上，即如何克服单边主义、保护主义及相应的霸凌行径对以国际法为基础的国际秩序构成严峻挑战。科技创新日益成为国家竞争力的核心内容，在《瓦森纳协定》的制约下，中国一直不能获取西方最先进的技术。随着中国科技的迅猛发展，发达国家为了保持国际分工中的核心优势与地位，通过管控、封锁等各种手段打压、遏制中国高科技企业及相关技术的发展。二是体现在合作内容上，即如何更好地适应新一轮工业革命的需求，进一步增强科技创新对高质量发展和现代化国家建设的支撑和带动能力。当前中国科技创新在很大程度上以跟踪模仿为主，尽管追赶模式可以带来后发优势，但摆脱不了"强者愈强"的马太效应。人工智能、大数据、区块链等高科技手段的发展与应用，加速推进新一轮工业革命的到来，而这势必引发世界主要经济体实力

的重新洗牌。因此，如何克服技术惯性，另辟蹊径，开启新的技术时代，是今后相当长的时间中国在开放创新和国际合作中需要面对的重大课题。

新的内涵对当前开放创新和国际合作提出了新要求，突出表现在以下三个方面[3]。

（一）多主体、多渠道共同参与的要求

从西方国家的实践来看，国际合作主体展现了丰富的多层次性，形式上多种多样，包括组建合作研究中心、设立联合基金、建立区域创新合作网络等，由政府主导、市场主导、社会组织主导的不同类型国际科技合作相得益彰，共同发挥着重要的作用。紧紧围绕国家的科技创新战略和外交大局，中国的大国科技外交总体布局已经形成。截至 2022 年 11 月，我国已经与 160 多个国家和地区建立科技合作关系，签订了 114 个政府间科技合作协定。"十三五"时期以来，通过国家重点研发计划"政府间国际科技创新合作"重点专项，共支持与 60 多个国家、地区、国际组织和多边机制开展联合研究合作，涉及农业、能源、环境、资源、信息通信、生命健康等领域，共支持立项项目近 2000 项，项目总经费近 100 亿元人民币[4]。除了以政府为主体的官方国际合作形式的建立，我国民间科技合作交流也日趋活跃。近年来，随着治理理念的不断深入、国家层面权力的分散及技术的进步使更多非政府行为体参与到国家对外交往活动中来，加之科学共同体所具有的普遍性的传统和规范，使得民间科技外交发挥着愈来愈重要的作用。民间外交的交往对象受国家关系和外交制度的制约相对较小。民间外交不是通过外交谈判和签订各种条约、协定等来规范双方权利和义务，而是通过不拘形式的平等协商和交流来自愿增进彼此理解和信任，不断推进全球民间互动和友好关系[5]。当前，我国的民间科技外交已体现出多元化和网络化的趋势，逐步和国际接轨，但同时，国际科技合作的深度和广度还有待提高。未来，需要更进一步地探索多主体协同创新，多渠道开展国际合作的可能。

（二）紧密合作伙伴关系打造的要求

无论是学研机构的科技合作和人员交流，还是企业层面的技术引进、转移与合作创新，无论是政府间的科技合作，还是国际大科学计划（工程），都

深受经济、社会、政治的影响。例如，我国实质参与的最大的国际大科学工程——"国际热核聚变实验堆（ITER）计划"，项目资源主要掌握在不同国家手中，参与方的国内政治经济环境、国与国之间的国际关系及国际大环境的变化对项目的执行带来了很大的管理风险，很难从真正意义上实现"项目整体利益"和"项目整体优化"的思想[6]。因此，打造紧密合作伙伴关系，做到"你中有我，我中有你"，是新时代开放创新和国际合作面对不确定的形势下的有效选择。在全球最大的光刻机制造商荷兰 ASML（Advanced Semiconductor Material Lithography）公司的崛起之路中，缔结利益共同体是其完成对美日光刻机巨头的逆袭，进而确定行业霸主地位的关键要素之一。由于光刻机的重要零件之一就是镜片，而 ASML 公司显然没有这种技术积累，于是 ASML 公司在 20 世纪 90 年代之初就选择与德国蔡司公司建立紧密的合作伙伴关系[7]。2012 年，ASML 公司以"客户联合投资计划"之名进行研究资金的募捐，以保证自己的行业领先：客户以出资换取极紫外线（EUV）光刻机的优先订货权，协助客户提高产品产量。这一计划得到众多行业巨头的积极响应，英特尔斥资 41 亿美元收购 ASML 公司 15% 的股权，另出资 10 亿美元，支持 ASML 公司加快开发成本高昂的芯片制造科技；台湾积体电路制造股份有限公司投资 8.38 亿欧元购得 ASML 公司 5% 的股权；三星斥资 5.03 亿欧元购得 ASML 公司 3% 的股权，并额外注资 2.75 亿欧元合作研发新技术[8]。对于企业而言，打造紧密合作伙伴关系可以分担高昂的研发成本，多主体的协同参与则可以通过客户入股、投资等形式绑定客户。从 ITER 计划和 ASML 公司的发展经验来看，紧密合作伙伴关系的打造，不仅需要提升创新主体的管理能力，也要提升创新主体应对风险的能力。

（三）创新能力发展的要求

当前国内对国际合作的定位存在一些常见误解，如将国际合作仅仅作为获取关键技术的手段、争取科研任务的噱头[9] 等，这些认识往往会浪费国家资源或者带来不好的结果。实际上，有效的开放创新和国际合作是需要相应的创新能力作为基础开展的科技交流合作。特别是在国际交流受限、渠道不畅的情况下，对创新能力的要求也被提到了核心的位置，中国高铁技术的成功也鲜明地反映出了这一点。尽管对中国高铁技术进步之源存在不同看法，但是具备利用知识的工业能力是创新成功的核心基础，这既可能是企业与学研机构在巴斯德象限开展产学研合作推动了相关能力建设[10]，也可能是中国工业在大规模引进之前就已经具备了较强的技术能力基础，当时中国工业已经具有完整的产品（高速列车）经验和现代化的制造体系[11]。开展国际合作要以强劲的核心能力为支撑，这种能力既包括知识的生产能力，也包括知识的应用能力。中国要想在国际科技交流合作中有充足的话语权，既要规范技术引进行为，更要积极发展自己的特色和优势技术。

第二节　我国学科与前沿领域发展的重点方向

综合科学计量学报告（《2020 研究前沿》《全球工程前沿 2020》等）、相关技术趋势报告（Gartner 发布的《重要技术趋势》报告《麻省理工科技评论》等）、专家访谈与问卷调研，并结合《中华人民共和国国民经济和社会发展第十四个五年规划和 2035 年远景目标纲要》及中长期科技规划，考虑基础前沿与核心技术发展需要，初步提出我国学科与前沿发展的关键核心领域：量子科学与量子通信、脑科学与类脑智能、能源科学、空间与天文（深空探测）、大数据与人工智能、纳米科技与材料科学、生命健康（包括衰老与健康老龄化、新药创制、生物育种、干细胞与再生医学等）、生态与环境科学，具体如表 7-1 所示。

表 7-1　我国学科及前沿发展的关键核心领域

领域	具体方向
量子科学与量子通信领域	量子通信；量子计算；人工结构量子材料与器件等量子器件的开发与应用
脑科学与类脑智能领域	神经发育、神经环路解析、认知的神经基础等基础神经生物学研究；神经精神疾病机制与干预研究；类脑智能算法、类脑芯片、类脑智能器械、脑机接口等类脑人工智能研究；神经元的标记和类型鉴定新技术、脑结构与功能研究技术、脑疾病诊断技术及神经计算等变革性神经技术研究；构建非人灵长类动物模型，建设我国人脑库，加强基础硬件、数据库和信息化研究平台的整合部署；等等

领域	具体方向
能源科学领域	可再生合成燃料；先进乏燃料后处理工艺研究；石油资源就地转化与高效利用研究；基于纳米相变材料的太阳能光伏 / 光热耦合系统；智能电网运行与调度、信息物理系统安全性研究；数字化反应堆及核电站智能化模拟研究；基于脉冲功率的 Z 箍缩驱动惯性约束聚变机理研究；高效稳健合成太阳燃料；可快速充电电池 - 电容器储能体系电极材料结构调控及制备；基于固态锂电池与锂电容器技术的全天候"功""能"兼备的电化学储能系统；等等
空间与天文领域	围绕"一黑两暗三起源"重大科学问题展开，如暗物质与暗能量探测；黑洞观测；引力波探测；行星系统的形成与演化；弦论"沼泽地"猜想与宇宙学等；深空探测方面的天地一体化定位导航体系；等等
大数据与人工智能（信息与电子工程）领域	超自动化；数字孪生；边缘计算；对抗学习；区块链；自动驾驶等自主事务开发；人体增强技术；面向信息物理融合系统的软件自动化；数字隐私与人工智能安全等；大数据与人工智能在健康与医疗、农业、工业、交通等重点领域的应用
纳米科技与材料科学领域	新型催化剂的制备和应用；新型电池材料；纳米生物材料；生物可降解材料；化学工艺和废水处理材料；等等
生命健康领域	衰老与健康老龄化；癌症等慢性病防控；新兴传染病与抗生素耐药性；新药创制；干细胞与再生医学；新型生物育种技术；基因测序、基因编辑、合成生物技术等颠覆性技术
生态与环境科学领域	环境科学方面的污水处理原理与技术、大气污染和环境污染物的特征与风险研究（包括水污染、土壤污染等）；生态领域的物种入侵、森林生态及生态模型研究等，如全球尺度外来物种入侵的评估影响与管理、森林火灾的影响因素、生态位模型及开发工具；等等

第三节　对策建议

一、政策精准发力，消除机制障碍

（一）加强学科顶层设计

目前，我国各类科研计划虽然都在不同程度上注重基础性、创新性研究，但在具体实施和操作过程中，各计划间界面不清，部分方向重复布局，科研同质化严重，部分重点方向则尚未布局，共性关键技术难以支持，不利于学科整体发展。需要完善政策体系，加强顶层设计与沟通，重点规划"学科－专业－人才－平台"的协调发展，明确学科建设目标，凝练学科发展方向，确定学科建设层次，组建学科团队，搭建学科研究平台，构建有效的学科建设机制。

同时落实完善内部管理结构，加快形成完善、规范、统一的制度体系。加强学术组织建设，健全学术管理体系与组织架构，充分发挥其在学科建设、学术评价、学术发展和学风建设等方面的重要作用。

（二）建立科学评估机制

采用多维方法进行学科发展评估，注重多元评价，深化破除"五唯"顽疾，树立正确的评价导向。在教师/学科人才选拔评估方面，不唯学历和职称，不设置人才"帽子"指标，避免以学术头衔评价学术水平的片面做法[12]。

在科研水平评估方面，不唯论文和奖项，设置"代表性学术著作""专利化"等指标进行多维度科研成效评价。

在学术论文评估方面，聚焦标志性学术成果，推广"计量评价与专家评价相结合""中国期刊与国外期刊相结合"的"代表作评价"方法的使用，淡化论文收录数和引用率，不将 SCI、ESI 相关指标作为直接判断依据，突出标志性学术成果的创新质量和学术贡献[13]。

（三）改革激励资助机制

完善分类评价机制，调动科学家、科研院所、高校、企业等各方面的积极性、创造性。创新政府管理方式，引导企业加强基础研究，提升市场竞争力。深化科研项目和经费管理改革，营造宽松的科研环境，使科研人员可潜心、长期从事相关研究。

突出以人为导向，完善人才激励机制，丰富激励手段，促使人力资源不断地发挥能动性和体现出自身价值。对于优秀科研人员和管理人员的专业知识和人格给予更多的肯定和尊重，有时挑战性的工作会超越物质激励手段，成为最有效的激励方式。同时，探索和完善创业股、技术股、管理股等充分体现竞争与效率的分配形式来调动各类人才的积极性。

二、重视基础研究，优化学科体系

（一）完善学科布局，创新投入结构

强化基础研究是学科发展的战略关键。把围绕国家战略需求和科学前沿重大问题的定向性、体系化基础研究作为主要任务，强化需求导向和问题导向的基础研究选题机制，推动基础与应用学科均衡协调发展，加强优势学科，发展特色学科，提高弱势学科，以优势学科带动弱势学科发展，需要建立稳定和竞争性支持相协调的多元化投入机制，加大中央财政对基础研究的支持力度，鼓励地方、企业和社会力量增加投入，推动学科发展。

一是整合政府科技计划（基金）和科研基础条件建设等资金，加大对基础性、前沿性、战略性和公益性前沿技术研究的稳定支持力度，充分调动地方财政和社会资本的投入积极性，建立以人才为本的长期稳定支持方式。

二是鼓励金融机构加大信贷支持，引导金融机构建立适应战略性新兴产业特点的信贷管理制度，促进金融机构加大对战略性新兴产业发展的支持力度。

三是制定完善的促进战略性新兴产业发展的税收支持政策，建立应用转化基金，促进基础研究向应用转化。

（二）突出原始创新，重视融合发展

主动响应学科交叉融合发展趋势的引导性策略，摆脱惯性思维。鼓励开展跨学科研究，打破学科界限，学科领域交叉融合不断催生出新前沿、新技术、新方法，应支持原创性、颠覆性创新研究，促进自然科学、人文社会科学等不同学科之间的交叉融合。

围绕"四个面向"需求，促进学科前沿发展。围绕国家重大需求，加强基础前沿研究，加强对量子科学、脑科学、合成生物学、空间科学、深海科学等重大科学问题的超前部署。围绕经济社会发展和国家安全的重大需求，突出关键共性技术、前沿引领技术、现代工程技术、颠覆性技术创新。围绕人民健康和促进可持续发展的迫切需求，加强资源环境、人口健康、新型城镇化、公共安全等领域基础科学研究。聚焦未来可能产生变革性技术的基础科学领域，强化重大原创性研究和前沿交叉研究。

（三）转变建设思路，优化专业结构[14]

转变学科体系建设思路。在国内国际双循环的新发展格局下，探索学科建设及专业设置的新机制，主动适应不确定性条件下的科学技术创新需要，从过去被动适应，转变为主动引领、主动探索。

调整学科专业设置体系，打破专业目录束缚。统筹谋划三类目录，不断重建学科边界，持续优化学科专业体系；针对学科专业设置的滞后性和离散化问题，动态调整学科专业，支持关键领域核心技术的研发和人才培养。

建立多元化发展的学科专业体系。下放专业设置和权限，建立与区域自主创新相结合的学科专业体系。我国学科划分与设置权主要集中在政府手中，客观上不利于学科交叉和融合。应打破当前以一级学科为单位进行院系设置的惯例，探索以学科群为单位重建或改组学院组织。

三、创新人才机制，强化智力支撑

（一）重视高层次人才培养与引进

一是依托国家级平台（基地）和国家重大科技计划，实施创新人才推进计划，创新人才体制机制，造就一批世界顶尖科学家和一流创新团队。依托国家级产业园区建设，培养数以百万计的高水平人才。

二是拓展科学家自由探索、施展才华的空间，实现更多原创突破，占据科学制高点，培养有国际影响力的领军人才，发挥基础研究的支撑引领作用[15]。

三是多方引才引智，统筹整合海外人才计划，大力引进国外高端人才，构筑人才高地，以合理的梯队结构、高素质的学科带头人和学术骨干保证学科建设和学科可持续发展，以动态的人才引进机制打破人才壁垒。

（二）加强中青年和交叉人才培养

创新人才队伍建设是学科发展的智力支撑，应加快高端复合人才的培养，在各学科领域内建立国际通行的访问学者制度，完善博士后制度，吸引国内外优秀青年博士在国内从事博士后研究。

鼓励科研院所与高校加强协同创新和人才联合培养，加强基础研究后备科技人才队伍建设，支持具有发展潜力的中青年科学家开展探索性、原创性、交叉性研究，培养创新型及交叉型青年拔尖人才。

（三）优化创新人才发展环境

拓展研究人员自由探索的空间以实现更多原创突破。弱化人才"帽子"指标，不以学术头衔评价学术水平，对于优秀科研人员和管理人员的专业知识给予更多的肯定和尊重，制定完善的人才工作管理体制，健全人才工作机制，形成人才发展的动力体系，实事求是、客观公正，根据领域实际情况开展评估工作，充分激发人才活力，使各方面人才可以各得其所、尽展其长，以培养有国际影响力的领军人才。此外，围绕各类人才未满足需求，完善人才住房、就医、子女入学、配偶就业等保障服务，切实解决人才工作、生活中的困难，为创新研究创造和谐、友好的环境。

四、深化学科协同创新平台建设

（一）搭建跨学科知识共享平台

跨学科研究是多学科知识共同作用的表现，通过搭建学科共享及跨学科研究交流平台，推动学科前沿创新与发展。

一是通过与其他高校联合开展科研项目合作，利用各自的优势促进跨学科研究发展；二是通过学校与企业进行合作，共同开展跨学科研究，解决企业面临的实际问题，完善与企业合作机制，让不同背景的专业人才组成团队实现创意原型；三是通过与海内外的跨学科研究机构展开国际合作，拓宽跨学科研究的国际视野，推动师生参与不同形式的国际交流，让更多不同学科背景的专业人才共同开展跨学科研究，不同的专业视角碰撞出更多的思维火花，通过多种方式搭建跨学科研究交流合作平台，推进跨学科研究向深入发展。

（二）重视自主设施平台建设

以自主设施平台建设为基础，促进学科资源整合和学科交叉融合，突破"卡脖子"技术瓶颈。

对接国家综合性科学中心和科创中心等国家战略的组织实施，整合国内优势研发和产业资源，因地制宜地推动学科平台建设，实现平台资源高水平、深层次和大范围地整合与共享，组建跨领域、高水平、设施先进的国家工程技术研究中心或工程实验室，构建政产学研医用为一体的产业关键技术装备国家级创新平台，开展前瞻性科学研究。

聚焦能源、生命、地球系统与环境、材料、粒子物理和核物理、空间天文、工程技术等领域，依托高校、科研院所等布局建设一批自主设施平台。鼓励和引导地方、社会力量投资建设重大科技基础设施，加快缓解设施供给不足问题。支持各类创新主体依托重大科技基础设施开展科学前沿问题研究，加快提升科学发现和原始创新能力，支撑重大科技突破。

文章参考文献

[1] 樊春良. 对外开放和国际合作是如何帮助中国科学进步的. 科学学与科学技术管理，2018，39（9）：3-20.

[2] 杜鹏，王孜丹，曹芹. 世界科学发展的若干趋势及启示. 中国科学院院刊，2020，35（5）：555-563.

[3] 杜鹏，张理茜. 科技自立自强与新时代的开放创新和国际合作. 科技导报，2021，4：74-78.

[4] 光明日报. 我国积极推进全球科技交流合作. http://www.gov.cn/xinwen/2022-11/19/content_5727817.htm[2022-12-30].

[5] 于宏源. 全球民间外交实践与新时代中国民间外交发展探析. 当代世界，2019，10：17-22.

[6] 王敏，罗德隆. 国际大科学工程进度管理——ITER计划管理实践. 中国基础科学，2016，（3）：51-55.

[7] 瑞尼·雷吉梅克. 光刻巨人——ASML崛起之路. 金捷幡译. 北京：人民邮电出版社，2020：360-374.

[8] 董温淑. 光刻机霸主阿斯麦封神之路. https://www.sohu.com/a/402275555_115978 [2020-06-17].

[9] 杨扬. 新时代国际科技合作的问题与出路. 中国青年报，2018-09-17（2）.

[10] 张艺，陈凯华，朱桂龙. 产学研合作与后发国家创新主体能力演变——以中国高铁产业为例. 科学学研究，2018，36（10）：1896-1913.

[11] 路风. 冲破迷雾——揭开中国高铁技术进步之源. 管理世界，2019，9：164-194.

[12] 教育部. 第五轮学科评估工作方案. http://www.moe.gov.cn/jyb_xwfb/moe_1946/fj_2020/202011/t20201102_497819.html[2020-11-02].

[13] 杨卫，龚旗煌，杨斌，等.《第五轮学科评估工作方案》专家解读（二）. 大学与学科，2021，2（1）：117-128.

[14] 贾永堂，张洋磊. 顺应新发展格局 优化学科专业结构. https://news.gmw.cn/2020-11/10/content_34353510.htm[2021-04-29].

[15] 国家自然科学基金委员会. 国家自然科学基金"十三五"发展规划. https://nsfc.gov.cn/publish/portal0/zfxxgk/04/03/info80184.htm[2015-09-17].

下　篇

第八章

学科发展战略研究

在本章中，学科发展战略研究项目的选题是国家自然科学基金委员会根据国家学科发展的总体布局和《国家自然科学基金"十四五"发展规划》制定工作的需要，组织各科学部提出的学科选题建议名单。学科发展战略研究选题建议名单，经中国科学院学部审议通过，提交至"中国学科及前沿领域2035 发展战略丛书"联合领导小组审议，确定了最终选题名单。依据学科发展战略研究选题名单形成丛书各分册主题，具体见表 8-1。

表 8-1　学科发展战略研究系列分册主题

主题	牵头人
中国数学 2035 发展战略	徐宗本
中国物理学 2035 发展战略	高原宁
中国天文学 2035 发展战略	景益鹏
中国力学 2035 发展战略	胡海岩
中国化学 2035 发展战略	张希
中国纳米科学 2035 发展战略	赵宇亮
中国生物学 2035 发展战略	陈晔光
中国农业科学 2035 发展战略	邓秀新
中国地球科学 2035 发展战略	朱日祥
中国资源与环境科学 2035 发展战略	傅伯杰

主题	牵头人
中国空间科学 2035 发展战略	窦贤康
中国海洋科学 2035 发展战略	吴立新
中国工程科学 2035 发展战略	聂建国、雒建斌
中国材料科学 2035 发展战略	魏炳波
中国能源科学 2035 发展战略	何雅玲、陈维江
中国信息科学 2035 发展战略	刘明
中国管理科学 2035 发展战略	张维
中国医学 2035 发展战略	卞修武

第一节　中国数学 2035 发展战略

一、科学意义与战略价值

数学是自然科学的基础，它为自然科学提供精确的语言和严格的方法。数学和自然科学之间的相互影响历史悠久。这种相互影响为促进自然科学的发展提供了工具和知识。同时，自然科学的发展也推动了数学科学前沿研究，为数学提出了新的挑战。

数学也是重大技术创新的重要支撑，在智能制造、信息技术、现代农业、资源环境、经济金融和国防安全等重点应用技术领域发挥着越来越重要的作用。

首先，数学是重大技术创新发展的基础，在工程技术中发挥着越来越大的作用。人类历史上共有三次重大的工业革命，都与当时数学研究中发现的新理论、新方法的直接或间接的驱动有关。当今，数学科学对工程技术的作用显著增长并多样化。例如，航空业利用数学知识进行飞机发动机叶片的设计；在药物设计和肿瘤药物传送中，数学建模发挥了重要作用；金融业利用统计学设计风险最小化的投资组合及评估风险；数论研究中的素数及其分解成为网络安全与密码的理论基础；特征向量是谷歌著名的 PageRank 算法的基础。

其次，数学是国防安全的重要工具之一。国防安全非常依赖数学科学。数学科学对网络安全与分析、模拟训练和测试、军事演习、图像和信号分析、卫星和航天器的控制及尖端设备设计和制造、测试和评估发挥着至关重要的作用，国防使用数学工具的复杂程度也在逐渐加大。

环顾世界，所有的经济大国和科技大国必然也是数学强国。中国作为一个发展中大国，无论是适应当前国民经济结构战略性调整的现实需要，还是满足未来经济社会发展的科学技术和人才支撑，都无法依赖于他人。当今世界迅猛发展的所有高技术都离不开数学技术。因此，我们必须重视数学的发展，在数学科学领域赶上世界先进水平，建立起立足于本国的科研力量，加强原始创新，才能在经济全球化和科技全球化的格局中自立于世界先进民族之林。

二、研究特点、发展规律和发展趋势

数学是研究数量关系与空间形式（即"数量"与"图形"）的学科。它是一个庞大的科学体系，包括理论与方法，以及它与应用领域的交叉融合部分。

一般而言，数学可以分成基础数学（又称纯粹数学）与应用数学两大部分。基础数学是研究抽象出来的数量关系和空间形式的内在规律，其理论和方法具有广泛的普遍性。这不仅为自然科学、工程技术和社会科学等提供语言和工具，而且为整个数学学科提供前沿基础。应用数学是由自然科学、工程技术和社会科学等诸多方面的科学问题所驱动的，通过实验数据采集/处理，数学模型的建立，理论分析、推演及数值计算，以达到解决科学问题为主要目的，并在其中形成新的数学理论和方法，进而可以探索和预言未知的科学研究及知识体系。应用数学是以解决现实世界的科学问题为主要价值取向的。

在过去的半个世纪里，数学发展所呈现的明显趋势是各分支学科之间相互交叉和相互渗透融合，并因此导致多个有数百年历史的重大猜想得到解决，出现了许多跨学科的新研究领域。数学的另一个主要发展趋势是，数学与自然科学更加广泛地交叉融合，以及与工程技术更加密切地结合和更加直接地应用，已经成为航空航天、国防安全、生物医药、信息通信、能源环境、海洋科学、人工智能、先进制造、智能交通、网络安全等领域不可或缺的重要支撑。

欧美等地的发达国家科技进步的历史经验表明，一个国家的数学研究水平与交叉应用深度在相当程度上决定了其科学技术的水平。世界主要发达国家都把推动数学的发展作为提高其核心竞争力的战略措施之一。

未来数学内部各分支学科的交叉融合会呈现更加明显的大统一趋势；数学与其他学科更加自觉地交叉与融合，其研究内涵与外延日益扩展；数学与高技术进一步深度结合，数学技术化趋势明显；以大数据和人工智能为代表的新一代信息技术，带动统计学、应用数学、计算数学等急剧变革，高新技术企业将与数学研究团队深入展开合作，这些趋势总体上体现了新时期科学与社会经济发展对数学学科的新需求。

三、关键科学问题、发展思路、发展目标和重要研究方向

在战略布局上，根据新形势发展需要，着力建设精良的基础数学理论研究队伍、强大的应用数学与交叉学科研究队伍、领先的数据科学研究队伍，支持建设国家创新性目标。

在战略导向上，需要突出优势、鼓励交叉、促进前沿。基础数学要强调数学的统一性，向主流方向上引；应用与计算数学要强化深度交叉融合，向问题驱动上引；统计学与数据科学要进行全面规划，向适应大数据时代的学科内涵上引。

在数学理论研究方面，要瞄准现代数学中处于核心地位的若干重要问题，在有望可能产生重大突破的领域组织创新研究团队和重大重点项目进行科技攻关。期望在现代数论、几何分析、代数几何、随机分析及动力系统这五个研究方向上取得重大突破，取得世界领先成果。选择的优先发展领域为：数论与代数几何中的若干重大猜想、流形上的几何与拓扑、动力系统演化的复杂形态、非交换分析与几何方法及应用、微分方程中的几何与代数方法、随机分析理论与方法。

在数学应用研究方面，要具有处于领先水平和发挥核心支撑作用的潜力。数值模拟能力与水平有望达到国际领先水平，有力支撑国家的科学与工程计算的创新能力。在承担国家重大任务、解决国家重大需求任务中支撑作用会凸显。大数据的统计学基础、计算基础算法、深度学习的数学理论等数据科学基础（如分布式统计推断、大数据算法等）有望国际领先，可能在统计学方面发生革命性变化，数据科学的内涵有望形成。应用数学将针对信息技术、先进制造、国防安全、生命健康、经济金融等国家重大战略需求，布局应用数学关键共性方法研究，选择的优势发展领域为：物质科学典型问题的数学建模、分析与计算，无限维系统的控制理论及应用，大数据的数学理论、核心算法及应用，新一代的优化方法应用，人工智能的数学基础与典型领域应用，网络与信息安全的数学方法，资源与环境中反问题的理论与计算，脑网络与生物网络的建模、分析及其应用。

第二节　中国物理学 2035 发展战略

一、科学意义与战略价值

物理学是研究物质基本构成及其一般运动规律的科学。它使得人类对物质世界的认识达到空前的水平，从根本上推动了其他学科的发展和交叉学科的诞生。作为新技术的源泉，它在国防和国家安全、能源、信息和生命医学等方面都有广泛的应用，深刻地改变了经济产业结构，对社会文明进步产生了革命性的影响，在国防和国家安全等重大需求方面发挥了重要作用。

二、研究特点、发展规律和发展趋势

（1）物理学研究的疆域在不断地被延拓。引力波天体物理、超越标准模型的核与粒子物理、对黑洞与暗能量和暗物质的研究、超快激光、新型超导、量子模拟、国防科技创新等。

（2）物理学内部及与其他学科的交叉融合成果丰硕。量子计算、用冷原子实现可控量子关联、光合作用量子效应、粒子天体物理等。

（3）计算物理正在成为物理学的重要分支。例如，张量网络技术和机器学习等人工智能新技术与计算物理交融发展。

（4）基于物理机理的新型材料不断涌现。例如，在电、磁、热等方面具有高效能的新材料被预测并制备出来，具有拓扑物态的材料不断被构筑出来。

（5）新的实验技术不断出现。例如，高精密探测技术、X 射线自由电子激光、激光冷却、原子钟、角分辨光电子能谱、高精度谱学和扫描隧道显谱、中子散射和强磁场测量技术等。

（6）大科学装置发挥越来越重要的作用。例如，大型强子对撞机（LHC）、探测引力波的 LIGO-Virgo、同步辐射装置、散裂中子源、大型 X 射线自由电子激光、粒子加速器和对撞机等。

三、关键科学问题、发展思路、发展目标和重要研究方向

（一）物理 I 相关领域

我国在量子物理与量子信息领域未来的发展要加强量子物理的基础理论研究，从根本上支撑和促进在量子科技方面的原始创新。我国原子分子物理学科的整体研究水平在国际上仍处于"跟跑"或者并行阶段，需要在学科发展政策上进一步优化，强化国家安全重大需求涉及的原子分子物理研究。我国光学物理在强场物理、超快光谱、微纳光学和精密测量等方面有国际影响。建议今后在光学物理尖端实验条件方面加大投入，提高其整体水平。

我国磁学在稀土永磁材料等方面做出了重要的研究成果，建议今后发展重点布局稀土磁性材料、新奇磁量子态、多铁性物理、磁性功能材料物理及磁性表征新技术等。我国半导体物理研究亟须跟上产业大发展的节奏，形成有足够数量的研究队伍，补上半导体技术人才方面的巨大缺口，以解决我国半导体行业高端人才稀缺的问题。我国计算物理在计算凝聚态物理（特别是拓扑物态新材料预言）、格点量子色动力学和场论高圈图自动化计算等方面取

得了可喜成果，但亟须加强和重视计算方法、算法理论和软件开发。

我国在铁基超导、拓扑超导、二维关联材料等方面的学科布局较完善、实验手段齐备，已经做出了多项具有国际影响的重要成果，建议今后工作聚焦在对新材料、新现象和新机理探索，加强基础理论创新，取得原创实验成果。我国的低维体系物理研究（拓扑材料和界面高温超导等）在若干方向上处于国际领先地位，今后的研究重点是面向功能和应用发现各种拓扑量子材料及其新奇拓扑量子效应。

我国的声学研究方向比较分散，今后亟须声学本身的应用基础研究，优先发展水声学、医学超声物理、语言声学、环境声学、复杂介质中声的传播理论及基于人工智能的声场调控。

（二）物理Ⅱ相关领域

我国高能物理相关的基础物理研究队伍分布不均，建议在京内外均衡布局以下研究：散射振幅、共形场论、超弦理论和格点理论、量子可积模型和拓扑弦。建议对我国引力与宇宙学研究进行以下布局：引力波物理，暗物质、暗能量，宇宙模型，量子引力，引力效应冷原子模拟。在高能物理与核物理领域，建议重点布局高能对撞机物理，强相互作用中对称性的破缺和恢复，超出标准模型的新物理，原子核稳定结构，夸克物质，强子结构与动力学，核天体物理，激光核物理，加速器、探测器、电子学等关键技术。

在我国核技术及应用方面，建议加强研究先进核能技术和核能装置，高性能核燃料，重离子束辐射诱变育种，多线束精确放疗，宇宙线、中微子、暗物质实验。我国在宇宙线实验和暗物质探测方面未来发展布局为：支持基于国内大科学装置的科学研究，推动有重大发现潜力和独特优势的实验装置建设，开展核天体物理联合研究和多信使天文学上的研究。我国正在运行的同步辐射光源培养了高素质的用户队伍，做出了一批高水平的科研成果，但规模偏小，建议在方法学、仪器学方面尽快缩小与先进国家的差距，加大投入，增建特色线站。

我国对等离子体研究领域的投入不断增大，新的设施投入或即将投入运行。未来要针对国家在受控聚变研究方面的重大战略需求，解决大科学工程中的基础科学问题。

（三）物理学的交叉领域及其基础

由于新的举措（如国家自然科学基金委员会成立了交叉科学部），交叉学科所面临的窘境已有所改善，研究工作水平在数量上和质量上都有大幅度的提高。建议今后以信息技术、能源发展和卫生健康的应用目标为导向，加强物理学与化学、生命科学的交叉。

统计物理是交叉科学的重要基础之一，建议从以下几方面布局：非平衡态统计物理基础、微纳尺度与宏观尺度热力学；量子热力学、相变与临界现象；复杂系统（包括自旋玻璃、神经网络、安全可靠性、社会经济模型）的统计物理。

在软凝聚态领域，建议在加强软凝聚态基础研究的同时，注重实验技术的发展，如微加工、单分子操控、单分子荧光等技术，加强自组装和缺陷动力学等研究。

第三节　中国天文学 2035 发展战略

一、科学意义与战略价值

天文学是一门探索宇宙中天体起源和演化的基础学科。天文学的研究涵盖了各个层次的天体，包括太阳和太阳系内的各种天体、恒星及其行星系统、银河系和河外星系，乃至整个宇宙的起源、结构和演化。探索宇宙所发展的先进天文技术是国家尖端技术的重要组成部分，被广泛应用于导航、定位、航天、深空探测等领域。天文学在教育和科普等领域也有不可或缺的作用，在提高国民科学素质方面占据重要地位。天文学科一直是一个国家和民族在思想领域最重要的战略高地之一，催生了最早的科学革命。天文学创新水平已经成为各国特别是大国科技实力的综合体现和重要标志，中国天文学的发展得到党和国家领导人的高度重视与肯定。

二、研究特点、发展规律和发展趋势

天文学是一门观测与理论紧密结合、相互促进的学科。天文观测验证、丰富和发展已有的理论框架乃至催生新的理论体系。同时，对大量观测的高度量化总结和升华的理论框架的建立不是认识的终结，相反，它为更深刻地了解新发现确立了新的高度。天文学与其他学科深度交叉，其他学科的知识是解释复杂天文现象的重要工具，同时天文发现和理论又促进了其他学科的进步。过去10年，我国天文学研究有了长足的发展。人才队伍结构更加合理，人才培养的规模扩大，质量提高更加显著，研究领域涵盖理论、观测和仪器设备研制的众多方向。在地面多个波段及空间设备方面都建成了一批重要设备，形成了有一定国际竞争力的实测基础，包括郭守敬望远镜、500米口径球面射电望远镜、天马望远镜，以及"悟空号"暗物质粒子探测卫星、"慧眼"硬X射线调制望远镜等。在国际核心期刊上发表的论文数量大大增加，国际上有较高显示度和影响的成果显著增加。此外，我国天文学家还担任了国际天文学联合会副主席和专业委员会主席等重要职务。未来，天文学的发展将追求更高的空间、时间和光谱分辨率，追求更大的集光本领和更大的视场，实现全波段的探测和研究，开辟电磁波外新的观测窗口，开展大天区时变和运动天体的观测，注重通过国际合作来研制大型天文设备，发展海量的数据处理方法和计算天体物理学，建立资料更完善和使用更方便的数据库，以及营造更加创新的科研环境和注重全梯队的人才培养。

三、关键科学问题、总体发展思路、发展目标和重要研究方向

（一）关键科学问题

天文学探索天体的起源和演化。随着探测技术的不断进步，已有的科学问题被重塑，同时新的科学问题被提出。天文的关键科学问题是天文学发展的引擎。至2035年，天文学的关键科学问题集中在以下几个方面。

（1）暗物质和暗能量的本质及星系的形成和演化机制。

（2）恒星及银河系的结构和演化机制。

（3）太阳在不同尺度上的结构及其爆发机制。

（4）行星的形成、探测及动力学特性。

（5）面向下一代望远镜的关键技术。

（二）总体发展思路

针对关键科学问题，我国天文学的总体发展思路概括为以下几个方面。

（1）依托已建的重大科学设施，开展前沿科学研究。天文学是一门以观测为基础的学科，发挥重大科学设施的科学潜力，对推动我国天文学的发展至关重要。

（2）发展自主的大科学设置，力争在若干领域引领国际前沿。我国当前天文学的现状分析表明，大科学装置的缺乏是限制我国天文学发展的一个关键瓶颈，谋划下一代大科学装置，通过科学驱动技术，为未来我国天文学的发展创造重要条件。

（3）参与国际大科学装置的建设。天文大科学装置对经费和技术的要求非常高，国际合作将促进我国天文技术的进步，同时基于国际设备开展的多波段天文观测也是提升我国天文研究水平的重要途径。

（4）重视理论研究，发展数值模拟天文学。我国的天文学在理论研究和数值模拟方面有优良的传统，在国际上占据了一定的重要地位，未来我国将继续大力发展理论研究和数值模拟天文学。

（三）发展目标

依据总体发展思路，我国天文学未来的发展目标包括以下几个方面。

（1）依托已建设备，开展大规模星系巡天，理解暗能量和早期宇宙的本质；发展暗物质粒子候选者的探测方法；推动星系大生态环境的观测研究。

（2）基于LAMOST巡天，结合国际多波段的巡天，建立银河系演化的图像。

（3）建设国家观测平台，对太阳实现厘角秒级的观测，在空间天气学领域获得突破。

（4）参与月球、火星、小行星和木星的深空探测，探索太阳系水及其他生命物质的存在性，揭示太阳系起源及其生命起源等问题。

（5）建设完备的多信使和时域观测网络，深入探索"极端宇宙"。

（6）建设完全数个国际顶尖的大科学装置，通过国际合作参与若干个国际大科学装置。

（四）重要研究方向

我国天文学未来有以下重要研究方向。

（1）宇宙起源及暗物质和暗能量的本质。

（2）宇宙大尺度结构及星系的形成与演化。

（3）超大质量黑洞的起源与演化。

（4）银河系的形成历史、结构与演化。

（5）恒星形成、恒星内部结构与演化。

（6）恒星灾变爆发机制、致密天体的形成和演化。

（7）太阳亚角秒精细结构的特征及日冕加热的机制。

（8）太阳磁场的产生、储能及释能的物理机制与预报。

（9）行星系统的形成、探测和动力学。

（10）时空基准、天体位置及运动的测定与应用。

（11）地基大口径光学 / 红外望远镜及科学仪器关键技术。

（12）射电 / 毫米波 / 亚毫米波望远镜及超高灵敏度探测技术。

（13）高灵敏度高分辨率高能、空间多波段探测技术研究。

第四节　中国力学 2035 发展战略

一、科学意义与战略价值

力学是关于物质相互作用和运动的科学，研究介质运动、变形、流动的宏观与微观力学过程，揭示上述过程与物理、化学、生物学等过程的相互作用规律和机理。力学为人类认识自然和生命现象、解决实际工程和技术问题提供理论基础与分析方法，是自然科学知识体系的重要组成部分。

力学的战略价值体现在以下四个方面。

（1）力学是重要的基础学科，与自然科学的众多学科深度交叉与融合，对自然科学的整体发展具有重要的引导、示范与推动作用。

（2）力学是工程科学的基础，解决工程设计、制造和服役中的关键科学问题，对现代工业发展起到不可或缺的支撑作用。

（3）力学研究自然界与工程技术中最基本的作用规律和机制，具有鲜明的普适性和系统性特征，培养杰出的工程科学人才。

（4）力学始终与自然科学、工业技术及人类生命健康相伴而行，在我国创新驱动发展和现代化强国战略中具有关键作用。

二、研究特点、发展规律和发展趋势

当代力学研究呈现如下特点和规律。

（1）力学是重要的基础学科，是许多自然科学和技术科学的先导与基石，为认识世界、改造世界提供了关键和有效的手段与方法。

（2）力学是联系科学与工程的桥梁，在经济建设和国家安全中具有不可替代的作用，工程科学与技术进步的需求构成了力学学科不断完善和发展的动力。

（3）力学学科不断提升模型的描述和预测能力，既得益于其他学科发展的先进实验手段，又不断提升服务国家需求的能力。

（4）力学是生命力强大的孵化器学科，对催生交叉学科具有重要推动作用，形成了生物力学、环境力学、爆炸与冲击力学、物理力学等交叉学科。

我国具有以动力学与控制、固体力学、流体力学等分支学科为基本构架，拓展出众多力学交叉分支的完整学科体系。

截至 2020 年，我国拥有世界上最大规模的力学研究队伍，参与基础研究的人员规模约为 8000 人，拥有 20 余位中国科学院和中国工程院院士，设有与力学相关的国家级重点实验室 18 个，设有专门的力学研究机构，建设了世界一流的、完整的空气动力学风洞试验体系。

我国学者在力学核心期刊上发表的论文数量已居世界第二位。2010～2012 年，我国学者在固体力学核心期刊《固体力学与物理杂志》（*Journal of*

the Mechanics and Physics of Solids）和流体力学核心期刊《流体力学杂志》
（*Journal of Fluid Mechanics*）上发表的论文数量占全部论文数量的 9.9% 和
4.1%；2017～2019 年，上述占比已提高到 22.5% 和 8.87%。

我国是与美国并列的国际理论与应用力学联合会最高级别的会员国，并
已承办世界力学家大会。在近 4 届世界力学家大会上，我国力学家做开幕式
报告 1 次、领域邀请报告 5 次。

我国力学学科主动服务国家重大需求，在高超声速飞行器、高速铁路、
海洋装备等国家重大工程中发挥了不可替代的重要作用。

三、关键科学问题、发展思路、发展目标和重要研究方向

我国力学学科的发展目标为：坚持"四个面向"，服务国家创新驱动发展
战略，到 2035 年左右，建设成为世界力学强国。我国力学学科主要有以下发
展思路。

（1）瞄准学科国际发展前沿，突出重点前沿基础研究，开拓学科国际发
展前沿，推进优势研究方向的发展；在主要研究方向上居世界领先地位，在
具有全局影响的基础研究领域获得原创性重大成果。

（2）立足国家重大科技布局，突出重大需求牵引的应用基础研究；以实
现科学原始创新为目标，研究新概念、新理论、新技术、新方法和新实验测
试技术，支撑我国在空天、海洋、环境等领域的发展，为重大工程技术的自
主创新做出前瞻性、引领性的贡献。

（3）积极促进与其他学科的交叉融合，拓展学科的研究领域和范围，积
极培育新的学科生长点，促进新兴学科的发展与布局，服务国家重大需求和
人民生命健康。

（4）加强人才培养，完善与提升力学教育体系，培养杰出力学领军人才；
建设一流力学学术期刊和交流平台。

（5）注重学科均衡发展，通过政策扶持，加大经费支持力度，推动评价
体系改革，提升薄弱学科的实力。

（6）加强力学研究基地建设、大型实验平台建设与实验仪器设备研制；
建设支撑国家战略需求、多学科交叉的国家重点实验室。

我国力学学科主要有以下重要研究方向和关键科学问题。

（1）复杂系统动力学机理认知、设计与调控的关键科学问题。主要包括：含非线性、不确定性的动力学分析，复杂系统及其动载荷辨识，系统动力学拓扑设计与控制。

（2）新材料的变形与破坏的关键科学问题。主要包括：新材料的本构关系与强度理论、新材料的破坏失效行为、动态载荷下的新材料变形与破坏。

（3）新结构的力学设计与分析的关键科学问题。主要包括：多功能驱动的新结构设计、重大装备的结构力学、新结构的复杂响应。

（4）高速流动的多物理过程的关键科学问题。主要包括：多物理过程耦合、复杂流动机制及控制、流动 - 运动 - 变形耦合作用。

（5）湍流多尺度结构相互作用的关键科学问题。主要包括：湍流多尺度结构演化、湍流时空耦合特征与湍流噪声、多相颗粒湍流、含相变的多相湍流。

（6）交叉力学的关键科学问题。主要包括：极端条件下的复杂介质的演化，离散与连续关联的跨时空尺度力学，物理力学的理论与方法、实验方法与技术、信息和智能性质，生命介质的力学表征与跨尺度耦合，医疗与健康中的生物力学，生物材料设计与特殊环境生理适应性。

第五节　中国化学 2035 发展战略

一、科学意义与战略价值

化学研究物质的组成、结构、性质与反应和转化，是一门发现天然物质和创造新物质的科学，是与材料科学、生命科学、信息科学、环境科学、能源科学、地球科学、空间科学和核科学等密切交叉与相互渗透的中心科学。在与其他学科的交叉融合过程中，化学不断形成新兴的前沿领域，引领基础科学持续发展。作为基础的和创造性的科学，化学在人类认识物质世界本质和变化规律，创造具有优异性能的新物质，支撑化学、医药、材料和能源等工业，确保经济社会可持续发展，推动人类文明进步等方面发挥着不可替代的作用。

二、研究特点、发展规律和发展趋势

化学是一门不断发展的学科。当前化学研究的对象进一步扩展，研究方法和手段进一步提升。一方面，化学研究向分子以上层次发展，揭示分子间相互作用的本质，探索和认识大分子、超分子、分子聚集体及分子聚集体的高级结构的形成、构筑、性能，更加注重对复杂化学体系的研究。另一方面，现代科学技术发展迅猛，建立了新的化学研究方法和手段，使原位、实时、动态、快速、简便地分析测试物质结构和性质成为可能，特别是大型科学装置的建设和发展有力地推动了研究进程。

改革开放 40 多年来，我国化学化工研究发展快、进步大，可以体现在以下几个方面：①我国化学的基础研究全面与国际接轨，已经做出了许多在国际上具有重要影响力的工作。②自 2017 年以来，中国化学论文的发表数量居世界第一位，引文数量列世界第二位。③ 2010 年，中国成为世界化工产业第一大国、石化产业第二大国；2019 年，中国石化产业营业收入约占世界营业收入总量的40%。习近平总书记在2021年5月28日举行的两院院士大会上说："基础研究整体实力显著加强，化学、材料、物理、工程等学科整体水平明显提升。"化学位列第一。

三、关键科学问题、发展思路、发展目标和重要研究方向

进入 21 世纪，人类可持续发展面临更严峻的挑战。联合国报告中指出了人类可持续发展面临的十大挑战，包括人口的增长、资源过度消费、粮食安全、水资源危机、能源短缺、材料问题、污染问题、气候变化、卫生与健康、缺少可持续发展所必需的技术。为了解决这些问题，我国大力推进经济社会发展绿色全面转型及人与自然和谐的现代化建设，这是在总结国内外发展经

验基础上的必然选择。

针对我国可持续发展社会面临的问题，我们把化学学科的调研聚焦在化学与可持续发展方面，本研究邀请了国内十几个科研机构的近 50 名专家学者参与了课题的战略性研讨。研讨内容涉及资源、能源、环境、材料、生命与健康、绿色合成和新的化学研究范式等。主要涵盖以下研究领域和重要方向：资源开发与利用，主要讨论了温室气体、氮气、生物质、烷烃高附加值转化等方面；能源，主要讨论了催化产氢、聚合物 / 有机光伏、非锂电池等方面；材料，主要讨论了可循环高分子、聚合物半导体、柔性可穿戴材料与器件等方面；生命与健康，主要讨论了病毒检测与诊断、超分子化疗、新型生物正交反应等方面；绿色合成化学与技术，主要讨论了生物催化 / 合成生物学、微流合成化学等方面；以及 AI 驱动的化学发现。书中分别简述了各研究领域的背景、发展简史和重要突破、中国学者的独到贡献、拟解决的主要或关键科学问题、我国应重点关注和资助支持的研究方面建议等。

由以上这些重要的研究方向可以看出，化学学科的发展是十分开放的，在与其他学科的交叉与融合中，化学会继续不断吸取发展的新动能，丰富其内涵，拓展其边界；利用化学的原理和方法解决其他学科难以解决的问题，推动其他学科的进步。化学工作者要主动承担建设人与自然和谐共生的"美丽中国"的责任和义务，在解决生态、环境、气候、能源、安全等人类可持续发展中遇到的一些重大问题方面发挥更大的作用。

第六节　中国纳米科学 2035 发展战略

一、科学意义与战略价值

纳米科学是多学科交叉融合的智慧结晶，也是未来变革性技术的源泉，已成为国际上竞相争夺的战略制高点。纳米科技以其交叉性、基础性、引领性和变革性的独特特征，带动多个学科和前沿领域的快速发展，成为推动科学发展的新引擎。21 世纪的各类前沿技术，如人工智能、大数据、物联网、移动通信等，无不是以纳米科技作为基本的底层技术支撑。

在科学前沿层面，纳米科学汇聚了化学、物理、生物、材料等学科领域在纳米尺度的焦点科学问题，成为现代科学最活跃的前沿研究领域之一，在基础科学中起到创新性、引领性、穿透性和带动性的作用。爱思唯尔（Elsevier）的统计和分析表明，纳米科学带动了基础学科的发展，并广泛覆盖了近年来的全球前沿研究主题。在国家战略层面，全球主要国家和经济体相继布局，把纳米科技作为未来科技、工业和经济领域竞争的制高点。

二、研究特点和发展态势

全球纳米科技发展呈现以下特点和趋势：纳米科技向各个领域快速渗透，由单一技术向集成技术转变；多学科交叉，集中解决重大的科学挑战问题或孕育重大突破的应用技术；形成基础研究 - 应用研究 - 技术转移的一体化研究模式。未来 10～15 年，纳米科技将深度应用于信息、能源、环保、生物医学、制造、国防等领域，形成基于纳米技术的新兴产业。近 20 年间，纳米科学的产出呈爆发式增长，纳米文献数量的增速是全球文献数量增速的 3.2 倍，从事纳米相关研究的科研工作者数量也显著增长。目前，我国纳米科技研究已进入世界先进行列，成为我国最有希望实现跨越发展的领域之一。

三、发展目标和优先发展领域

面向未来的新格局，纳米科技发展的总体思路是"三个体现"：体现纳米科技的共性特征（基础性、前沿性、交叉性、普适性）；体现纳米科技在基础科学中的作用（创新性、引领性、穿透性、带动性）；体现纳米科技在产业技术中的作用（精准性、绿色性、智能性、变革性）。我国纳米科学基础研究的发展目标是，到 2035 年，整体创新能力达到世界领先水平，在纳米体系基本原理方面实现突破，开发自主产权的纳米器件和纳米材料，建立纳米生物安全性评价新方法，促进纳米技术在能源、环境、信息、医学及健康领域的应用。为此，我国纳米科学基础研究应在新材料、跨尺度研究、自组装与仿生、表界面研究、纳米器件与传感、极限测量和纳米生物学等方向重点布局。

纳米科学至 2035 年主要有以下优先发展领域。

（1）新材料。①结合理论模拟精确构建团簇、纳米材料新结构体系，发展高新性能材料；②构建纳米新材料的精准合成方法学，控制合成过程中相互作用力、表界面行为、限域行为等，实现原子分子级控制，获得核心关键材料的可控合成；③研究纳米材料表面态与基本物性之间的关联规律，结合理论计算发现新功能纳米材料体系。

（2）跨尺度研究。①亚纳米尺度材料合成方法学及构效关系研究；②纳米团簇－亚纳米尺度材料－单分散纳米晶跨尺度可控合成、组装及构效关系的全链条研究；③跨尺度理论模拟。

（3）自组装与仿生。①获取自然生物材料的构效关系，提取有效的仿生原理；②在分子层次上，由下而上地设计和合成组装基元，构筑多层次、多维度的组装结构；③在宏观层次上，以功能为导向实现自组装材料从结构仿生到功能仿生材料的构筑；④从非活性组装体到生命活性的多功能自组装结构的构筑，实现材料的智能化。

（4）纳米催化。①基于单原子催化、限域催化、仿生催化、多位点协同催化的新型催化剂体系设计和反应体系研究；②跨尺度催化研究；③真实反应条件下的表征和催化性能研究；④针对新型能源小分子及构建高值化学品的小分子的催化活化转化过程。

（5）表界面研究。①纳米表界面结构化学：发展具有原子精度的模型纳米材料体系，系统梳理不同组成纳米材料的表界面结构化学；②纳米表界面化学反应机制研究：在分子层面上理解纳米材料的表界面微观化学过程，实现对纳米材料化学性能的精准调控。

（6）纳米器件与传感。纳米器件研究方面，优先建立国家重大需求牵引，涵盖基础与应用研究相结合的整体布局，包括纳米感知材料、纳米效应、纳米器件结构，并且融合纳米能源一体化技术、多源融合辨识及纳米加工等，形成完整的研发体系。纳米传感技术方面，优先发展以下内容：①构筑具有特定解耦功能的感知材料；②建立纳米尺度的新型仿真方法，探索多场复杂环境下纳米传感结构的传输规律，实现纳米传感器的智能化；③提升纳米传感器的可靠性；④发展纳米制造工艺，促进传感器的微型化与集成化。

（7）极限测量。①加强极限光谱学研究，特别是超快时间分辨和高空间分辨率、实时和原位分析能力的光谱学探针的研究；②发展空间、时间和能量域下的极限测量方法，实现原子分子尺度的原位、实时和动态表征；③发展新技术、新方法，最终实现精确结构分辨下的物理化学性质测量；④实现对超快过程的探索。

（8）纳米理论研究。①发展快速、准确地描述复杂纳米体系电子结构的计算方法，多尺度模拟复杂纳米体系在外场下的结构与性能的动态响应与演化；②结合物理基本原理与机器学习，发展纳米体系设计思路，设计实验可行的纳米材料与结构，指导实验研究。

（9）纳米生物医学。①智能纳米药物递送系统设计及其体内代谢与生物相容性的研究；②纳米酶催化模型的建立及催化机理的精确解析；③智能纳米诊疗探针的设计及组装制备，开展细胞、活体水平的高分辨、多模态、多维度可视化成像分析，实现特定疾病的成像诊断。

（10）纳米技术的变革性应用。未来需要布局的重点方向有：①改变能源结构的"绿色"建筑能源；②未来信息技术与移动装置的能源系统。

第七节　中国生物学 2035 发展战略

一、科学意义与战略价值

生物学是当前科学研究发展最迅速的前沿领域之一。现代生物学的研究范式涌现出大批新技术和新方法，不断推动生命科学前沿研究，极大加速了对生命本质的理解。同时，生物学与数学、物理学、化学、信息科学、技术科学、工程科学等多学科领域交叉、渗透，与医药、农业、环境等领域的衔接更加紧密。

生物学研究关系到生命与健康保障、农业及粮食安全、环境与生态文明等多个方面，是国计民生、战略安全和可持续发展的重大保障。随着学科交叉、技术集成、知识融合的深入，生物学领域前沿研究和产业转化进入新阶段，改造、合成、仿生、再生、创生等应用技术逐步转化应用，为疾病防治、动植物经济性状改良和绿色生物制造提供新理论与新方法；为解决国家经济社会发展所面临的人口与健康、资源与环境、粮食安全与公共安全等问题提供新手段和新途径，日益成为支撑国家重大战略需求的重要支柱。

二、研究特点、发展规律和发展趋势

生物学由现象描述发展到机理揭示，多学科结合和交叉的特点日益明显，特别是基因组学、高通量测序技术的革命性突破，以及各种成像技术和组学技术的变革性发展使得生物学研究迈入了大数据时代。涌现出生物信息学、计算生物学、定量生物学等新兴领域，生物学逐步从描述和定性研究进入定量研究阶段。通过生物学内部及多学科交叉融合、技术集成，在生物学研究领域涌现出许多新的交叉学科和研究热点。

（1）对于生命活动的解析更加定量化和系统化。以各类组学技术的发展进步为标志，对生命活动的研究更加趋向采用定量化和系统化的方式，在多层次上对生命机制进行阐明。

（2）人工智能与脑科学研究不断深入。脑是人类赖以认识外部世界和自我的物质基础，认识脑、保护脑和开发脑是人类认识自然与自身最重要的挑战之一。解析神经环路结构的形成与功能，并融合经典还原论和系统论研究，是神经科学发展的必然规律和态势。同时，以人工智能为代表的新工业革命即将到来，而把人脑智能赋予机器这一目标的实现，显然依赖于对人脑智能基础的深入研究。

（3）生物大数据的标准化与高效利用。随着生命科学研究定量化进程发展，生物大数据的利用与发掘日益受到重视，其数据标准化问题已经成为关注的焦点。生物大数据的发掘利用促进了生物信息学的快速发展。

（4）改造、仿生、再生、创生能力不断加强。基因编辑技术在编辑效率、精准度方面不断优化；合成生物学研究拓展到对多种基本部件和模块的整合；再生医学应用转化进程不断推进，基于干细胞的组织和器官修复及功能重建，将是治疗许多终末期疾病的希望和有效途径。此外，通过三维（3D）培养技术在体外诱导干细胞或器官祖细胞分化为在结构和功能上均类似真实器官的类器官等也将在器官移植、基础研究及临床诊疗各方面有着重要的应用价值。

三、关键科学问题、发展思路、发展目标和重要研究方向

（一）关键科学问题

生命系统具有非线性、多层次、开放性的特性，同时又处于复杂多变的时空外环境中，因此体现出高度复杂性。关键科学问题是解析生命系统中多组元、多尺度、跨时空、跨层次的相互作用；在大数据时代定量描述生命现象；通过生物学内部及与数学、物理、化学、信息科学、技术科学、工程科学等进行学科交叉，解决我们面临的健康、农业、环境问题。

（二）发展思路

不断加强我国生物学研究的优势方向，保持国际竞争优势；大力促进前沿研究方向，培养更多引领国际前沿的优势方向；重视学科均衡发展，倾斜扶持薄弱方向；鼓励促进学科交叉融合；加强生物学研究的人才队伍建设。

（三）发展目标

①保持我国生物学领域优势研究方向的国际"领跑"地位；②大力促进更多前沿研究方向的快速发展，培养更多引领国际前沿的优势方向；③重视薄弱学科和薄弱研究方向的发展，促进学科的全面、均衡发展；④进一步培育交叉方向和方法技术创新，产生更多新的生长点；⑤继续加强生物学研究人才队伍建设，造就一批高层次创新人才。

（四）重要研究方向

一方面，要优先支持细胞命运决定与操控等具有重大生物学意义的国际前沿研究，要大力发展新技术和新方法，支持生物标记与成像、单细胞组学、人工智能生物学等技术的发展与革新，以技术突破带动并促进生物学的发展。

另一方面，要以国家需求为目标，大力加强人工组织器官建立、病原微生物防控等研究。此外，需要对我国可持续发展与生态安全做出支撑，重视生物资源和生物数据的收集保存，对生物多样性和生态环境等研究强化长期支持。鼓励生物学与其他学科的交叉融合，充分利用以人工智能为代表的新型研究手段，为农业科学和基础医学的发展创新提供理论指导和技术支持。

第八节　中国农业科学 2035 发展战略

一、科学意义与战略价值

农业是保障国家粮食安全、助力乡村振兴和国民经济社会发展的重要产业。粮食安全始终关系社会稳定和国家自强。作为一门研究农业生产理论与实践的综合性科学，农业科学是保障农业技术进步和产业发展、国民经济与社会稳定发展的重要支撑。发展农业科学是提高农业技术水平和农业国际竞争力的战略选择，是支撑我国乡村振兴战略实施和农业可持续发展的基础。农业科学包括农学基础与作物学、植物保护学、园艺学、植物营养学、林学、草学、畜牧学、兽医学、水产学、食品科学及农业交叉学科等学科。

农业和人类健康息息相关。一方面，粮棉油、肉蛋奶、果菜茶等农产品不仅能为人们提供碳水化合物、蛋白质、脂肪等能量物质，而且能为人体健康提供所必需的维生素、矿物营养和食用纤维等生理活性物质；另一方面，重要动物疫病（非洲猪瘟等）和人畜共患病仍频繁威胁人类健康，加强对农业生物的研究有利于防控重大疫情和我国生物安全。农林业具有美化环境、涵养生态、丰富城乡景观及传承文化等社会功能，在"美丽中国"－生态文明建设进程中发挥着重要的基础支撑作用，同时农业研究所涉及的"土壤－植物－动物－食物链－环境"系统及生态环境空间格局的研究将为农业可持续发展提供支撑。

二、研究特点、发展规律和发展趋势

农业科学受到生命科学等学科研究成果和农业产业发展需求的双重驱动。它既关注农业生物学的前沿科学问题，又具有为解决农业生产问题提供科技支撑的属性。农业科学的发展规律具体体现在以下几点。

（1）社会经济发展和国家需求是农业科学不断发展的原动力。国家重大战略，消费者对优质、营养、安全农产品的需求，以及生产者对绿色、高效生产的需求不断推动着产业升级转型。

（2）理论与实践紧密结合是农业科学发展的核心生命力。农业科学研究的问题多来源于产业发展需求及生产实践，其研究的突破会促进新技术的研发，可转化为成果支撑产业发展。

（3）跨学科交叉与融合创新是推动农业科学发展的重要方式。农业科学与生物学、化学、信息、医学、资源与环境、能源等学科交叉渗透、相互促进发展的规律随着现代科学技术的发展表现得更为突出。

（4）合作越来越成为解决重大问题的科研模式。针对一些现实重大问题及复杂问题的研究，未来农业科学研究的国际合作增加是一个必然趋势。

我国农业科学的发展趋势主要体现在以下几点。

（1）粮食安全和营养健康食品需求压力持续加大，高产、优质、高效、绿色、安全是农业科学的研究主题。从世界范围看，人口增长、生活水平提高导致对农产品的需求不断增加，而耕地、水等资源不足对农业的制约日益收紧，因此农业动植物的高产、高效、安全、优质生产仍是农业的主题。

（2）智慧农业创新加速发展，将引发未来农业范式的变革。智慧农业代表未来农业先进生产力，加强智慧农业从基础研究，到技术创新，再到产品创制的整体战略布局，对推动我国现代农业发展，实现农业绿色、高效、可持续发展具有重要战略意义。

（3）农业全产业链逐渐贯通，有利于实现农业绿色高质量发展。贯通农业全产业链，以农业全产业链物质循环及其生态环境效应的系统定量分析和系统设计为基础，创新单项"卡脖子"技术，集成综合技术模式，实现农业绿色高质量发展。

（4）面向主产区是农业科学研究的重要趋势。农业科学基础研究人员越来越重视将科学目标与国家需求相结合，围绕农业主产区产业发展中的问题开展科学研究，面向未来，将基础研究成果应用到农业生产实际中。

（5）全球气候变化对农业影响效应逐步显现，节能减排和环境友好势在必行。气候变化导致的极端气候事件将使得农业生产和经济损失增大，逐渐改变农业生产经营方式，实现环境友好、资源节约和人为可控，是当前世界农业发展的必由之路。

三、关键科学问题、发展思路和重要研究方向

（一）关键科学问题

围绕粮食安全、乡村振兴、打好种业翻身仗、农业产业绿色发展等国家重大战略需求，聚焦"高产、优质、高效、绿色、安全"主题，研究农业种业自主创新及优良品种培育的理论与技术，揭示重要农业生物（植物、动物、微生物）生命活动、遗传改良、高效生产及农产品优质营养性状调控的基础规律，推动我国在农作物种质自主创新、资源高效利用、生态环境保护、食物安全、生物产业发展等方面基础研究和应用基础研究的发展。

（二）发展思路

突出我国优势和特色领域，兼顾薄弱方向提升，加强我国在农作物、园艺作物及畜禽水产等农业动物的生物学及遗传改良和分子设计育种、农业有害生物大区流行控制等方面研究的优势，保持国际先进和领先水平；扶持食品科学尤其是与人类营养、健康相关的研究领域，农业生产对全球变化的响应等薄弱方向；鼓励农业生物抗逆（生物、非生物逆境）的分子机制和宏观效应等前沿方向研究。重视学科交叉和方法创新，积极开展与信息–工程科学交叉的设施农业、精准农业、植物工厂等智慧农业领域的交叉方向研究，培植农业生物组学与大数据等新兴领域。

至2035年，农业科学的发展目标是提高我国自主创新能力和解决重大问题的能力，为国家粮食安全、乡村振兴及绿色健康发展提供科学支撑；在农业领域进入创新型国家前列，原始创新、技术创新与集成创新能力跻身世界一流行列。

（三）重要研究方向

①农业生物重要遗传资源基因发掘及分子设计育种的理论基础；②农业生物杂种优势形成的生物学基础及利用新途径；③主要农业生物优质高产高效栽培/饲养的基础和调控；④作物抗非生物逆境和养分高效利用的机理；⑤农作物有害生物演变与成灾机制；⑥农业动物产品产量与品质性状形成的生物学基础；⑦主要农业动物疾病发生、传播和控制；⑧食品风味与营养安全机理及调控机制；⑨园艺作物产品器官形成与发育的机理；⑩森林质量功能形成与提升机制及林木产品调控生物学基础；⑪优质安全草产品开发与家畜高效转化利用的生物学基础研究；⑫果蔬及生鲜食品贮藏与保鲜过程中品质变化的生物基础；⑬大数据农业生物组学与智慧农业的基础理论与技术创新；⑭农林草生产系统的环境生态互作机制和功能调控；⑮海洋牧场生态环境效应与调控机制研究；⑯优质农产品绿色生产与人类健康。

第九节　中国地球科学 2035 发展战略

一、科学意义与战略价值

地球科学是认识地球形成和演化的自然科学。地球不仅是人类生存的场所，而且为人类提供了基本的生活物质，这决定了地球科学是一门应用性极强的学科。地球科学研究内容包括地球圈层的结构、组成及其演化，地球各圈层相互作用的过程、变化、机理及它们相互之间的关系。研究目标是提高人类对地球的认知水平，为解决人类宜居的资源和能源供给、生态环境保护、自然灾害防治等重大问题提供科学依据、技术支撑与解决方案。

地球只是浩瀚宇宙中的一员，大约有 46 亿年的历史，这决定了地球科学研究的时空尺度与其他学科有很大差别。地球科学的研究对象涵盖地球内部圈层（地壳、地幔、地核）和地球外部圈层［生物圈（含土壤圈）、水圈（含冰冻圈）、人类圈及大气圈层］，研究时间自地球诞生直至今天。当今，地球科学理念更加强调以解决复杂的经济社会问题、满足不断变化的人类需求为导向。在发展过程中越来越强调交叉融合，期望以地球系统的理论来整合不同圈层之间的相互关系和内在演化。随着技术的进步，强调使用新观测、新方法来整合已有数据，构建合理模型来认识和理解人类赖以生存的地球和行星空间，回答人类如何宜居且持续发展的相关科学问题，为国家和社会公众服务。

二、研究特点、发展规律和发展趋势

地球科学正在进入地球科学各分支整合阶段，即建立"地球系统"理论知识和方法技术体系的新时代，国内国际的地球科学研究正在朝该方向发生深刻的变革。简言之，即研究范畴更加综合，研究技术方法更加先进，基础研究与应用结合更加紧密，研究对象时空尺度不断拓展且更强调多学科、多部门的协同发展。发达国家和组织更是高度重视地球科学的发展，美国、英国、德国、欧盟等近年来也在不断推出大型科学计划，如地球透镜计划、未来地球计划等。地球科学的发展需要长期且大量的观测、探测、分析、实验与模拟等方面的工作，更需要建制化力量的长期介入。地球科学的早期发展与人类社会的工业化关系密切，但近年来更多地关注人地和谐和行星地球问题，需要将地球置于整个太阳系甚至宇宙中来考虑，同时传统的地球科学即将进入"地球系统科学"新时代，基础研究与应用研究结合更加紧密，为地球的资源、生态、环境和抗灾减灾服务；技术的高速发展对地球科学的促进作用愈发重要。我国地球科学的发展应当抓住历史机遇，为推动建设人类命运共同体和实现全球治理的中国方案提供地球科学依据。

未来，地球科学应从面向学科发展和国家重大需求两个层面来均衡布局和协调发展，强化我国地球科学的优势学科和领域，促进我国相对薄弱但属国际主流的分支学科的发展，鼓励学科之间的交叉研究和渗透融合，推动各学科的创新型研究和新兴学科的发展。加强前沿性、基础性的分支学科的发展；扶持与实验、观测、数据集成和模拟相关的分支学科；重视地球科学、地球系统科学与其他学科的交叉，以获得原创性的成果并提出新的理论，同时为社会可持续发展和环境质量的改善提供科学依据。

三、优先发展领域

至 2035 年，我国地球科学各分支应该优先发展以下领域。

（1）地理科学。①综合地理学，包括理论地理学、应用地理学、区域地理学、历史地理学；②自然地理学，包括综合自然地理学、部门自然地理学、人类生存环境学；③人文地理学，包括综合人文地理学、经济地理学、城市地理学、乡村地理学、社会文化与政治地理学；④信息地理学，包括地理遥感科学、地理信息科学、地理数据科学。

（2）地质学。①主要生物类群起源与演化过程及其整合生物学机制；②不同时间尺度的重大气候、环境演变；③地球深部与表面地质过程中矿物演化与响应机制；④主要成矿系统的结构、成因和演化；⑤特提斯和东亚岩石圈构造、演化与深部地球动力学；⑥大陆构造变形与人类宜居的地球系统；⑦气候系统古增温与气候系统突变；⑧全球变化下地球多圈层相互作用与青藏高原地质、资源与生态环境效应；⑨地球关键带的水文生物地球化学过程与江河流域生态水文地质工程地质生态安全。

（3）地球化学。①新的地球化学示踪体系和高精度年代学；②早期地球构造范式与地幔温度；③深地过程与地球气候恒温机制；④地球内部状态与物质循环；⑤板块构造过程与大陆形成和演化；⑥地球内外系统的联动机制。

（4）地球物理学。①地球物理新理论、新技术和新方法；②地球深部结构与圈层相互作用；③大陆强震机理与灾害评价；④深层油气藏与绿色能源勘探开发；⑤战略性关键矿产核心勘探技术；⑥关键地球物理装备研发；⑦人类活动诱发地震的特征、机理与防控；⑧全球一体化重力场信息获取的关键技术与理论方法。

（5）大气科学。①"天–地–空"一体化气象观测网络；②极端天气气候事件变化及机理；③大气环境污染及影响；④高分辨率地球系统数值研发与应用；⑤多尺度无缝隙集合预报；⑥城市和城市群的天气、气候、环境效应与可持续发展。

（6）行星科学。①太阳系原始物质与行星形成；②撞击和表面地质过程；③行星的内部结构；④行星的岩浆活动与行星幔的演化；⑤行星的大气、海洋；⑥行星的磁场；⑦行星宜居环境的起源和演化；⑧行星的有机物与生命探测；⑨太阳系外行星探测；⑩行星资源开发利用。

第十节　中国资源与环境科学 2035 发展战略

一、科学意义与战略价值

资源与环境科学是以人地耦合的地球系统为核心研究对象，综合运用地球科学、化学、生物学、计算机科学、工程技术科学和社会科学等学科的知识和技术手段，研究在自然条件和人类活动影响下地球系统资源和环境的演变过程、相互关系及其调控原理，揭示地球系统资源的形成和演化规律、各类环境问题的发生发展规律及区域可持续发展规律的应用基础科学。资源与环境科学涉及资源、环境、可持续发展和观测技术等方面，对推动其他学科和相关技术发展、实施国家科技发展规划及其他科技政策目标具有十分重要的科学意义。同时，资源与环境科学将服务于资源高效利用与区域协同发展、气候变化适应、生态保护与生态安全及环境保护、环境安全与健康，并将推动我国生态文明建设与可持续发展战略，科学支撑全球命运共同体建设，具有十分重要的战略价值。

二、研究特点、发展规律和发展趋势

资源与环境科学在不断发展的过程中形成了鲜明的研究特点：学科理论方法源于多个学科，具有综合性和交叉性；研究主题面向国家需求，具有应用性和紧迫性；研究对象和过程存在于不同尺度，具有系统性和复杂性；研究途径受限于技术进步，具有阶段性和动态性；对策建议因地制宜，具有区域性和多样性；观测与模拟技术方法快速发展，具有实时性和预判性。从其发展规律来看，资源与环境问题驱动学科发展，国际科学计划引领学科方向，学科交叉融合催生新的分支，技术进步驱动研究范式变迁，学科研究对象根植于自身土壤，国家战略提供发展重大契机。近年来，资源与环境科学研究内容从描述区域性的资源环境特征，到关注全球性的环境变化与人类福祉；研究主题从传统的资源环境格局向格局与过程耦合、可持续发展议题延展；研究方法、研究手段走向综合性、系统性与定量化；并正在实现微观过程机理与宏观格局相结合，历史脉络把控与未来情景预测相结合，呈现出丰富繁多的积极发展趋势。

三、关键科学问题和学科发展重点方向

（一）关键科学问题

根据资源与环境科学的研究特点、发展规律和发展趋势，凝练出 10 个学科领域方向的关键科学问题。

（1）水循环与水资源。全球变化与陆地水循环，流域水循环关键过程与耦合集成，自然 - 社会水系统与水资源可持续利用。

（2）土壤与土地资源。土壤物质和能量的传输及其稳定机制，土壤生态系统的过程与效应，全球变化背景下土地利用变化的时空格局与管理。

（3）油气与煤化石能源资源。全球大陆聚合裂解及多重构造应力作用下盆 - 山耦合、含油气盆地形成与演化机制，含油气盆地沉积 - 成岩 - 改造过程与源 - 储 - 盖发育机制及分布规律，地球各圈层相互作用及高温高压条件下物质和能量传输 - 转换动力学与油气生成 - 运移 - 聚集成藏与保存机制。

（4）矿产资源。地球深部过程与成矿的相互关系及成矿预测，矿产勘查的技术与方法（物理探测和化学探测），矿物处理技术与矿物新材料的研发；关键矿产资源的安全与管理。

（5）气候变化影响与适应。气候变化的科学基础，气候变化对自然系统的影响与适应，气候变化对社会与经济系统的影响与适应。

（6）生态系统。生态系统稳态维持和可持续的系统动力学机制，全球环境变化和人为活动等多重因素驱动下的生态系统演变规律，生态系统变化对地球环境系统的反馈、调节和影响机制，生态系统对人类社会的可持续发展

的支撑作用。

（7）环境科学与技术。污染物迁移转化机制和区域环境过程，污染物生态毒理效应和环境暴露与健康效应，污染物分析监测和控制削减，污染环境修复，环境系统模拟与风险管理。

（8）区域可持续发展。全球可持续发展目标及其中国实践的理论与方法学，全球环境变迁的区域响应，可持续城镇化与乡村振兴的协调发展，水－土地－能源－粮食－材料的关联关系与调控机制，陆基人类活动对海岸带生态系统的影响，典型流域/区域的环境与发展问题，区域社会生态与可持续发展模式等。

（9）灾害风险。多圈层相互作用孕灾机制与风险源判识，内外动力耦合灾变机制，自然灾害演化规律与复合链生机制，灾害风险时空演进规律，灾害风险综合管理理论与机制，人与自然和谐的韧性社会模式构建，灾害精准感知与智能监测技术，自然灾害精准预测预报预警技术，灾害风险精细化动态评估技术，重大灾害风险综合防控技术，高效应急救援技术与专业装备，灾后恢复与重建关键技术。

（10）遥感与地理信息。人地系统在结构、功能、要素之间非线性关联耦合，人地系统的多层级、多尺度、多结构特征及其级联效应，人地复杂系统表达、分析、模拟和预测。

（二）学科发展重点方向

在发展思路上，资源与环境科学需加强方法论研究，在拓展传统学科体系的同时发展新兴学科和交叉学科，加强国际合作，探索合作研究的新模式和新机制，促进学科创新发展，推动多学科交叉，加强人才队伍建设，促进资源与环境科学体系的全面发展。基于对学科领域关键科学问题等的认识，提出以下学科发展重点方向。

（1）深化学科交叉。以陆地表层系统及其形态、过程、功能和演化作为纽带，扩大各个分支学科的研究深度，充分深化它们之间的关联和交叉，以解析全球变化下人地系统耦合机制。

（2）面向重大环境与灾害问题。充分发挥学科在环境与灾害问题方面的显著优势，提供环境污染治理与修复方案，发展灾害风险预警、防范与应急管理模式，从而推动生态文明建设。

（3）服务全球可持续发展。立足于全球可持续发展目标，创新区域可持续发展模式，为全球可持续发展提供中国方案，推动建设人类命运共同体。

（4）突破"卡脖子"技术。将资源环境大数据、基于过程的模型与机器学习相结合，提高资源环境科学各个领域的决策和管理支持能力。

第十一节　中国空间科学 2035 发展战略

一、科学意义与战略价值

空间科学是以航天器为主要工作平台，研究发生在日地空间、太阳系乃至整个宇宙空间的物理、化学及生命等自然现象及其规律的科学。主要领域涉及空间天文学、太阳和空间物理学、行星空间环境学、空间地球科学、微重力科学等。空间科学是当代自然科学的前沿领域之一，它不仅能从根本上揭示客观世界的规律，而且能为空间技术和空间应用提供理论基础，并牵引和推动高技术和产业的发展。随着空间科学与应用研究成果的推广，空间科学已成为社会和经济发展的重要推动力之一，给人类带来巨大的利益。

二、研究特点、发展规律和发展趋势

空间科学具有前沿性、探索性、创新性、引领性极强的特点，有望在各科学领域中较快取得突破、实现跨越式发展，并带动相关高技术领域跨越式发展、提升国家整体科技实力、实现科技领先。

空间科学发展离不开空间技术的支撑。空间技术的发展一方面博采了现代科学技术众多领域里的最新成果，以及关键技术的集成创新；另一方面又对现代科学技术的多个领域提出了新的发展要求。每一项空间科学任务都是非重复性、非生产性的，包含大量的新思路、新设计。空间探测计划直接牵引和带动航天技术的全面发展，同时也推动了相关领域高新技术的进一步发展，如电子与信息、新能源、新材料、微机电、遥科学等，推动我国科学技术的整体水平迈上一个新台阶。

21世纪以来，空间科学与技术发展日新月异，人类探索空间的步伐越来越快，向太空的延伸越来越深远，空间科学作为重大科技突破、引领创新的前沿交叉学科，在社会发展中发挥的作用越来越大，成为世界强国高度重视和争相支持的重要学科领域。近年来，国际上新的空间规划相继发布，科学合作更加全面广泛，卫星计划任务陆续实施，科学成果与发现不断涌现，推动了空间科学向更深、更广、更精细化的方向不断拓展。进入空间、认识空间、利用空间已经成为世界各国抢占未来生存领地，实现经济社会可持续发展的战略制高点，空间科技的发展是国家创新驱动发展战略的重要组成部分，应大力提升我国空间科技的自主创新能力，为驱动我国空间科技跨越式发展，为我国经济社会的发展提供新增量和国家空间战略做出前瞻性和基础性贡献。我国空间科学已经历了半个多世纪的发展，从无到有，从点到面，已经具备坚实的学术基础和研究积累，空间科学各领域的学科布局完整，各领域学术和基础理论研究较强，已经建立了若干具有一定水平的对外开放的国家级实验室和空间科学任务总体单位，建成了一批地面接收站、空间科学载荷操作管理中心和地面科学应用中心具备实施空间科学任务的技术保障能力。空间科学各个分支学科取得了重要的科学进展，许多研究工作站到了国际前沿，使得我国在空间科学研究方面成为世界上学科较全、实力较强的国家之一。我国空间科学事业也正从满足技术需求步入科学需求牵引，成为体现国家意志的重要组成部分。

三、关键科学问题、发展思路、发展目标和重要研究方向

（一）关键科学问题

基于国内外空间科学发展形势及空间科学研究领域发展现状，空间科学领域开展研究的关键科学问题包括以下几个方面。

（1）发现宇宙和主宰其行为的关键物理规律，理解宇宙是如何起源的、

黑洞的形成及演化、恒星和星系是如何形成的等问题及寻找类地行星系统。

（2）理解太阳深处的发电机效应和太阳大气层的复杂结构，掌握从太阳到地球到其他行星的复杂响应及太阳 – 太阳系整体联系，认识空间环境对航天活动、人类生存环境、人类在太空可居住性影响。

（3）揭示月球、火星、金星空间环境形成和演化历史，探索太阳系的起源和演化、可居住星球的历史和未来及地外生命存在证据。

（4）加深对地球系统的科学认识及地球系统对自然变化和人为诱导变化的响应的认识，提高预报气候、气象和自然灾害的能力，提高人类的生活质量。

（5）深化认知微重力环境下的试验开展微重力流体物理和燃烧学、空间材料科学等基本物理过程和规律，揭示因重力存在而被掩盖的物质运动规律；通过空间试验进行基本物理理论和物理定律预言的检验，探索当代物理的局限；提供新一代时空基准。

（二）发展思路和发展目标

我国空间科学的发展要响应我国空天科技、深海深地的战略部署，面向国家空间科技领域的发展的前沿和我国空间科技发展的国家需求，开展针对重大科学问题的前沿探索与研究，推动空间科学学科各个方向的同步和协调发展，建立较完整的空间科学研究体系，在取得重大原创性科学成果、满足国家重大战略需求的同时，培养一批有国际影响力的空间科学研究人才，实现我国空间基础学科的跨越式发展，提升我国在空间科技研究领域的地位，满足国家经济建设和社会发展的需求，为我国有效和平利用空间、保障空间安全、实现可持续发展提供科学支撑，为人类对空间认知和利用做出重要贡献。

（三）重要研究方向

重要研究方向包括以下几个方面。

（1）空间天文领域。基于现有及未来的系列空间天文卫星、重大观测设施，开展针对重大科学问题的前沿探索与研究，对黑洞、暗物质、暗能量和引力波的直接探测，以及地外生命的探索等方面取得重大原创性科学成果。主要包括：①暗物质粒子、高能粒子间接探测；②低频引力波的直接探测；

③引力波事件电磁对应体、伽马射线暴发现和爆发机制；④星系结构与演化研究；⑤天体爆发现象的高能天文观测。

（2）太阳和空间物理领域。在太阳和日球物理方向，利用多波段、高分辨率、全方位、全时域的空间太阳物理探测，研究太阳的基本物理规律，探索太阳结构与演化，了解太阳活动作为扰动源对日地空间进而对人类生存环境的影响，为相关学科发展提供理论和实验支撑，为我国经济建设、国家安全和社会可持续发展做出重要贡献。主要包括：①对太阳活动微观现象和规律的探索；②对太阳活动宏观现象和规律的探索；③太阳活动对日地和人类环境影响的探索。

在空间物理方向，提升对太阳活动爆发机制和近地空间等离子体动力学的基本物理过程的科学认识，了解日地耦合系统地球空间各个圈层相互作用的变化规律，大幅提升空间天气应用服务的能力，更好地满足国家和社会的需求。主要包括：①太阳风暴、太阳大气环境及其在行星际的传播；②日地空间环境系统与空间天气过程；③中高层大气电离层的等离子体 - 中性大气及多圈层耦合与响应过程；④空间环境和空间天气探测新技术；⑤人工影响地球空间环境的机理、效应、模拟与应用技术。

（3）行星空间环境科学领域。聚焦于行星空间环境和行星大气，发现行星空间环境作为行星圈层系统与外部太阳风之间发生物质能量交汇作用的关键物理过程，了解影响行星宜居性和生命演化可能机制，助推开辟行星科学新领域，牵引原创性深空探测技术的发展。主要包括：①行星空间环境的多时空尺度基本物理过程；②行星空间环境的演化；③行星大气的逃逸机制；④行星空间环境对宜居性的影响；⑤行星空间环境的探测技术。

（4）空间地球科学领域。将地球系统作为一个整体复杂系统的研究方式对认识气候变化和其他全球环境问题，认识人类赖以生存的复杂变化的地球系统、认识地球系统变化对生物的影响及人类活动如何改变地球系统对生物的影响。主要包括：①地球系统的多源观测技术；②量化地球系统变化的驱动力；③地球系统短期和长期的环境变化预测；④提高对全球变化的适应过程。

（5）微重力科学领域。微重力科学领域广泛，其各主要分支重要研究方向如下。

空间基础物理的重要研究方向包括：空间量子科学（量子物理理论、量子信息和通信）、空间冷原子物理、近地空间和地月空间超高精度时间频率系统、空间引力波等。

微重力流体和燃烧科学的重要研究方向包括：微重力流体动力学和微重力燃烧规律，面向航天器流体管理、热管理和防火技术、深空探测（如月球、火星低重力环境下）需求的空间工程流体与管理技术及应用。

空间材料科学的重要研究方向包括：晶体生长与合金凝固中界面稳定性与形态转变，合金体系深过冷非平衡相变，颗粒物质聚集与相变机理，合成和制备材料的新物理化学方法，空间应用材料的空间使役性能验证，月球和行星资源提取、利用和再制造技术，等等。

空间生物技术的重要研究方向包括：干细胞的空间组织构建和（类）器官构筑、空间蛋白质科学和药物研发、生物再生生命保障系统基础研究、长期在轨条件下的空间微生物危害安全防控研究、合成生物学与生物工程等。

第十二节　中国海洋科学 2035 发展战略

一、科学意义与战略价值

海洋是生命的摇篮，蕴藏着生命起源与演化的密码，认识蓝色生命系统是破解地球生命奥秘的关键；海洋是地球气候系统的调节器，认识海洋物质能量循环过程是应对极端天气和气候变化的根本、实现人类可持续发展的重要战略支撑；海洋是国家安全的天然屏障，提升海洋环境的智能感知与预测能力是保障我国能源资源安全、拓展深远海战略空间的重大战略需求。然而，面积约占地球 2/3 的海洋目前只有 5% 的区域被人类探索。未知的海洋孕育了人类无尽的想象与创造力，是重大科学发现和颠覆性技术创新的源泉与摇篮。

党的十八大首次提出"建设海洋强国"重大战略部署，随后党的十九大报告强调"坚持陆海统筹，加快建设海洋强国"。《中华人民共和国国民经济和社会发展第十四个五年规划和 2035 年远景目标纲要》也明确提出"协同推进海洋生态保护、海洋经济发展和海洋权益维护"。习近平总书记在 2018 年考察青岛海洋科学与技术试点国家实验室时强调："建设海洋强国，必须进一步关心海洋、认识海洋、经略海洋。"① 因此，提高海洋资源开发能力、发展海洋经济、保护海洋生态环境是我国海洋科学发展的战略使命，是服务海洋强国建设、保障人类社会高质量可持续发展的必由之路。

二、研究特点、发展规律和发展趋势

海洋科学是研究海洋的自然现象、性质及其变化规律，以及与综合开发利用海洋有关的知识体系。它具有鲜明的"大科学"特征，海洋问题的复杂性使其无法通过单一学科的研究得以解决，而是需要多学科领域间深度交叉与融合。进入 21 世纪以来，国际海洋科学已经进入了一个崭新的阶段，主要体现在两个发展方向、三大发展趋势上。两个发展方向是指：海洋科学的研究对象已经从仅关注陆地周边的近岸、近海拓展到包括深海大洋、极地的全海域范围，研究手段也从局地、间歇性的考察扩展到大区域、全天候的持续观测。与之相应，海洋科学的三大发展趋势体现在：从各单一学科的"单打独斗"转向强调多学科、跨尺度的系统性研究；从"科学受限于技术、技术单纯服务于科学"转向科学与技术紧密合作、协同发展；从科考平台的专用化、科研数据的孤岛性转向平台公用化和数据网络化。海洋科学正在整体进入转型期，学科已逐步提升到集成整合、探索机理的系统科学新高度，深化拓展近海研究与管理、聚焦深海与极地新疆域、开展多圈层多尺度耦合研究已成为世界各国海洋研究的新趋势。

三、关键科学问题、发展思路和重要研究方向

当前，推动海洋科学发展的关键科学领域主要体现在海洋与地球宜居性、海洋与生命起源、海洋可持续产出、海洋智能感知与预测等四个方面。为此，

① 习近平：向海洋进军，加快建设海洋强国 . http://politics.people.com.cn/n1/2022/0608/c1001-32441597.
html[2022-08-17].

至 2035 年，我国海洋科学发展总体思路应围绕以下四点展开。

（1）面向世界科技前沿，解决重大基础科学问题。海洋科学的发展应当面向气候变化、生命起源、地球深部运转规律等核心科学问题，瞄准海洋能量传递与物质循环，跨圈层流固耦合与板块俯冲驱动力，海洋生命过程及其适应演化机制，极地系统快速变化的机制、影响和可预测性，健康海洋与海岸带可持续发展，海洋智能感知与预测系统这六个重大前沿研究方向，加强顶层设计和战略布局，围绕重大基础理论开展协同攻关。

（2）服务国家战略需求，保障国家权益和人民生命健康。未来应当在海洋能源资源绿色、安全、可持续开发利用的关键技术领域取得重要突破，增强海洋、极地环境预报预警能力，深刻揭示海洋生态系统演替规律和生态灾害发生机理，可持续开发海洋生物资源，为实现健康海洋和人民生命健康提供有力科技保障。

（3）建设大科学装置，设立大科学工程，增强海洋智能感知和预测能力。着力突破海洋观探测关键技术瓶颈，布局基于物联网技术的太空－海气界面－深海－海底的多要素智能立体观测网，建设大洋钻探船、深海空间站等重大科学装置，构建基于人工智能和大数据的多圈层耦合的高分辨率海洋观测与模拟预测系统，支撑全球海域跨尺度、跨圈层的多学科交叉研究。

（4）牵头国际大科学计划，引领国际海洋科学发展。围绕国家战略需求和学科前沿，立足"两洋一海"（西太平洋－南海－印度洋）和极地等关键海区，凝练重大科学问题，加快发起由中国主导的国际大科学计划，引领世界海洋科技创新和进步。

四、至 2035 年的总体发展目标

到 2035 年，我国海洋科学力争建立以海洋为纽带的地球系统多圈层耦合理论体系、高精度智能的全球立体综合观测－探测－模拟－预测体系，在深海地球系统及相关的生命科学等领域取得一系列"从 0 到 1"的重大突破，抢占国际海洋研究的制高点，实现我国海洋研究从"跟跑"、"并跑"到"领跑"的历史跨越，为应对全球气候变化、保障健康海洋、高效开发利用海洋资源、有效开拓深远海与极地战略新空间提供重要科学支撑，服务全球和我国气候、

环境、资源等重大需求，为实现 2030 年碳达峰与 2060 年碳中和的"双碳"目标做出贡献，提升我国在海洋管理和地球工程等全球事务上的话语权。

为服务以上战略目标，建议进一步强化顶层设计和科学规划，开展协同攻关，建立"顶层目标牵引、重大任务带动、基础能力支撑"的新科研组织模式；尽快启动海洋物联网、海洋三维高分卫星等一批重大海洋科技专项，加快启动"三极"环境与气候变化、海上丝绸之路等方面的国际合作计划，加快建设大洋钻探船、深海空间站等一批海洋领域的"国之重器"；健全支持基础研究、原始创新的体制机制，围绕海洋新兴领域布局一批前沿交叉研究中心、海洋装备研发基地等创新平台，加快提升我国海洋科技整体水平和国际竞争力。

第十三节　中国工程科学 2035 发展战略

一、科学意义与战略价值

工程学科描述多种自然科学机制集成为人造物质与系统的原理，并利用自然科学知识揭示和描述人造物质与系统的行为规律。一方面，工程学科越来越植根于宽广的自然科学基础，并形成相互促进或牵动发展的趋势，同时朝着多学科交叉融合集成的方向发展。另一方面，工程系统和工程学科的发展需求也为其所依赖的基础自然科学提出了更多全新的问题与挑战，从而显著促进了自然科学的发展。

我国已转向高质量发展阶段，但发展不平衡不充分问题仍然突出，城乡区域发展差距较大，生态环保任重道远，民生保障存在短板，社会治理还有弱项，迫切需要工程学科提供解决上述问题的方案。《中华人民共和国国民经济和社会发展第十四个五年规划和 2035 年远景目标纲要》中提出的很多目标和任务均与工程学科密切相关，迫切需要相关工程学科给予强有力的支撑和保障。"双碳"目标的提出则对工程学科的发展方向提出了全新的要求，对相关学科未来的研究产生了重要影响。

二、研究特点、发展规律和发展趋势

工程科学的研究特点包括：①工程学科以自然科学为基石，以科学与技术融合为特征；②工程学科以实现和保障"系统功能"为目标，以挑战"极限"为发展动力；③工程学科以学科交叉与融合为创新源泉。

工程科学的发展规律和发展趋势包括：①复杂系统推动工程学科复杂性科学问题的研究；②安全性和可控性是工程学科的核心科学问题；③可持续性是工程学科的发展方向。

三、关键科学问题、发展思路、发展目标和重要研究方向

至 2035 年，工程学科的六个优先发展领域包括：①建筑学与城乡人居环境设计原理与技术体系；②可持续高性能土木工程基础理论与关键技术；③环境污染控制与生态系统修复关键理论与技术；④ 400 千米 / 时高速铁路成套技术、综合立体交通网络等交通学科基础理论与关键技术；⑤水资源智慧管理及大型水利水电工程建设与安全运行的基础科学问题与关键技术；⑥海岸带资源的可持续利用与保护修复、智慧海洋与智能装备。

至 2035 年，工程学科拟开展六个重大交叉领域的研究：①智能土木工程基础理论与关键技术；②环境变迁中的城市科学；③环境安全保障理论与关键技术；④水系统科学与水安全基础理论和深海装备关键技术；⑤智慧城市建设关键技术；⑥车路一体自主交通系统、泛交通高效氢能发动机、先进航空器系统等交通学科重大交叉研究方向。

至 2035 年，工程学科拟开展八个领域的国际合作研究：①土木工程防灾减灾基础理论与先进技术；②适应"一带一路"建设需求的高性能桥隧基础设施设计建造理论与技术；③复合污染控制与环境生态修复；④极端环境条件下岩土力学与工程技术；⑤"一带一路"水资源安全与智慧管理；⑥极地工程基础理论与关键技术；⑦绿色智慧城市规划设计；⑧重载装备技术、轨

道交通枢纽多模式客货转运技术与装备、轨距自适应跨国联运重载货运设备、智能船舶、油气管道智能化和新型特种管道等。

工程学科中制约国家创新发展的重大瓶颈科技问题包括：①城市规划与建筑设计原创理论方法和技术工具；②土木工程原创理论、方法、软件与规范标准体系；③水资源科技原创关键理论、技术与设备；④自主创新污水处理及回用技术；⑤铁路移动装备关键核心部件轻量化、高铁健康监控系列传感器、车－路一体化融合系统、新一代车用能源系统关键技术、纯氢输送管道理论与技术等。

第十四节　中国材料科学 2035 发展战略

一、科学意义与战略价值

材料是支撑世界高新技术和现代工业经济不断发展的必需物质基础。一代材料承载一代技术，形成一个时代的标志。钢铁是第一次科技革命中发明蒸汽机的必要条件。第二次科技革命实现电气化离不开有色金属材料。半导体电子材料制约着第三次科技革命中计算机技术的更新换代。新型能源材料和纳米材料促进了第四次科技革命的演变进程。第五次科技革命的互联网开启也强烈依赖于高性能信息材料和智能材料体系。展望未来，生物医学材料将在第六次科技革命中发挥举足轻重的作用。因此，我国早就将材料科技工业列为国家战略性新兴产业。

材料科学与物质科学密切相关，但是二者的研究内容和科学目标各有侧重，并且具有明确的学科划分界面。材料是在人类生产和生活过程中已经实际应用或者显示潜在用途的各类物质。狭义地理解，物质科学是物理学、化学、生物学、天文和地学等自然科学领域的一个重要学科。材料科学的核心导向是系统研究可以成为"器材原料"的各类物质的科学属性和应用特征，属于工程和技术科学的范畴，是一门典型的应用基础研究学科。可以认为，材料科学是自然科学与工程技术的交叉学科，与冶金化工和机械制造等工程学科共同奠定了新型工业体系发展的科学基础。

二、研究特点、发展规律和发展趋势

材料科学作为一门完整独立的学科体系成形于20世纪80年代，此前相关研究零散分布于冶金学、物理学、化学化工、机械工程及生物医学等科技领域。按照材料的化学组成分类，其研究对象主要包括金属材料、无机非金属材料和有机高分子材料等三大类型。研究过程从物理学和化学关于物质结构与性质理论出发，采用现代数学和计算技术作为分析工具，以实验研究为基础并且面向材料工程应用，主要探索各类材料的微观结构与优化设计、合成制备与成形加工，以及服役性能与循环利用。

这一学科的发展驱动力来自三个方面：首先是高科技领域对千姿百态的特种新材料的战略需求牵引，其次是材料科学前沿生长点和新兴交叉方向的茁壮萌生，最后是纯粹自然科学和智能信息技术等相关领域的重大科技突破不断提供催化和助推效应。

至2035年，材料科学的发展趋势将呈现六大特征：①材料科学与物质科学的交叉融合更加广泛深入。②材料科学与电子信息、人工智能和生物医学领域相互促进。③空天海核生医等尖端需求给新材料带来挑战和机遇。④全新的时空概念冲击着材料科学的前沿生长点。⑤"双碳"时代强化材料绿色制造和全寿命循环利用研究。⑥高等教育的新发展促进材料科学体系的变革和重构。

三、关键科学问题、发展思路、发展目标和重要研究方向

在国家自然科学基金和有关部委的共同支持下，我国材料科学已经有了长足发展。特别是，21世纪以来研究队伍规模和发表论文数量均跃居世界首位。然而，原始创新能力远没达到引领国际材料科技前沿的水平。未来，我国材料科学要想更好地发展，亟待解决六个关键科学问题：①面向世界科技

前沿，策划材料科学的未来发展架构；②面向国家重大战略需求，设计材料科学的未来重点发展方向；③着眼全新时空背景，强化材料科学与人工智能和生物医学领域交叉融合；④基于"双碳"环保国策，贯彻材料绿色制造与全寿命控制理念；⑤服务经济建设主战场，倡导材料"科学－技术－工程"三维融合研究；⑥突破"五唯"束缚，实现从跟踪向引领材料科技前沿的根本转变。

根据两年的广泛调研和深入论证，材料科学未来的发展思路应是：立足国家经济社会发展需求，瞄准世界材料科学与技术前沿，积极融入和促进第六次科技革命，统筹布局符合我国国情的优先发展研究方向，在追赶超越过程中逐步重构材料科学新体系。经过努力，预期至2035年实现以"新材料－新技术－新理论－新体系"为特征的"四新"发展目标：①基础理论研究指引新材料设计，建立中国原创的高性能新材料谱系；②加强科学研究的技术化导向，建立战略性传统材料的变革性新技术系统；③追求切实可行的重点科学目标，力争智能材料、生物材料和纳米能源材料等热点领域的多方面理论突破；④基于材料科学与技术的前沿进展，建立以新概念材料和交叉共性科学为先导的"北斗星型"材料科学新体系。

在材料科学的四个分支学科中，金属材料学科的重点发展方向是：金属结构材料的强韧化新原理新方法研究、金属功能材料的原子层次结构与性能调控机制研究，以及金属材料制备与加工过程的变革性理论方法和全新技术装备设计原理研究。无机非金属材料学科重点发展"双碳"目标牵引的新能源材料研究、国防科技和高端制造需求的高性能结构材料研究、电子信息和人工智能迫切需求的半导体晶体和功能陶瓷材料研究，以及面向人民生命健康的生物医用和环境治理材料研究。有机高分子材料学科重点发展先进复合材料、新型智能材料、高性能生物和信息材料，探索建立"双能化－复合化－智能化－精细化－绿色化"五维归一的材料科学研究新范式。新概念材料与材料共性科学是国家自然科学基金委员会于2019年新设立的第四个材料分支学科。其未来重点发展方向主要包括：新奇特材料的设计合成和结构性能研究、面向人工智能的多功能材料与材料基因调控研究、材料绿色制造和全寿命优化控制过程研究，以及航空航天能源交通等战略领域赖以发展的新型核心材料研究。

第十五节 中国能源科学 2035 发展战略

一、科学意义与战略价值

能源既包括自然界广泛存在的化石能源、核能、可再生能源等一次能源，又包括由此转化而来的电能和氢能等二次能源。能源科学是研究各种能源的勘探、开发、生产、转换、传输、储存、分配和综合利用中的基本规律及其应用的科学。针对能源科学领域的前沿科学问题和亟须突破的关键技术瓶颈问题，依托宏观和微观的科学规律与方法，对能源科学领域需要突破的方向，建立专门研究其发展变化规律的理论和方法，构建与其他学科交叉融合的学科体系，促进能源变革性技术发展，推动相关学科基础研究的深入开展，有利于促进能源科学新理论体系及学科分支的建立和发展。

当前，世界主要国家均加速调整能源结构和转变能源开发利用模式，加快向绿色、低碳、高效的可持续能源系统转型。我国的基本国情决定了我国在构建现代新型能源体系和应对气候变化等方面面临着巨大的挑战，因此，能源科学技术研究对我国实现"双碳"目标、落实创新驱动发展战略、建成社会主义现代化强国、掌握关键核心技术与占领国际制高点具有重要战略意义。

二、研究特点、发展规律和发展趋势

能源科学是一个高度综合、具有很强学科交叉特点的工程科学领域。由于能源科学发展的技术路线和能源消费行为等又与决策部门的宏观导向密切相关，能源科学在一定意义上也包括管理科学、经济学和社会科学的相关内涵。现代能源资源的多样性亟须探寻研究新的规律和方法，高质量的能源利用则要求综合考虑包括环境因素在内的共性问题。因此，能源科学需要通过学科渗透、融合，从基础性、前瞻性、交叉性等多个角度重点研究能源领域中的共性科学问题，揭示能源转换与利用过程的一般规律。

现代能源科学技术的主要发展趋势是低碳化、多元化、绿色化、智能化，包括：①能源低碳化利用和污染物近零排放；②提高能效在能源科学技术发展中的地位愈加重要；③可再生能源开发利用技术迅速发展；④能源综合利用与储能技术发展迅速；⑤碳捕集、利用与封存（CCUS）将成为化石能源利用的关键技术；⑥集中式与分布式能源"并举"，多能互补利用；⑦构建以新能源为主体的新型电力系统成为能源转型的重要途径；⑧能源与信息、智能、材料等学科的交叉融合迅猛发展，新技术不断涌现。

三、关键科学问题、发展思路、发展目标和重要研究方向

本领域关键科学问题包括：化石能源、多种可再生能源及储能系统耦合的清洁燃料转换与发电机制；太阳能和风能利用过程的能量传递、转换、储存和利用机理；以新能源为主体的新型电力系统关键理论与技术、安全性及其调控机制、市场机制和法规体系的构建；以电为中心的能源系统形态构建及其传输运行控制理论；不同物质流－能量流－信息流之间的转换调控集成及低成本规模化能量转换和利用理论与技术。

重要研究方向包括：化石能源清洁低碳安全高效转换；工业过程节能减排及能效提升；能源植物的选育与培植；低成本、高安全、长寿命、大容量储能技术；高比例新能源系统组网构建及运行控制方法；智能灵活发电；核能的安全有序开发和利用；氢能的安全低成本绿色规模化制取、储运及利用；低成本高效碳捕集、利用与封存；变革性能源转换与利用中的新原理、新概念、新材料和新方法；能源科学与其他学科领域的交叉研究等。

当前及未来几十年是我国经济社会发展的重要战略机遇期，也是能源科学技术发展的重要战略机遇期。根据国家的重大需求，立足我国能源科学技术的现有基础与条件，着眼于能力建设和长远发展，通过加强基础研究推动能源科学与技术的可持续发展。总体指导思想是：从支撑国家安全和国家可持续发展的高度出发，紧扣能源革命和"双碳"目标，立足能源科学与技术的学科基础，丰富和发展能源科学的内涵，构筑面向未来的能源科学学科体

系，加强基础研究与人才培养，形成布局合理的基础研究队伍，为我国能源安全及社会、经济、环境的和谐发展提供有力的支撑，努力把我国建成世界主要能源科学中心和能源技术创新高地。

到 2035 年，要突破能源科学的若干基础科学问题和关键技术，形成完善的能源科学体系；建立一支高水平的研究队伍，显著增强我国能源科技自主创新能力；推进基础理论和技术应用的衔接，促进创新链与产业链的高度融合，促进全社会能源科技资源的高效配置和综合集成；加强科技平台及大科学装置的建设，显著增强能源科技保障经济社会发展和国家安全的能力；能源基础科学和前沿技术研究综合实力显著提高，能源开发、节能技术和清洁能源技术取得重要突破，形成一大批变革性能源技术，总体达到世界能源科学先进水平；能源结构和能源供给得到优化，实现 2030 年前碳达峰，逐步形成满足在 2060 年之前实现碳中和的低碳能源利用技术；建成新一代以新能源为主体的高效、安全、可靠的新型电力系统，提高电能在终端能源消耗中的占比，主要工业产品单位能耗指标达到或接近世界先进水平，使我国进入能源科学先进国家行列。

第十六节　中国信息科学 2035 发展战略

一、科学意义与战略价值

信息科学是研究信息产生、获取、存储、显示、处理、传输、利用及其相互作用规律的前沿学科，以信息论、系统论和控制论作为基础理论，涵盖了电子科学与技术、信息论与通信系统、信息获取与处理、计算机科学与技术、数据与计算科学、自动化科学与技术、人工智能与智能芯片、半导体科学与信息器件、光学与光电子学、教育与信息交叉等分支领域的一门新兴的综合性学科。

信息学科是人类社会从信息时代向智能时代发展中的先导性科学技术，

是国家科学技术进步的重要标志,是推动国民经济、社会发展和国防安全的技术保障,为实现我国可持续发展、提升国家综合竞争力提供强大动力。在第四次工业革命所面临的全球新格局和大国竞争的国际环境下,信息学科需要通过加强前瞻性和颠覆性技术研究,持续推动关键核心技术突破,为新时代我国参与广泛的全球竞争提供有力的科技保障和核心竞争力,以确保我国在未来全球竞争中的战略优势。

二、研究特点、发展规律和发展趋势

信息学科作为兼具科学和技术属性的学科,研究特点如下。

①基础研究蓬勃发展,新兴技术方兴未艾;②支撑学科的发展百花齐放,新原理、新材料、新器件、新工艺和新架构不断涌现,集成电路技术发展路径多样化;③信息学科内涵不断扩充、融合加速,朝着智能化感知、通信、计算、存储和控制深度融合发展;④信息学科外延拓展加快,信息空间由人－机二元世界步入人－机－物三元世界;⑤学科交叉融合趋势更加显著,已全面渗透到现代自然科学和社会科学,成为推动各学科创新发展的先导力量;⑥信息领域的全球科技社区影响力不断增加。

信息学科在引领多学科发展、推动社会进步的过程中,呈现出如下规律。

①信息学科基础研究的突破开创新的应用领域,而应用需求的牵引则激发新技术指数式的增长;②信息学科自身飞速发展的同时也促进了学科内各分支领域的相互渗透融合;③信息学科的发展协同多学科共同进步,并延伸出新的交叉学科;④信息产业正从产品驱动转向服务带动,呈现泛在智能的显著特征;⑤网络空间安全威胁全面泛化,范畴和风险不断扩大。

信息技术的持续进步,促进了传统学科的发展,推动了多学科的共同进步,以及成果从理论、技术到产品和市场的迅速转移的态势,为信息学科技术带来了新活力和重大创新机遇,为实现人类社会信息化、网络化、智能化、自主化、安全化提供了关键理论与技术支撑,推动了人类社会迎来人机协同、跨界融合、集智创新的新时代。

三、关键科学问题、发展思路、发展目标和重要研究方向

信息学科围绕电子学与信息系统、计算机科学与技术、自动化科学与技术、半导体、光学与光电子学、人工智能与信息交叉六个领域方向，重点解决信息承载的理论，信息获取的方式，接收信号的规律，信息提取的方法，信息控制的技术，系统实现的架构，体系的集成和应用，万物互联网络面临的大带宽、大连接、广覆盖、高通量、绿色节能、复杂电磁/光谱/声场环境下的信息感知处理，更是要攻破通信感知计算一体处理，以及功耗、性能、可编程性和可靠性等关键科学问题。

信息学科发展的总体思路与目标是以促进基础研究取得重大进展和服务创新驱动发展战略为出发点，根据我国经济社会和科学技术发展的需求，从促进学科发展、培养人才队伍、推动原始创新、服务国家重大需求等方面聚焦重要科学前沿。依托完备的技术产业体系和旺盛的内需市场进一步强化优势领域，发挥举国体制优势实现信息学科在基础理论、新方法、新工艺及新材料等关键科学问题上的整体突破，重点解决"缺芯少魂"现实难题，实现信息学科的引领发展，为自主完整的国家安全体系、工业体系和经济体系提供稳固的基础和支撑，构筑起全球信息领域技术和产业新高地与新高峰。其重要研究方向为：①空天地海信息网络基础理论与技术；②人机物信息物理系统基础理论与关键技术；③新一代网络体系结构及安全；④高分多源探测与复杂环境感知；⑤自主智能运动体和群系统；⑥人机物融合场景下的计算理论和软硬件方法与技术；⑦未来信息系统电子器件/电路/射频基础理论与技术；⑧超高算力集成电路芯片系统；⑨半导体材料、器件与跨维度集成；⑩光电子器件及集成；⑪应用光学理论与技术；⑫生物与医学信息获取、融合及应用；⑬人机融合的数据表征、高效计算与应用；⑭类脑智能核心理论与技术；⑮人工智能基础理论与方法。

第十七节　中国管理科学 2035 发展战略

一、科学意义与战略价值

　　管理科学是研究人类不同层次社会经济组织的管理与经济活动客观规律的综合性学科。该学科通过符合科学规范的研究方法，在特定"时空情境"假设下，将管理与经济活动中的实践问题抽象为可求解的科学问题，进而探索这类活动的客观规律。管理与经济活动赖以存在和发生的"时空情境"是由相关的历史文化背景、政治经济制度和科学技术基础等元素所构成的。与自然科学的其他学科相比，管理与经济活动的规律在不同的"情境"中会呈现更强的异质性，即更明显的"情境（假设）依赖性"。诺贝尔经济学奖获得者赫伯特·西蒙在其著作《人工科学》（*The Sciences of Artificial*）中，将科学体系划分为"探索自然事物之规律"的"自然科学"和"探索人工事物之规律"的"人工科学"。在这样的科学体系中，管理科学被划分于"人工科学"中特定的部分，其科学意义在于认知人类社会经济组织的管理与经济活动之客观规律，并通过其认知过程中遇到的科学挑战，不仅解决自身的科学问题，而且为整个科学体系中的其他分支（如数学、信息科学、社会学等）提出新的科学问题。由于管理科学发展的驱动力更多地源于实践需求，故该学科通过满足社会实践中不断提出的重大战略需求（无论是宏观层次的社会和经济发展需求，如宏观经济经济规律；还是中观层次的产业和区域发展需求，如产业竞争与布局；以及微观层次的企业或社会组织发展需求，如企业在全球竞合中的创新战略）、探索由此引发的科学问题，体现出其在国家发展中的独特战略价值。

二、研究特点、发展规律和发展趋势

　　管理科学的上述性质，形成了该学科领域基础研究的以下基本特点。在研究目标上，需要管理科学家探索在不同情景下的异质性规律，并需要发展出解释异质性的一般性认知框架；在研究方法论上，需要从自然科学和社会科学不同分支的视角（如数学与统计学、信息科学、行为科学、地理学、人类学等）形成综合交叉学科的研究范式和方法；在研究影响力上，由于管理科学更加强调"顶天立地"（即科学问题源于重大实践—科学结论推进科学前沿—科学结论用于指导重大实践）的学科特点，除了学术论著的发表和引用之外，还要求研究成果通过更多样化的形式呈现，在支持重大管理与经济决策、指导企业和社会组织的相关实践、提升公众对管理与经济运行的基本逻辑认知及相关科学素养等多个方面都能产生广泛的科学影响力。

当今世界正经历百年未有之大变局，人类社会经济实践的深化和科技的迅猛发展进一步揭示出管理与经济活动的复杂性本质。在科学发展规律方面，这不仅更加凸显了管理科学的"情境（假设）依赖性"，而且更加丰富了学科的研究对象、研究"数据"基础和研究手段，并由此更加促使了复杂性研究范式的出现。因此，纵观国内外的学科发展新动向，管理科学学科在整体上出现了大数据驱动的、问题导向的、多学科交叉融合的、全球合作的发展趋势。

三、关键科学问题、发展思路、发展目标和重要研究方向

随着大数据、人工智能等颠覆性技术的涌现及整个世界格局的巨大演化所定义的当代复杂变局，人类管理与经济活动从情境、目标和内容，到参与主体自身及其交互行为等，都发生了重要嬗变，由此催生了管理科学至2035年的科学主题——当代复杂变局情境下的复杂管理活动新规律。展望未来，管理科学的基本发展思路是：聚焦中国特色管理实践，面向国家战略需求，前瞻部署和重点支持前沿探索方向及对管理实践产生革命性作用的基础理论研究，特别是基于中国特色的、具有方向引领作用和重要国际影响力的原创性管理理论研究；构建基于中国管理实践的理论体系，提升服务国家战略和经济管理实践的能力；加强与数学科学、信息科学等多个学科的融合发展和集成创新，推进学科研究范式变革；促进国际合作与新兴领域的发展。

本学科至 2035 年的发展目标是：力争到 2035 年，我国管理科学研究整体水平和学术创新能力获得显著提升，突破制约我国经济和管理实践的若干理论瓶颈，产出一批具有国际重大影响的原创性科研成果；形成与管理科学发展规律相适应、突出交叉学科特点的学科布局和研究绩效管理体系；一大批优秀学者活跃在国际学术舞台，形成若干具有国际学术引领地位、具有深度参与全球科技治理能力的研究群体。为此，我国管理科学将稳定支持的基础研究工作包括：①支持新一代信息技术下的管理科学研究，包括复杂系统管理的基础理论、复杂管理系统智能计算和优化、混合智能系统中的行为与合作、决策智能；②支持社会经济中的数字化转型所产生的重要管理科学新问题，包括数字生态下的企业、数字经济与数字金融的基础理论、城市的数字孪生与平行管理、智慧型健康医疗整合管理；③支持中国社会经济发展中的管理科学问题的研究，包括中国企业与全球化常态、中国的政府治理和政策过程、乡村振兴与发展的战略转型规律、区域协调与可持续发展、经济高质量发展规律；④支持全球变局中的风险管理与全球治理相关研究，针对全球化新常态与战略性风险管理、全球治理的转型和机制重构、全球性公共危机管理、社会－经济－资源－生态系统的复杂性、人口与社会经济发展等重要科学问题进行探索。

第十八节 中国医学 2035 发展战略

一、科学意义与战略价值

医学以预防和诊治身心疾患、保障和促进人民生命健康为目的。医学科学研究旨在揭示人类生命本质，认识身心疾患发生机理和发展规律，形成预防、诊断和治疗疾患及消除或减少疾患痛苦的策略与技术，从而达到增进人类健康、延长寿命、提高生活质量的目的。医学科学发展关乎国计民生和社会经济发展，是面向人民生命健康战略的国家需求，在促进我国卫生健康事业发展和实现健康中国战略等方面具有重要的科学意义与战略价值。

二、研究特点、发展规律和发展趋势

医学科学的研究对象是人，覆盖全人群和全生命周期，不仅需要关注其自然与社会双重属性，而且更需要注重疾患阶段化和个体差异化特点、保护遗传资源和符合伦理学原则。医学研究服务于全人类，需要资源和信息的共享性及结果的公开性。医学研究和成果应用面临高风险与难预知等挑战。疾病谱变化往往先于医学研究和技术的发展。医学发展需要基础科学与临床实践的结合，需要多学科合作、交叉融合。

医学关注人类全生命周期的健康与疾患，不仅重视疾病诊治，而且强调"治未病"（预防、保健）的重要性。人们对健康和疾病的认识经历了从宏观到微观，再到系统的发展历程，整合分子、细胞、器官和系统（全身）等多层次和跨尺度机理认识和创新技术，分析社会、环境、心理等因素，基于健康和医疗大数据解析健康与疾病本质，构建新的多维度医学知识和精准化技术体系，将是未来医学发展的趋势。互联网、物联网科技与医学融合不断深入，生物前沿交叉技术飞速发展，基因检测和编辑技术日臻成熟，多组学数据采集和共享，临床、影像、病理、检验等信息关联与融合，新一代人工智能技术研发和应用，也促使传统医疗服务模式向智慧医疗服务模式和多层面信息融合的精准医疗模式转变。

三、关键科学问题、发展思路、发展目标和重要研究方向

（一）关键科学问题

医学领域的关键科学问题是：疾病是如何发生发展的？机体是怎么维护稳态和健康的？疾病诊断和治疗的科学依据与精准策略是什么？疾病早期的标志物发现、筛诊方法和干预（预防）措施有哪些？

（二）发展思路和发展目标

医学发展思路和发展目标是：以国家重大需求为牵引，面向人民生命健康，注重研究范式和理论技术创新，注重疾病诊治关口前移，突出防治结合，从宏观、微观、介观层面全面认识疾病原因、临床特征、个体差异，实现疾病智能化预防、诊断和治疗。实施重大慢性疾病防治与重大新发突发传染病防控并举的战略，继续深化我国优势前沿领域的基础理论研究，培育前沿领域和方向；加强医学重要诊疗设备核心技术的应用基础研究，深化中医药理论和诊疗体系的现代科学内涵研究；加大支持以临床科学问题为导向的转化研究。通过鼓励探索、加强交叉和模式创新，力争医学科学整体研究水平和创新能力显著提升，国际影响力和引领能力大幅提高。

（三）重要研究方向

医学领域重要研究方向如下。

（1）疾病机制图谱的绘制。利用高精度单细胞多组学测序技术，结合影像学、病理学等宏观层面观测技术，系统解析疾病发生发展的分子病理特征和调控机制。

（2）疾病免疫机制及治疗策略研发。研究自身免疫性疾病和肿瘤等疾病的免疫异常机理及治疗策略。

（3）微生物组学与人体健康和疾病的关系。人体个体化微生物组学特征识别，肠道微生物组成影响疾病发生及治疗效果的机制。

（4）脑科学与脑重大疾病诊疗基础。通过脑结构解析与图谱绘制，研究脑发育和脑功能及其在孤独症、阿尔茨海默病、帕金森病、脑肿瘤、精神疾病的机制。

（5）生殖与发育的基础研究。开展人类生殖细胞成熟机制与胚胎发育精细调控研究，阐明不同暴露状态下各个发育阶段胎儿宫内编程和疾病易感主要机制，鉴定相关靶标分子，研发无创、精准的出生缺陷筛查、阻断新技术，力争实现人类生殖细胞与生殖器官体外重构。

（6）发育编程及其代谢调节。以生命体发育和代谢的精准调控机制为主线，揭示胚胎和组织器官发育、成年组织器官可塑性及衰老、胚胎和组织器官发育的代谢调控等规律，鉴定发育与代谢的关键调控因子等。

（7）重大疾病诊疗新技术的研发及应用。针对肿瘤、心血管疾病等重大疾病开展新型治疗技术研究；基于干细胞 – 生物材料 – 环境调控开展组织工程、器官定制化与修复替代技术研究，实现重要组织器官的再生促进和功能重建；通过技术交叉实现脑机接口技术突破；创新疾病分子可视化技术，创立微 / 无创诊疗新策略和新技术。

（8）新 / 突发重大传染病发病机制、诊疗与防控。加强新 / 突发传染病病原体的快速鉴别、致病机制、疫苗、治疗性抗体等研究；加强新 / 突发传染病的临床救治新思路和新策略研究，以及预警与紧急防控的战略研究。

（9）中医理论与中药现代化基础研究。探索新兴技术与中医药的跨界融合创新，优化中药资源保护、先进制药和疗效评价技术，进一步丰富中医药理论科学内涵的诠释。

（10）人工智能与智慧医疗。规范化、标准化、大规模疾病数据集的构建，人工智能在医学影像、病理、分子特征一体化识别方面的研发及应用，人工智能技术在医疗保健与大型队列融合的大数据风险评估。

第九章

前沿领域发展战略研究

在本章中，前沿领域发展战略研究项目的选题是中国科学院学部根据国家发展战略需求和制约我国科技创新的瓶颈等问题，组织各专业学部常委会分别提出相关领域选题建议名单。前沿领域发展战略研究选题建议名单，在征求国家自然科学基金委员会意见后，提交至"中国学科及前沿领域 2035 发展战略丛书"联合领导小组审议，确定了最终选题名单。依据前沿领域发展战略研究选题名单形成丛书各分册主题，具体见表 9-1[①]。

表 9-1 前沿领域发展战略研究系列分册主题

主题	牵头人
中国人工智能基础研究 2035 发展战略	袁亚湘
中国量子物质与应用 2035 发展战略	陈仙辉
中国基于加速器的粒子物理 2035 发展战略	赵政国
中国合成科学 2035 发展战略	丁奎岭
中国精准医学 2035 发展	金力、贺林、陈国强

---

① 最终选题名单共 20 项，其中"分子设计育种的科学、技术问题及规范化发展战略研究（2021～2035 年）"项目研究成果以"分子设计育种的科学技术问题及规范化发展战略研究"专辑的形式在《中国科学：生命科学》（2021 年第 51 卷第 10 期）出版，不在本丛书出版之列。因此，本章不包含该项目摘要内容。

主题	牵头人
中国生物信息学 2035 发展战略	陈润生
中国分子细胞科学与技术 2035 发展战略	李林、张学敏
中国再生生物医学 2035 发展战略	周琪
中国生物安全 2035 发展战略	高福、陈化兰
中国合成生物学 2035 发展战略	赵国屏、赵进东
中国基因治疗 2035 发展战略	魏于全
中国地球系统科学 2035 发展战略	汪品先、焦念志、金之钧
中国定位、导航与定时 2035 发展战略	杨元喜
中国深地科学 2035 发展战略	徐义刚、陈骏
中国工业互联网 2035 发展战略	梅宏
中国集成电路与光电芯片 2035 发展战略	郝跃、韩根全
中国机器人与智能制造 2035 发展战略	丁汉
中国高超声速航空发动机 2035 发展战略	李应红
中国先进材料 2035 发展战略	薛其坤

第一节 中国人工智能基础研究 2035 发展战略

一、科学意义与战略价值

人工智能，就是人造智能，从其自身含义来看，也就是研究开发能够模拟、延伸和扩展人类或者其他生物体智能的理论、方法、技术及应用系统的一门技术科学，研究目的是促使智能机器会听（语音识别、机器翻译等）、会看（图像识别、文字识别等）、会说（语音合成、人机对话等）、会思考（人机对弈、定理证明等）、会学习（机器学习、知识表示等）、会行动（机器人、自动驾驶汽车等）。目前基于大数据的深度学习人工智能主流范式与强人工智能有本质的差别，人工智能的硬件基础是经典计算机，计算能力依然受限，机器学习算法仍然没有突破基于数理统计的框架，这些都需要新的人工智能基础理论的突破。通过本领域的战略研究，揭示当前人工智能的机理、数学实现的方法、技术和面临的瓶颈困难，总结规律，寻找和凝练人工智能的最基础的、最本质的科学问题，揭示出人工智能本质问题的数学解释、建模和具体实现方法，分析人工智能目前所需要的数学、哪些人工智能问题目前的数学不能很好地解决，探讨人工智能问题促进新的数学产生和发展的可能性，发展新的人工智能理论方法，提出未来可解释和具有创造性的强人工智能的一些可能的基础研究方法和研究方向，以及人工智能的基础研究方面到2035年的发展趋势。具体包括如下几个方面：①论述人工智能在当今科学技术中的战略地位，探索人工智能基础研究的特点，系统梳理和分析发展态势，分析人工智能基础研究国内外的现状和比较；②从人脑的生物结构和认知心理学两个层面，梳理当前的人工智能各个学派的机理，总结其主要代表性的人工智能技术，分析其缺陷和瓶颈，阐述现有人工智能技术可解释性差、不具备创造性思维能力的原因；③研究现有人工智能建模与解释中的数学理论和方法，包括统计、概率、最优化、计算、计算机代数与自动推理、图论、博弈论、逼近论、几何与拓扑、统计物理等数学分支；④研究现有人工智能训练与求解中的数学理论和方法等分支；⑤提出人工智能的基础研究方面到2035年的发展趋势，给出可解释的、具有创造性思维的强人工智能的一些可能的基础研究方法和研究方向，分析和研判新的学科生长点，研究提出关于人工智能基础研究的发展方向与布局，对国家自然科学基金支持人工智能基础研究资助方向给出建议。

二、研究特点、发展规律和发展趋势

人工智能的发展融合了许多学科，同时也为科学和技术的发展发挥越来越大的作用，图9-1阐明了这一观点。

从图9-1可以看出，人工智能的研发内容包括人工智能的基础和人工智能的应用两个层面。人工智能的基础分为以下四个层次。第一层是哲学和伦理学，从哲学和伦理层面探讨人工智能，就是要回答：形式化规则或者形式

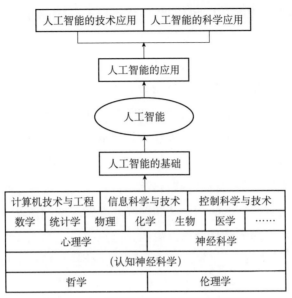

图 9-1　人工智能基础与人工智能的应用

化逻辑能够被用于推导出有效的结论吗？思维如何从物理的大脑中产生？知识来自何方？知识如何导致行动？第二层是人工智能产生的生物结构和心理活动的基础，即神经科学和心理学，神经科学研究大脑是如何处理信息的？心理学研究人类和动物是如何思考和行动的？第三层的基础学科包括许多自然科学学科，其中主要有数学相关学科（包括系统科学、统计学）、物理、化学、生物、医学等。什么是"能够被用于推导出有效的结论"的形式化规则或者形式化逻辑？什么可以被计算？我们如何用不确定的信息来推理？哲学给出了人工智能的一些基本思想，但是人工智能要跃升为正式的科学，需要在逻辑、计算和概率三个基础领域具有一定理论严密程度的数学形式体系。为了让人工智能获得成功，我们需要智能和人工制品两件东西，而计算机是被选中的人工制品，这就是第四层实现人工智能的技术层面的基础。因此，人工智能的基础研究是一个多学科交叉的重大而复杂的课题，本战略研究不可能涉及所有的层次，而重点研究第二层和第三层自然科学基础中的部分内容，其他基础研究有待后续课题进一步研究。

三、关键科学问题、发展思路、发展目标和重要研究方向

人工智能第二层的基础学科包括神经科学和心理学。人工智能研究的终极目标之一是创造出拥有类似甚至超越人类智能水平、可以灵活适应不同环境，同时解决各种问题的通用人工智能（强人工智能）系统。而作为目前唯一已知的类似系统，搞清楚人脑究竟具备哪些功能，又是如何实现的，对人工智能的发展显然具有重要的基础性意义。第一，认知神经科学的发展不断为人工智能研究提出新的科学问题。第二，对生物智能的准确描述和测量可以为人工智能设立标杆。第三，认知神经科学发现的脑活动规律可能直接启发人工智能产生新的方法和技术。第四，认知神经科学的研究结果有助于更好地评估和验证已有的人工智能技术。第五，认知神经科学和人工智能存在显著的协同性，二者的紧密结合将大大加速两个领域各自的发展。

人工智能作为引领未来的战略性技术，需要心理学作为基础提供理论框架和研究成果的支撑。目前语音识别、视觉识别、中文信息处理、自适应自主学习、直觉感知、综合推理、混合智能和群体智能等领域都有心理学的贡献。人工智能领域新算法的提出和发展，其中有很多是直接借鉴和模拟了人类的基本认知过程。在人工智能发展的过程中，许多人工智能的发现与大脑认知研究息息相关。近年来，随着人工智能领域发展的加快及领域复杂性的增加，许多研究者开始重新思考人工智能发展的方向。作为目前已知的唯一高级智能存在的证据，人脑的运行机制对人工智能研究具有非凡的意义。目前最为明显的发展趋势就是脑启发的人工智能（brain-inspired AI）或类脑人工智能（brain-like AI）。人脑的表现都明显优于人工智能，理解人类的认知功能机制有助于人工智能更好地发展。因此，心理学的研究与人工智能的研究是高度融合、互相交叉的。人工智能的研究借鉴了很多心理学的重要理论及研究发现。同时，人工智能的研究也为心理学的研究提供了一些新的研究手段。心理学与人工智能更进一步地结合必将结出更大的硕果。

数学相关学科是人工智能关键的支撑学科之一。众所周知，现在所谓的人工智能技术都是建立在数学模型之上的，从解释到实现都离不开数学，并且几乎用到了现代数学的各个分支。当前人工智能面临着可计算性、可解释性、泛化性、稳定性和创造性等重大理论挑战。人工智能所面临的这些基础

问题，其本质都是来自数学的挑战。机器学习是从数据中挖掘出有价值的信息，而数据本身是无意识的，它不能自动呈现出有用的信息。第一步要给数据一个抽象的数据再表达，接着基于数据再表达进行建模，然后估计模型的参数，也就是计算。机器学习的关键在于数据再表达学习。数据再表达需要适合后面的预测或者识别任务，也要适合计算。目前，基于深度表示的数据逐层再表达遇到的挑战是，大数据的需要可能导致过参数化，并且多层的表示导致问题高度非凸化。统计为解决问题提供了数据驱动的建模途径，代数、几何拓扑、概率论、随机分析、微分方程、图论、博弈论、统计物理等数学理论或工具可以引入来研究人工智能的数学机理。无论从统计角度还是数学角度来研究人工智能，其实际性能最后都要通过优化和计算呈现出来，最优化是人工智能基础模型和算法中的最重要的工具之一。

第二节　中国量子物质与应用 2035 发展战略

一、科学意义与战略价值

认识和利用物质材料是人类文明发展的基础，古代石器、青铜器、铁器、钢及现代硅基半导体材料的广泛应用，可以用来划分人类文明的不同发展阶段。从这个意义上讲，人类社会的发展史是一部物质科学发展的历史。量子物质前沿领域的兴起是人类对物质世界的认识深入到微观尺度的必然结果。近几十年来，对量子现象的研究跨越了不同的空间维度、时间尺度及丰富的物质体系，提升了人类对微观世界的认知，也从根本上改变了能源、信息和材料这三大当代科技支柱的原有理论框架与研发模式。量子物质前沿领域不断涌现的新材料、新现象和新物理，推动着人们产生全新的物理思想，促成科学上的重大变革，为信息、材料和能源领域的长久发展提供科学基础，具有重要的战略意义。

二、研究特点、发展规律和发展趋势

量子物质科学是发展前沿科技产业的必要物理基础，是高新技术发展的先决条件。目前，半导体集成电路工艺已进入 5 纳米技术节点，尺寸非常接近物理极限，能耗、性能和制造工艺等瓶颈问题日益凸显。基于量子物质的超导集成电路和全固态量子芯片，以及磁电高效耦合的异质结逻辑存储和运算等，将改进和突破现有的经典模式，简化多功能器件的构型，适应高密度、低功耗、极速的海量信息收集和处理，将对未来人们的生产和生活方式带来变革性发展。在面对第二次量子科技革命的关键时刻，布局量子物质与应用研究对我国的科学发展和技术升级具有重要的战略意义。这一领域的突破将会像半导体芯片一样给人类社会的发展带来极其深远的影响。

传统凝聚态物理的研究范式为基于单电子近似的能带理论和朗道费米液体理论，它们在区分绝缘体、半导体、金属和解释它们的物理性质上取得了巨大成功。在量子物质中，传统的能带理论和朗道费米液体理论不再适用：晶格、电荷、自旋、轨道等自由度紧密地耦合在一起，牵一发而动全身，使得量子物质表现为典型的复杂多体体系，其性质由大量电子的集体激发行为所决定，表现出多种多样、与单个电子截然不同的量子行为和特征。回顾历史，量子物质研究的兴起可追溯到 20 世纪 80 年代的两个重要科学进展：铜氧化物高温超导体的发现和量子霍尔效应的观测。前者展现了电子关联相互作用在物质体系中的重要作用，后者则将拓扑这一纯粹的数学概念引入物质体系中。这些发现确立了量子物质研究的主要方向，即电子的关联性和拓扑结构，它们共同构成了当前量子物质研究的两大核心前沿。

随着量子物质研究的兴起，传统凝聚态物理研究的面貌发生了重大变化，大量新的物理概念和理论方法不断涌现，在量子物质中观察到许多新的演生物理现象（量子反常霍尔效应、量子自旋霍尔效应、高温超导电性、巨磁电阻效应、多铁性与磁电耦合等）和演生粒子（外尔费米子、马约拉纳费米子、磁单极子、斯格明子等）。领域的发展也推动了角分辨光电子能谱、扫描探针显微镜、超快及非线性光谱技术等多种测量手段的发明和完善；量子多体系统的数值计算方法也得到空前发展。随着研究的深入，量子物质领域的发展在深度和广度上表现出强劲的态势。研究对象从早期的电子等费米体系拓展到光子、冷原子等玻色体系及极化子等复合准粒子体系，从三维块材扩展到量子效应显著的低维和界面体系；物态调控手段愈加多样化、协同化，通过磁场、电场、应力、堆垛摩尔周期等多种方式实现对量子物态和性质的调控；对材料制备的控制能力不断提高，薄膜生长和异质结构建技术使得人们有望实现"自下而上"的功能导向的原子制造技术路线，在原子尺度构造、搭建、调控量子物质体系，进而直接制造功能器件；与物理学、材料学、微电子学、计算机科学等多个学科的交叉更加深入广泛，表现出丰富的层次特征。

三、关键科学问题、发展思路、发展目标和重要研究方向

我国在量子物质与应用领域也早有布局并且进行了长期的支持。近年来，我国科学家在这一领域不断取得重大的原创性成果，包括铁基高温超导、量子反常霍尔效应、拓扑半金属等。目前，国际上量子物质领域总体仍处于基础研究全面开展和产业应用的培育阶段，至 2030 年是有望实现多点突破的关键时期。在布局上，需要追求在应用导向研究和长远探索性研究之间保持均衡发展。根据国家需求和领域发展前景，确立了量子物质领域六个重要研究方向：超导与强关联体系、拓扑量子物态体系、低维量子体系、多自由度耦合量子物态体系、极端条件下的新奇量子物态及量子物质的探索与制备。在量子物质探索方面，基于材料设计、大数据分析、机器学习等手段，结合"材料基因"和"原子制造"等研究方法，缩短研发周期，提高研发效率；在理论和计算研究方面，发展精确描述电子关联体系物性的理论方法，从量子物质复杂的物性中抽象出一个超越朗道理论框架且具有普适性的低能有效理论图像，并发展准确的大规模数值计算；在实验测量方面，发展一系列关键测量技术，实现连续可控条件、极端条件下不同测量手段综合应用场景下物性测量的能力的实质性提升，鼓励对高精密科研设备的自主研发；在器件与应用方面，发展先进量子物质和器件的精准制备工艺，加强相关元器件的探索性研究，建立描述新型功能器件的物理模型，发展与半导体工艺兼容的相关技术和工艺，加大投入开展产业应用的前瞻研究。

第三节　中国基于加速器的粒子物理
2035 发展战略

粒子物理研究的是物质最深层次的结构和相互作用，是最基础和前沿的科学领域，且与宇宙起源、演化紧密相关。基于加速器的粒子物理实验是粒子物理研究不可替代的最有效途径之一。它在技术推动发展上一直处在尖端，涉及粒子源、强流粒子束、束流监测和控制、超导高频腔、大型强磁和超高真空大尺度精密准时和测量、辐射探测和粒子鉴别、快/微电子学、海量数据的获取储存传输和处理等。这些技术在当今的高新产业、国防、能源、空间、深地、医学成像和交叉研究中都有广泛的应用。粒子和辐射探测技术也是研究物质多层次结构（原子、分子、材料、天体及宇宙学）的重要基本手段。基于加速器的核和与粒子物理大装置及由此发展出来的大的科学装置，如同步辐射光源、自由电子激光、散裂中子源、空间的粒子和辐射探测装置等，已是我国科学研究的重要和独特的组成部分。

我国正在运行的北京正负电子对撞机（BEPC Ⅱ）/北京谱仪（BES Ⅲ）是目前国际上唯一运行在陶粲能区对撞机实验，并取得了诸多重大成果，使得我国的粒子物理研究进入国际先进行列，在国际粒子物理学领域发挥着不可替代的作用。BEPC Ⅱ/BES Ⅲ实验同时也为我国积累了大量的先进技术和国际大工程管理经验，为不同的领域培养和输送了大量的优秀人才。BEPC Ⅱ/BES Ⅲ实验在 2026～2030 年将完成其历史使命。因此，我国应及时开展新一代粒子物理加速器研发与建造。

本领域融合了中国高能物理学会领导下的中国高能物理发展战略研讨，多次组织本领域的专家学者进行不同规模、不同层次的学术研讨会，认真分析了粒子物理的重大科学问题、国际发展态势、现有装置的现状及潜力、下一代装置的科学目标、关键核心技术及人才需求、项目的规模、国际地位、国际合作可行性，并对项目的经费、预研和建造周期等进行了深入和细致的研究，就我国基于加速器的发展战略及与其相关的科技政策提出了建议。

第四节 中国合成科学 2035 发展战略

合成科学是分子创制的核心和基础，包含化学合成和生物合成两种重要方式，与生命、健康、农业、材料和能源等领域密切关联。随着化学和生物领域的发展与技术进步，化学合成和生物合成之间出现由点到面的快速融合与相互促进的趋势，为合成科学带来了前所未有的创新机遇。化学合成有效支撑了生物合成的深入研究；生物合成则在催化机制、反应原理、合成策略、分子功能等方面为化学合成的发展提供了智慧。二者的交叉互融与相互促进具有重要的战略价值，推动了合成科学的变革和发展：①它使物质合成更加绿色、高效，有助于解决传统合成中单纯采用化学合成或生物合成难以解决的环境、效率和生态问题；②合成的手段更加丰富，有望挑战合成中的重大战略问题，如 CO_2 的固定和高效利用、人工室温固氮、生物质的高效转化和利用等；③它有助于人们设计与合成更多、更好新的功能分子，满足和促进医药、健康、农业、食品、材料、能源、电子等多个领域的发展与创新；④充分发挥化学合成和生物合成各自的优势，取长补短，能够有效突破发达国家在合成科学中已经确立的技术优势和壁垒，助力我国在与物质科学相关领域的创新、发展和产业升级。

经过 200 多年的系统性发展，合成科学已经成为包含合成化学、合成生物等不同学科方向的系统科学，取得突出成就的同时也面临挑战和机遇。随着合成科学的发展与进步，一方面人类认识自然、学习自然的能力显著提高，另一方面高效、绿色获取功能物质和材料的需求变得空前迫切。化学和生物学及其他相关学科知识需要高度融合，围绕重大科学问题和重要应用方向获取新知识、发展新方法和新技术，以满足高速发展的人类社会需要。相关研究方向也得到了欧洲、美国、日本、澳大利亚等发达国家和地区的高度重视。

近年来，我国在合成科学领域，尤其是化学合成与生物合成之间的交叉互融和相互促进方面，取得了巨大的进步。一些研究方向已经达到或接近世界一流水平，但是我国在更多的研究领域里尚处于"跟跑"或"并跑"的阶段，亟待加强和整体布局，形成系统性的竞争力和优势。本文的主要目标是从生物学促进的化学合成和化学促进的生物合成两个方面入手，总结合成科学的研究特点、发展规律和趋势，凝练关键科学问题、发展思路、发展目标和重要研究方向，为合成科学未来发展的有效资助机制及政策提供建议。本文旨在通过战略研究，在化学合成与生物合成之间建立深度的科学链接，融合二者各自的独特优势，突破传统的学科研究范式，构建跨越化学合成与生物合成的合成科学新方向。

预计到 2035 年，在合成科学框架下，化学合成与生物合成之间的交叉互融将主要围绕在催化剂、反应、合成策略和功能分子等四个层次多个方向展开。主要包括以下几个方面：①研究生物合成的分子机制，深层次理解酶的结构和催化机制、生物转化的化学原理和复杂分子的生物合成策略等，为生物学促进的合成化学提供理论支撑；②模拟生物酶的结构和催化机制，设计和发展高效的仿生催化体系，尤其是有重大合成价值和重要战略意义的合成转化的仿生催化体系，注重催化剂的效率和选择性；③提炼生物转化的化学元素，发现和发展仿生的化学反应，重点发展有重大合成价值和重要战略意义的仿生转化，注重反应的效率和普适性；④模拟复杂天然产物分子的生物合成策略发展仿生合成，实现高生物活性天然产物分子及其类似物的高效、快速构建，助力生物医药的创新和发展；⑤运用定向进化或化学的方法改造酶的结构，设计新的催化功能，提升酶催化效率和底物适应性，发展人工酶在化学合成中的应用；⑥发展酶促反应驱动的活性分子合成，包括复杂天然产物和医药分子的构建；⑦基于糖、蛋白质和核酸的生物活性和重要的生物功能，发展生物大分子的高效构建方法；⑧运用生物学促进的合成化学策略，聚焦医药、材料、能源、健康、碳中和、人工固氮等重大经济领域和社会问题中的重要转化，挖掘和拓展生物学促进合成化学的应用价值。

化学合成与生物合成是合成科学的两个重要支柱，二者呈现出深度交叉融合趋势的同时，还逐步整合人工智能、大数据、自动化等新技术，研究涉及范围广、交叉性强。鉴于合成科学领域面临的关键科学问题和到 2035 年的发展趋势，我们提出以下建议。

（1）加强人才队伍的培养与建设。化学合成与生物合成的融合涉及催化、反应、合成策略和功能分子等多层次、多方向，需要长期建设，整体布局，在各个重要方向培育一批国内外有影响力、研究特色鲜明的研究团队，培养出大量的研究型人才和技术型人才，为该领域的创新和发展打下坚实的基础和注入新的动力。

（2）持续的资助，推动该领域的创新发展和技术应用。长期支持开拓性的基础研究，提供产生探索性、原创性成果的土壤，发展引领性、变革性的生物与化学融合的科学，使合成变得更加高效、绿色、精准；积极支持发展CO_2固定、室温化学固氮、生物质的高效利用等重大转化的仿生催化技术，为重大合成转化提供新的解决策略；鼓励和支持生物学和化学相互促进的合成研究与应用，服务和推动化工、医药、农业、能源、材料等多个国民经济领域的创新和发展。

（3）组织保障和顶层设计。发挥科技主管部门在相关政策制定、项目指南编制过程工作的主导作用，在人才培养和资金支持方面确保合成科学在不同层次和发展方向的合理布局、平衡发展，形成整体的优势和国际竞争力。

（4）鼓励交叉合作，促进原始创新。重视交叉合作项目和重大项目程度的资助，形成攻坚克难的交叉研究团队，拉近生物学家和化学家的距离，鼓励合作，形成创新思维，促进原始创新成果的产生。

第五节　中国精准医学 2035 发展战略

一、科学意义与战略价值

精准医学是针对疾病病因的复杂性，综合考虑个体生物特征、环境、生活方式存在的个体差异，制定有效健康干预和治疗策略的医疗模式。精准医学既是科学研究的前沿，又体现了医学科学的发展趋势，代表了临床实践的发展方向。精准医学充分考虑个体差异，形成个体化治疗方案，可以从根本上精准地优化诊疗效果，提高国民健康水平。同时，发展精准医学可提升国家生物医药领域的创新能力，并带动相关产业的快速突破，推动经济发展。

二、研究特点、发展规律和发展趋势

精准医学集合了诸多现代医学科技发展的知识与技术体系，是生物技术、信息技术、医学研究的交汇、融合与应用。精准医学体现了系统生物学的思想与路径，是数据驱动的科学发现范式的典型代表，覆盖了从基础研究的知识发现到临床应用的诊疗方案的创新全链条，其发展需要多类型创新主体的协同，需要"举国体制"式的管理模式。

精准医学的科学和社会价值日益凸显，各国加大布局，提供持续稳定的资金保障，符合精准医学需求的大型队列与大数据平台全面铺开建设。当前，精准医学体系逐渐从成熟走向应用，其理念和研究范式已在医学研究、临床中应用与实践。精准医学已经应用于癌症、糖尿病、罕见病等更多疾病的研究和临床决策指导，基于组学特征谱的疾病精准分型研究不断突破，为药物研发提供新机制、新靶点；多款基因检测、液体活检、分子影像等技术与产品研制成功，提高疾病精准诊断和早诊早筛水平。靶向治疗、免疫治疗、基因治疗、RNA疗法等精准治疗药物陆续进入临床应用，大幅度提高疾病治疗水平。

在"十三五"时期，我国抢抓精准医学起步的时间窗口，系统设计、前瞻布局了精准医学重点专项，专项设计了生命组学技术、大规模人群队列、大数据平台、疾病精准防诊治方案、临床应用示范推广体系五大任务，实施成效显著，部分成果达到国际领先水平，为超越发展奠定基础，已经初步搭建了精准医学体系框架，精准医学理念与路径在临床实践中快速推广。但是，我国在精准医学体系建设和发展的支持机制中还存在不足，超越发展面临巨大挑战。

三、关键科学问题

高质量大型队列、大数据、疾病精准防诊治方案研发是未来精准医学实施的关键。精准医学的实施路径需要大型队列结合生命组学,对健康状态和疾病的发生发展开展系统研究,形成精准防诊治方案。因此,高质量大型队列是未来精准医学实施的关键,其建设需要满足人群的多样性和覆盖度、参与者完整健康数据的收集,以及整合多组学、环境、表型信息进行归因分析,确保能够长期随访。在队列研究中,标准统一、互联互通、开放共享、数据的关联整合研究是关键。精准防诊治方案的研发是精准医学临床应用的关键,阐释疾病的发生发展机制,对疾病进行精准分型,并发现生物标志物,进行防诊治方案研发,从而实现个体化治疗。

四、发展思路

当前,我国正向第二个百年奋斗目标迈进,更需要持续和深化精准医学研究,充分利用我国人群疾病资源丰富和举国体制的优势,以建设国家队列和精准医学大数据平台为抓手,解决"原创弱、研发散、推广难"的瓶颈问题,开展基于国家队列、符合我国人群特征的疾病精准防诊治方案研发与推广,系统解决医疗新技术、诊断新产品、原创新药物等"卡脖子"问题,最终构筑我国精准健康体系,满足人民生命健康需求,实现科技自立自强,整量级提升我国生命健康基础研究水平、医药健康产业的创新策源能力,助力我国经济高质量发展。

我国精准医学至2035年的发展思路和战略为:面向精准医学发展前沿,立足我国人民健康需求,在已经搭建的精准医学体系框架基础上,实施"三步走"战略。第一步,夯实基础,建成国家队列和精准医学数据平台,进一步推广精准防诊治方案(2021~2025年);第二步,深化发展,实现关键技术与产品自主可控,全面推广精准防诊治方案(2026~2030年);第三步,全面建成精准健康体系,实现国际引领,产业具有国际竞争力(2031~2035年)。

我国精准医学发展的重点任务和研究方向为：以"建平台、促研究、惠民生、兴产业"作为指导方针，明确我国精准医学发展的三大重点任务。一是建设国家队列和精准医学大数据平台。建成全球领先的高质量、高精度、多维度国家队列和标准化、可共享、可持续的精准医学大数据平台，全面加强高精度表型测量、多维纵向大数据融合等核心共性技术研发，支撑我国医学研究范式转变，为原创超越和引领发展奠定基础。二是基于国家队列，系统研发疾病精准防诊治方案。建立符合中国人群遗传背景与疾病特征的精准预防、精准诊断和精准治疗方案，持续产出重大疾病和罕见病精准防诊治的中国标准、中国指南和中国方案。三是面向基层专科能力提升，全面建设疾病临床精准防诊治方案的应用示范推广体系。采取边建设、边研究、边应用、边推广的模式，加快精准医学研究成果在全国的应用推广。结合智慧医疗和远程医疗体系，将疾病精准防诊治方案和规范快速推广到基层，提高基层专科能力，惠及民众。

面向人民生命健康，发展精准医学是实现预防为主的健康策略的重要路径。我国前期布局也已夯实了精准医学研究的整体框架，初步形成了竞争优势，应紧抓发展机遇期持续布局，实现赶超发展。因此，建议我国持续加大研究投入、改革组织管理体制机制、建设研究平台和人才队伍、组建协同创新网络等，为构筑我国精准健康体系提供基础性支撑。

第六节　中国生物信息学 2035 发展战略

随着"后基因组"时代的到来和各种高通量研究方法的不断涌现，生命科学与健康医学领域对高通量数据的获取与分析的需求与日俱增，以生物大数据为研究对象的生物信息学也日益受到重视。生物信息学（bioinformatics）是生命科学与计算机信息科学及数学、统计学、系统科学等多学科相互交融而成的新兴学科。21 世纪以来，随着基因组测序及各种组学研究方法的开发与普及，生物信息学已经发展成为现代生命科学研究领域一个非常重要的分支，并且成为催生很多新的研究方向和科学发现的原动力。生命科学在生物信息学的推动下，正在经历着一场革命性变革。在这场变革中，很多新的技术与方法应运而生。

纵观生物信息学 50 多年的发展历史可以看出，生物信息学的发展是非线性的、分阶段的，与之紧密相连的是生命科学和计算机科学的进步。传统生物信息学的研究内容主要包括数据库构建、序列分析比对与基因功能预测、转录因子识别位点预测、进化分析、RNA 与蛋白质结构预测、基因调控网络构建等。随着"后基因组"时代以第二代测序技术为代表的一系列高通量研究方法的广泛应用，生物信息学的研究重点逐渐转变为大数据解析、整合与可视化等方向。在生物信息数据分析的助力下，生命科学领域已经产生了很多新的研究方向，如表观遗传修饰动态变化、染色质高级结构解析、单细胞检测与谱系分析等。在此基础上，生物信息学也迎来了前所未有的快速发展。

鉴于生物信息学对现代生命科学与医学研究的巨大推动作用，主要发达国家的政府、药品研发公司和医疗检测公司等均对生物信息学抱以极大的兴趣，生物信息学对国家生命科学创新战略的贡献已成为各国政府日益关注的问题。随着生命科学领域研究方式的变革，生物信息学已经从一个新兴交叉学科，发展成为催生生命科学领域新的研究方向和重大科学发现的重要原动力，也成为各国在生命健康领域竞争的一个核心焦点。

本领域涵盖了生物信息学的基础资源与共性技术问题，如数据资源与数据库、算法与软硬件、人工智能与新信息技术、调控网络与生物建模等，组学数据解析、结构生物信息学、生物进化等生物信息学主要研究方向，以及生物信息学在医疗健康、农业、环境、生态、生物安全和空天科学等研究中的应用。分别从发展历史与驱动因素、国内研究基础与国际竞争力、发展态势与重大科技需求、2025～2035 年的关键科学与技术问题、发展目标与优先发展方向的角度，对上述问题进行逐一阐述。相信本领域的内容对科研人员与学生了解生物信息学领域相关知识，以及科研政策制定人员和生物医药产业人员快速掌握生物信息学领域概况与发展趋势，均具有一定的参考价值。

生物信息学是一门新兴学科，人才储备相对较少，而科研领域和企业均对生物信息学领域人才具有较大的需求，面临严重的人才缺口问题。另外，生物信息学研究需要较强的学科交叉技能，要求研究人员在生命科学、医学、统计学、软件编程、算法开发等方面均具有一定的知识和技能的积累，因此与很多其他学科相比，优秀生物信息学研究人员的培养也具有更大的难度。鉴于上述原因，需要进一步加强对生物信息学的重视并提升生物信息学领域的影响力，吸引更多具有生命科学、计算机科学、数学等背景的研究人员加入生物信息学的研究队伍，促进不同背景和特长的研究人员深度交叉合作，并建立相应的人才评价保障机制，这样才有助于产生更多重要的创新性研究成果。目前，我国已有很多高校设立了生物信息学专业。随着科研与企业界对生物信息学人才需求的不断增加，预计会有越来越多的学校开设生物信息学本科和研究生专业，在课程设置上也将更加注重需求导向和能力培养。

除人才短缺外，鉴于生物信息学交叉学科的性质，大多数生物信息学研究成果均是合作完成的，这种合作研究的模式也大大促进了生命科学基础研究、医学、农学等领域的发展。近年来，国外极其重视生物信息学的发展，在生命科学领域国际著名的重大科学计划（人类基因组计划、ENCODE、癌症基因组图谱等）中，生物信息学都发挥着极重要的发起或主导作用，但是由于我国现有人才评价标准的一些局限，我国在生物信息学领域的人才发展还面临很多困难。虽然生物信息学的不可或缺性被越来越广泛地认可，但是生物信息领域的研究人员却更多地被认为在重大研究项目中承担支持性的研究任务，鲜有生物信息学家主导的大型科研项目得以实施。在科研成果和人才评价中，生物信息学者的贡献也往往被定义为发挥辅助性的作用，从而严重影响了生物信息学领域科研人员的积极性和创新作用的发挥。

针对上述问题和我国在科技创新中的实际需求，建议在科技政策制定方面考虑以下内容：①加强对生物信息学学科的重视，加大对生物信息学领域的经费支持，计划并实施一些由生物信息学主导并有助于解决生命科学和医学领域核心关键问题的大型项目；②正视生物信息学各研究方向的价值与作用，推动符合生物信息学学科特点的贡献评价方法与评价体系的建设；③注重推进学科交叉，鼓励计算机科学、数学、统计学等学科的研究人员参与生物信息学相关研究；④通过科研项目鼓励生物信息领域的研究人员与生命健康领域的科研机构、医院或企业合作，以便充分发挥生物信息学的学科交叉优势，并促进解决相关实际需求。

第七节　中国分子细胞科学与技术 2035 发展战略

一、科学意义与战略价值

细胞是生命体结构和功能的基本单元，生物分子是实现细胞生命活动的具体执行者。分子细胞生物科学与技术前沿领域的实质即分子细胞科学，是以分子细胞生物学为基础，与数学、物理、化学、信息科学、医学等交叉融合，研究细胞生命活动规律及其分子机制的前沿性、交叉性新兴学科。分子细胞科学利用学科交叉新技术、新手段，对生物分子、功能元件和细胞进行定性到定量、延滞到实时、静态到动态、离体到原位、单一到网络、局部到整体的研究，揭示其数量、形态、结构和功能的因果关系，为实现对细胞的操控与人工改造提供理论基础和技术手段。

发展分子细胞科学具有极大的科学意义与战略价值。首先，提高了探索生命本质的深度，使对细胞结构和功能的探索实现了从"对分子机制的单一表象分析"到"从多个维度深度阐释机理"的转变。其次，为生命的改造提供了更加优化的技术策略，进一步推动了对细胞内分子和细胞整体功能的精准操控。再次，上述为认识生命和改造生命带来的理论和技术的升级，为破解生命科学各种重大科学问题提供了更全面和深入的支撑，将推进生命科学领域整体的快速发展。最后，推动了更精细和真实地揭示人体生长发育和疾病发生发展机制与规律，可为疾病精准诊断和先进治疗的研发应用提供源头理论与创新策略。

二、研究特点、发展规律和发展趋势

分子细胞科学的发展主要经历了两个阶段：其一，分子生物学与细胞生物学交叉融合推动对细胞认识深度的不断跃迁，细胞生物学开始向分子细胞生物学的方向发展；其二，多学科交叉引领分子细胞科学的出现及快速发展，分子细胞生物科学与技术逐渐统一和上升为分子细胞科学。科技机构资助、重大专项与科技规划及科研论文产出等多方面的研究显示，分子细胞科学是当前全球生命科学研究的前沿和热点领域。

三、重要研究方向

本学科领域主要有以下重要研究方向。

（1）基因组的结构与演化。基因组包含的遗传信息是生命活动的基础。基因组线性编码如何决定多彩的细胞生命活动，生命体如何解决基因组序列的完整性维持与变异之间的矛盾以实现持续发展，能否通过构建人工合成生命探索生命奥秘并创造出自然界不存在的生命形式，上述问题都是该方向的重点和前沿。

（2）生物分子的结构功能与设计。生物分子的特异性识别是其发挥功能的基本前提，因此需要高精度解析生物分子的三维结构。研究生物分子代谢的过程及其相互之间步骤的偶联机制，从而解析生物分子的功能。另外，基于对生物分子的结构与功能的理解，根据需求设计和改造生物分子正在成为可能。

（3）生物分子模块的组装与功能性机器。细胞的生物学功能是由成千上万种生物分子通过相互作用、动态组装形成的生物大分子机器来执行的。通过揭示生物分子机器的组装、修饰、定位、转运和动态调控机理，可阐明其在体内高度协同工作的规律，为实现生物大分子机器的设计、模拟及操控提供基础。

（4）亚细胞结构的形成与相互作用。亚细胞结构包括经典的膜性细胞器和大量无膜细胞器——生物大分子凝聚体。由单个细胞器转向多个细胞器的集成研究，聚焦内膜系统协同互作的精细调控机制和生理功能及意义。从生物大分子"相分离"和"相变"切入研究，在更高的时空分辨率尺度下解析结构与功能。

（5）细胞类型的区分与确定。揭示多细胞生物不同的生命活动与功能，需要区分和鉴定其多样的细胞类型。细胞类型的遗传学基础、细胞类型与环境之关系、细胞类型的分型技术与标准等均为该方向的前沿，构建复杂生物体生理和病理状态的细胞谱系、鉴定出环境引发的基因组异常等问题是仍旧存在的挑战。

（6）细胞命运的决定及其可塑性。细胞时刻都在面临不同生命属性的选择，不但要阐明细胞命运产生的机理和成因，也要关注细胞命运多样、可变的可塑性。目前热点在于生殖细胞、成体干细胞的命运决定与转换机理、重大疾病与机体损伤修复中的细胞转分化、调控细胞命运决定的动态信号网络等方向。

（7）细胞通信及其与微环境的互作和功能。多细胞生物的细胞间形成复杂的细胞通信网络与反馈机制，同时细胞感知微环境并之进行交互反馈与调控。目前研究以新型细胞通信信号分子与通信方式、细胞－微环境互作与跨器官细胞通信为重点，阐明细胞通信时空特异性调控网络的机制与功能。

（8）分子生物网络与"数字化"细胞。研究分子生物网络的结构和动力学是在系统水平上深入认识细胞功能的基础。网络的重构、网络的分析及利用网络解决生物学问题是分子生物网络研究的三个基本问题，而基于分子生物网络虚拟产生"数字化"细胞将为分子细胞科学带来全新的研究视角。

（9）细胞的人工改造。细胞损伤导致的组织和器官的功能失调会导致重大疾病，细胞的人工改造有望推进医疗技术走向细胞治疗的革命性转变。鉴定优化细胞功能的靶基因并深入阐明细胞疗法机制、拓展新型免疫细胞来源及改造方法、开发能感知微环境的"智能细胞"是未来发展的重点研究方向。

总之，该前沿领域的突破不仅有助于阐释细胞的生命本质与活动规律，而且为生物医药和健康产业提供源头性创新成果，将引领生命科学进入新的时代。

第八节　中国再生生物医学 2035 发展战略

一、科学意义与战略价值

再生生物医学是一门多学科交叉融合的新兴学科，是生命科学和医学研究的前沿与制高点。20 世纪中叶以来，生命科学和生物技术发展日新月异，带动了医学进步和健康水平提升，并对经济社会发展产生了重大而深刻的影响。进入 21 世纪，科技发展日新月异，干细胞、基因编辑、生物合成等颠覆性技术不断突破，并与信息、人工智能等学科交叉融合，革命性地改变了再生生物医学的研究范式，并将带来生命健康领域的产业变革。

当前，社会现代化、人口老龄化使疾病谱发生重要变化，恶性肿瘤、心脑血管疾病、创伤、内分泌代谢性疾病、神经精神疾病、呼吸系统疾病、生殖系统疾病、慢性退行性疾病等严重威胁人类健康。尽管医学水平已经有了大幅提升，但对上述疾病仍缺乏有效治疗手段。再生生物医学为当前所面临的重大健康挑战提供了新的解决策略，具有巨大的临床前景和产业潜力。我国正处于经济和社会发展的重要转型期，多种挑战叠加。加强再生生物医学布局，对积极应对老龄化、提升健康水平、推动经济发展和社会进步具有重要战略意义。

回溯人类发展历程，每次科技变革都极大地提升了社会生产力并推动了人类文明的进程，并影响着国家的发展和国际格局的演变。再生生物医学是前沿学科技术的交叉融合，有望引领新一轮科技、产业甚至社会的革命。许多发达国家将之作为未来科学与技术发展的必争领域，并斥以重资建立研究机构，如美国加州再生医学研究所、哈佛大学干细胞研究所、日本京都大学 iPS 细胞研究所等。我国在再生研究领域虽然起步较晚，但发展迅速，在干细胞与再生生物医学领域的基础理论、关键技术、资源储备及临床应用等方面取得了系列重要进展，同时通过项目、平台、学会等渠道，布局干细胞战略资源，推进相关质量、标准和伦理体系建设，并积极推进国际协同。面向人民生命健康，再生生物医学需要进一步聚焦领域重大问题，系统谋划、有序推进，取得重大原创突破并实现转化应用，抢占未来发展的制高点，支撑科技强国和创新型国家建设。

二、研究特点、发展规律和发展趋势

目前，再生生物医学领域发展如火如荼，在退行性病变、脑卒中、糖尿病等重大疾病及多种罕见病治疗领域已逐步显现出优势，国际竞争日趋激烈。

2011～2021 年，全球再生生物医学领域共发表论文 489 734 篇，文章数量年均增长率约 10.49%；申请专利 51 308 件，近年数量增长率为 15.5%。从政策方面来看，美国早在 20 世纪 90 年代初就高度关注，并于 2017 年发布再生生物医学产品研发和监督综合性政策框架。欧盟联合各成员国于 2017 年将组织工程、细胞治疗、基因治疗产品纳入先进技术治疗医学产品生产质量管理规范指南。日本在诱导多能干细胞方面产生重大突破，并利用国家力量推动诱导多能干细胞在再生医学中的转化应用，形成了相对宽松的研发和转化政策，近年在基础前沿和转化应用方面也取得了斐然的成绩。

我国高度重视再生生物医学领域的发展，通过积极布局，在干细胞与再生生物医学领域的基础理论、关键技术、资源储备及临床应用等方面取得了一系列重要进展。在临床和产业转化方面，我国统筹考虑健康需求和领域特点，通过"干细胞临床研究"和"药品临床试验"两条路径同时推进。截至 2022 年 5 月，我国已有干细胞临床研究备案项目 87 个，默认许可干细胞新药临床试验 31 项。在各方共同努力下，我国取得了 CAStem 新型细胞药物，胰岛干细胞，组织工程皮肤，3D 打印全肩关节、肝单元、硬脑膜等一批代表性产品和技术突破，初步形成了相对完整的产业链和能够支撑领域进一步健康发展的产业生态。

三、关键科学问题、发展思路、发展目标和重要研究方向

当前，再生生物医学研究的领域热点主要涉及干细胞与早期胚胎发育、干细胞与器官发生、机体损伤修复与再生、组织器官制造新技术、再生生物医学的应用转化等方面。本文面向人民生命健康重大需求，基于我国再生生物医学方面的基础、机遇和挑战，分析支撑和保障领域发展的创新平台、要素需求和创新生态等因素，提出积极布局再生机理、组织与器官工程、再生医学前沿交叉等优先方向。

再生机理方面，构建体系化的再生生物医学研究模型和工具系统，开发多种新技术，系统解析跨器官、跨阶段、跨年龄的再生能力调控网络，深入挖掘再生过程的重要调控节点、生物标志物及潜在干预靶标，并进一步探索利用药物干预、基因干预、细胞干预等手段探索促进再生、延缓衰老及防治

衰老相关疾病的干预新策略。

组织与器官工程方面，以组织工程三要素（细胞、支架、生长因子）为基础，重点布局相关技术体系建立，开发器官的一体化构建、维持和互联技术。体外构建大尺寸功能器官，并充分考虑与血管、神经、免疫等系统的整合。推进组织工程的临床转化和未来个性化治疗，实现按需治疗和即时可用治疗。在2030～2035年，组织工程将在人工智能技术的介入下逐步实现数字化。

再生医学前沿交叉方面，以原创突破、技术创新和范式变革为目标，在人体功能模拟、创新细胞技术、细胞资源与转化等方面，系统布局重大设施体系。一方面有力促进生命、工程和人工智能等学科的交叉融合，在优先方向上催生生命科学重大原创产出；另一方面，主动变革医药研发的范式，提升生物医药研发效能带来医药健康产业的变革。

第九节　中国生物安全 2035 发展战略

生物安全攸关国家安全，是大国间博弈的新兴领域。当前，主要发达国家均已将生物安全纳入国家战略，作为国防和军事博弈的制高点。我国面临严峻复杂的生物安全形势，突如其来的新冠疫情对国内及国际产生了一系列影响，成为百年未有之大变局的一个标志性事件，更凸显出生物安全对国家安全和发展的重要意义。2020年2月14日，习近平总书记在中央全面深化改革委员会第十二次会议上指出："要从保护人民健康、保障国家安全、维护国家长治久安的高度，将生物安全纳入国家生物安全体系，系统规划国家生物安全风险防控和治理体系建设，全面提高国家生物安全治理能力。"[1]中华民族正处于伟大复兴的重大历史时期，有必要将生物安全作为国家战略竞争力的重要部分，防范和应对生物安全风险，保障人民生命健康，保护生物资源和

---

[1] 中央全面深化改革委员会第十二次会议精神.（2020-02-14）. http://www.jiyuan.gov.cn/gov_special/ 2018/gaige/gg_hyjs/202004/t20200420_665788.html[2020-02-15].

生态环境，促进生物技术健康发展，推动构建人类命运共同体，实现人与自然和谐共生。

基于对生物安全重点领域的长期研究积累和跟踪调查，结合当前我国乃至全球生物安全领域的主要问题与挑战及学科发展趋势，本文主要涉及八个重点领域：①人类重大传染病；②重大动物疫病和人畜共患病；③生物技术研究、开发与应用安全；④病原微生物实验室生物安全；⑤人类遗传资源与生物资源安全；⑥防范外来物种入侵与生物安全；⑦应对细菌耐药；⑧防范生物恐怖袭击与防御生物武器威胁。最后，本文还分别探讨了生物安全能力建设和生物安全科技支撑体系的规划布局。

人类重大传染病和动物疫病是事关国家安全和发展、事关社会大局稳定的重大风险挑战。我国公共卫生综合防控体系随着应对多次疫情事件而逐步完善，但仍然在基础研究、新发突发传染病风险监测预警能力和体系等方面存在问题与短板。为应对未来仍会不断出现的新发突发传染病威胁，有必要及早布局和开展新型病原体的发现、鉴定与监测等领域的科学研究及技术开发，并进一步健全传染病防控机制与体制，完善国家数据库建设，推动全球信息共享。

生物技术正在成为一个创新、跨学科的领域，成为应对多领域社会挑战的领先技术之一。从生物技术的发展趋势看，值得关注的问题包括：各国发展不平衡，存在技术"鸿沟"；技术管理与技术发展不同步，缺乏有效的法律法规和监管；生物技术突破所引发的伦理问题有待被充分认知。对此，我国亟须推进生物技术安全法治体系建设、生物技术安全体制机制建设，准确分析和评估合成生物学、人造碱基等前沿技术对生物安全领域所造成的影响。

生物安全实验室是开展生物安全相关研究的基础设施和重要平台，可以保护研究人员免受污染，防止微生物进入环境。未来，我国需要持续加强生物安全装备基础材料和核心部件关键技术创新，加速融入交叉学科和智能化技术，建立权威的生物安全装备性能验证评价体系和平台，提升国产化设备使用体验、实际应用和应急物资储备。

人类遗传资源与生物资源安全是生物安全的重要组成部分，在保障资源安全、生态安全乃至国家安全方面发挥着不可替代的作用。我们面临生物信息资源管理与利用的技术挑战，存在遗传信息潜在谬用或滥用风险和生物科技领域的信息网络安全风险。未来需关注的发展趋势和前沿问题包括：FAIR原则（可发现、可访问、可互操作、可重用）下的生物数据存储、组织、访问，人类遗传资源主动防护基础数据库，全球微生物组计划，等等。

外来物种入侵已成为影响全球生物多样性、经济可持续发展和公共卫生健康的重大隐患。"同一健康"（One Health）理念为解决该问题提供了一个跨学科和跨地域的全球协作方案。我国需要持续调查外来物种入侵的现状，评估气候变化、人类活动等因素对物种入侵的影响，解析外来物种的入侵机制和危害产生机制。

细菌耐药性已成为全球共同面临的最紧迫的健康威胁之一。细菌耐药性具有可遗传、可传播性，可发生基因水平转移、垂直传播及耐药菌/耐药基因跨宿主传播，从而加剧细菌耐药性的生物安全风险。本领域未来急需关注的前沿方向包括：细菌耐药快速检测技术，细菌耐药性产生、传播和控制机理，系统性细菌耐药风险评估，抗菌药物及其替代物研发，药物使用策略，耐药菌/耐药基因消减技术，等等。

在防范生物恐怖袭击与防御生物武器威胁方面，我国面临的生物安全形势复杂严峻，传统安全问题与非传统安全问题交织，外部威胁与内部风险并存。当前，非传统生物战模式在国际军事、政治、经济格局中发挥重要作用，值得关注的生物战新模式包括生物袭击、生物暗杀、生态袭击、基因攻击等。本领域未来急需关注的前沿问题包括"两用"[①]新技术威胁、生物恐怖、生物技术谬用等。

保障生物安全，要建立可持续、完善的生物安全防控体系，需要加强生物安全能力建设，合理布局生物安全科技支撑体系。为此，建议从完善重点学科领域、人才布局、国际合作、设施建设和资助机制五个方面着手，最终实现我国生物安全科技发展愿景，"到2035年，我国应当拥有充分的科技储备应对重大生物安全事件；到2050年，我国应当具备前瞻性的科技储备和防控体系，把重大生物安全事件发生扼杀在萌芽当中"。

---

① 科学技术在促进人类社会发展的同时也会构成安全威胁，学术界将科学技术的这种特性称为"两用性"（dual-use）。

第十节　中国合成生物学 2035 发展战略

"合成生物学"作为一个"隐喻"性名词被提出来，距今已有超过 100 年的历史。在以 DNA 双螺旋模型和以中心法则为代表的生命科学核心理论的基础上，20 世纪 70～80 年代，DNA 重组（基因克隆）和 DNA 测序技术的突破和发展，将生命科学推向了分子生物学及基因工程革命的顶峰，"合成生物学"这个名词，也随着波兰遗传学家斯吉巴尔斯基（Waclaw Szybalski）的预测，初步展现了它"愿景"的风采。20 世纪末，人类基因组计划带来的第二次革命，实现了基因组的全面"解读"，系统生物学和定量生物学对生物体组成和生命规律的认识达到前所未有的深度与精度。2010 年，科学家人工合成约 100 万碱基的支原体基因组，并将其转入另一种支原体细胞中，获得可正常生长和分裂的"人造生命"，实现了"撰写"基因组的梦想。

21 世纪初，一系列利用生物元件在微生物细胞底盘内构建逻辑线路的成功案例，将工程科学研究的理念引入生命科学领域；合成生物学在工程科学的基础上，被重新界定为一门新兴的前沿交叉学科，并吸引了一批从事工程科学的中青年科学家投入生命科学研究中来。他们通过国际基因工程机器大赛（iGEM）等活动，吸引大批青年学生在参赛过程中，像工程师那样组建"团队"，使用工程科学的"设计－合成－测试－学习"的研究理念，去"创建生命体系"。更重要的是，在习惯于"单兵作战"的生物学研究领域里，多学科交叉、团队协作的工程学研究文化——生命科学研究的工程化，由此形成；也将生命科学的研究推向"建物致知"的新高度。今天的合成生物学，无论是在构建工程化的生命体系方面，还是在生命体系的工程化构建方面，都取得了一系列突破性的进展。它不仅逐步将对生命系统的研究提升到"可定量、可预测、可合成"的新高度，而且深刻影响物理与化学的发展，是一场从根本上提升生命世界（包括人类自身）"能力"的革命——"汇聚研究"革命。

另外，合成生物学汇聚了合成科学、基因组学与系统生物学及工程科学等各学科的研究理念，在一系列使能技术突破的基础上加快了技术的工程化应用。通过利用天然或"非天然"的生物合成"元件"，在细菌或酵母底盘中实现了多种植物次生代谢产物的工程化合成；在工程科学的基础上，重塑以异源表达为核心的传统代谢工程，突破以往通过改造微生物细胞中生物合成基因，提高次生代谢产物产量或改变其结构的"常规"，开创以构建分子机器（体外合成）和细胞工厂（体内合成）为代表的合成生物制造的新兴生物工程领域，揭开了"建物致用"的"产业前景"帷幕。由于近年来巨大的研发及产业转化努力，合成生物学的应用迅速向材料、能源等社会经济重要领域和医药、农业、食品等人民健康相关领域拓展，正在形成一个新兴的"产业方向"，甚至有可能形成新兴的"投资生态圈"。

合成生物学这些"光明"的前景引起了各国政府和社会各界的重视。欧美等国家发布合成生物学／工程生物学的研究和技术路线图，在加大经费投入的同时，运用交叉前沿和颠覆性技术作为先导，创新科研机制体制，成立若干个实力雄厚的科研机构与组织以实现不同学科和不同机构的协同发展。在我国，合成生物学不仅是中央，而且是许多地方政府"十四五"规划中重点支持的方向。合成生物学在这种"政""学"呼应之下，呈现出"研""产""用"并举的发展格局。

近年来，我国在合成生物学领域的科学研究、平台设施建设、国际交流合作等方面都取得了长足的进步，出现了"创造"世界首例单条染色体真核细胞、实现 CO_2 到淀粉的从头合成等重大科技进展和突破。但是，我国在底层创新、成果转化和科研生态等方面与发达国家还存在差距，需要从新的格局出发，总结合成生物学发展过程中积累的经验教训，倒逼合成生物学发展中科技战略布局中的问题，特别是真正认识实现其核心理论与技术工程平台突破的"瓶颈"，冷静思考实现突破的方向与途径，以及探索推进突破所应采用的战略、战术、思路、方法乃至文化和政策生态。这就是中国科学院和国家自然科学基金委员会联合推动第二次关于合成生物学的学科战略研究的"初心"。

为进一步推动我国合成生物学高质量发展，强化合成生物技术战略科技力量，构建合成生物学战略布局，在追溯合成生物学发展历史的基础上，本文首先对合成生物学的定义做了系统梳理，强调了工程学的目的导向，强化阐述了新兴学科所必须具备的特有的理论构架与技术（工程）平台；全面梳理了合成生物学区别于其他生命科学学科的工程学、生命科学和生物技术内涵，以反映合成生物学的工程技术本质和科学理论本质。通过总结合成生物学发展的瓶颈，本文尝试进一步明确合成生物学研究的核心科学问题和"设计生命"所面临的关键理论瓶颈，探索与近年来不断发展的定量技术、合成技术、大数据技术及机器学习能力相结合，将合成生物学提升到"定量合成生物学"新阶段的发展途径，以及由此促进生命科学研究范式的转变，引领新一代生物技术和工程生物学的发展潜能。本文面向国民经济和人民健康的重大战略需求，分析合成生物学技术在工业、农业、健康、能源、环境、材料等领域创新应用所带来的潜在价值和战略意义，系统调研并整合多方观点，提出面向2035年我国合成生物学在基本科学问题、重点技术和应用领域的发展方向及政策建议。主要内容包括：加强顶层设计和基础研究投入支持；利用合成生物学的手段推动理论研究；聚焦更高效、更精准、更智能的合成生物使能技术及先进的分析技术；重视合成生物学的工程应用；夯实多学科专业基础的学科教育和人才培养体系；关注促进"汇聚"的生态系统的建设，以及合成生物学的治理体系建设等，以保障并促进其健康快速地发展。

第十一节　中国基因治疗 2035 发展战略

一、科学意义与战略价值

基因治疗是以改变人类遗传物质为基础的生物医学治疗模式，通过基因水平的操作介入和干预疾病的发生发展，进而对疾病进行防治，已在多种与基因变异有关疾病上显示出治愈的潜力。随着基因治疗导入载体技术的发展、细胞基因治疗技术链的建立和新型生物技术的突破，基因治疗产业链在欧美发达国家已初步形成，基因治疗的时代正在到来，我国基因治疗战略发展规划迫在眉睫。

二、研究特点、发展规律和发展趋势

基因治疗作为先进的生物技术与制药技术的高科技结晶，自诞生以来，就不缺乏话题与关注。20 世纪 70 年代概念提出，80 年代伦理聚焦，90 年代临床试验，21 世纪初反思蛰伏，近 10 年迎来浴火重生，基因治疗在不断的否定与肯定、不断的自我革新中前行，展现了强大的生命力。

基因治疗根据载体使用情况可以分为裸核酸、病毒载体、非病毒载体和细胞基因治疗。裸核酸特点是相对简单，但稳定性较差，质粒 DNA、反义寡核苷酸（ASO）、小干扰核糖核酸（siRNA）等均有产品上市。在发展趋势上，质粒 DNA 用于新型冠状病毒疫苗研究取得突破性进展，ASO 药物研发已经十分成熟，siRNA 药物研发正在兴起，前景十分广阔。病毒载体类基因治疗药物基本明确为体内基因治疗用非整合型载体腺相关病毒，离体基因治疗用整合型载体慢病毒、逆转录病毒，肿瘤治疗一般采用溶瘤病毒。非病毒载体目前使用的是脂质纳米粒，既能增强核酸的稳定性，又能提高递送效率，是未来发展的重点方向。以嵌合抗原受体 T 细胞（CAR-T）为代表的新一代细胞基因治疗，成为各种社会资本的宠儿，也是生物技术公司竞争的核心领域。可以预见，未来的细胞基因治疗产品将更加多元化。

基因治疗与生物技术的发展密不可分，新的生物技术带给基因治疗前所未有的机遇。从第一代、第二代到第三代基因编辑技术，再到最新的碱基编辑和引导编辑技术，基因治疗尝试将其用于人类疾病的治疗，已经有基因编辑的相关产品被美国食品药品监督管理局（FDA）授权使用。未来的基因治疗将继续吸纳最新的生物技术，不断取得新的进展和成绩，持续引领生物治疗新潮流。

三、关键科学问题、发展思路、发展目标和重要研究方向

根据我国在基因治疗现有领域发展的布局和工作基础，面向坚持源头创

新和鼓励具有我国特色与优势的技术领域，支持以解决国民经济发展中的重要科学问题为目标的基础研究和多学科交叉的综合研究，建议优先发展如下技术领域。

（1）病毒载体。①新型基因治疗病毒载体的开发；②基因治疗病毒载体系统给药关键技术；③病毒载体基因治疗联合用药；④病毒载基因治疗的临床转化关键技术的研究和平台建设。

（2）裸核酸。①反义寡核苷酸技术；②质粒 DNA 技术；③核酸修饰技术；④ mRNA 技术；⑤ siRNA 靶向前药技术；⑥新型核酸［小环核酸、小激活 RNA（saRNA）、微 RNA（miRNA）、长链非编码 RNA（LncRNA）等］涉及的相关技术。

（3）非病毒载体。①可电离脂质材料；②阳离子脂质/高分子材料；③辅助脂质材料；④多功能靶向材料；⑤非病毒载体/核酸制剂（mRNA 脂质纳米粒、siRNA 脂质纳米粒等）生产技术。

（4）细胞基因治疗。①细胞基因治疗新靶点和新策略；②实体瘤等重大疾病的细胞基因治疗；③细胞基因治疗产品的生产与质量控制；④通用型或现货型细胞基因治疗产品。

（5）基因治疗新技术。①新基因编辑工具的开发；②脱靶作用及安全性评价；③新型基因编辑工具导入系统；④临床伦理的系统评估。

（6）多学科交叉融合。①建立基因治疗临床使用的伦理规范；②完善基因治疗产品相关的监管措施、建立健全相关的行政法规；③研究基因治疗产品经济学，制定符合市场规律的产品价格；④建立中国特色的基因治疗产品医保报销机制。

新突发传染病和慢性传染病始终威胁着人民的生命健康，也造成了重大的经济损失和社会负担。以 mRNA 疫苗为代表的新兴基因治疗产品是快速应对新突发传染病的潜在有效途径；以基因编辑技术为代表的基因治疗新技术也为解决重大慢性传染病（如艾滋病和慢性乙肝）的防治等提供了新的方案。总之，基因治疗产业链已经初步形成，基因治疗产品具有多样性且已经形成了一定的市场规模，产生了较好的社会和经济效益，基因治疗未来在疾病的防治、诊断和治疗中必将发挥更大、更好的作用。

第十二节　中国地球系统科学 2035 发展战略

一、科学意义与战略价值

与实证科学相比，地球科学的发展过程具有明显的地区性。诞生于欧美的现代地球科学，往往带有地区性的"胎记"。有些位居国际主流的"经典"认识，其实不一定具有全球的普适性。长期以来，我国地球科学习惯于追随、仿效，现在要求在追随先进的同时鼓励独立探索，分析自己的自然特色和科学长处，改换发展模式，甚至建立自具特色的中国学派。

本次战略研究虽然为时不长、规模不大，但是却发现我国地球科学界在问鼎国际高峰方面具有惊人的潜力。地球系统科学战略研究的目的是找到当代学术前沿和中国实力优势的交会点，力争抓住地球科学向系统科学转型的时机脱颖而出，争取为国际科学界做出应有的贡献。

二、研究特点、发展规律和发展趋势

地球系统科学不是一门新学科，而是地球科学的转型。20 世纪 80 年代，为了追踪人为排碳的去向，科学家跨越地球的圈层，从大气追到海洋、土壤。21 世纪以来，又大幅度跨越时间尺度，向深远地质年代和地球的深部推进，使地球科学从描述向预测、从局部向全面、从定性到定量转型，这就是地球系统科学。同时，中国的科学也从发展中国家的劳动密集型向发达国家的深加工原创型转变。战略研究的任务就是要指出上述两种转型如何结合的道路。

三、关键科学问题、发展思路、发展目标和重要研究方向

地球科学的范围甚广，本文选择了既在理论和应用上有重大价值，又在

我国有特色和优势的方面进行研讨，主要包括重新认识海洋碳泵、水循环及其轨道驱动、东亚—西太的海陆衔接三个方向。

（1）重新认识海洋碳泵。海洋是地球表层碳循环的关键环节，可是海洋碳泵的传统观点只考虑真核类浮游生物产生颗粒有机碳（POC）把碳送到海底，并不考虑只有微生物能利用的溶解有机碳（DOC）。然而，DOC占海水有机碳的90%，其中90%以上的DOC具有惰性，可以几千年不参加碳循环。十多年前，我国科学家领衔提出了"微生物碳泵"的新概念，指出海洋储碳有两种途径：除了生物碳泵将POC送到海底的传统概念外，还有微生物碳泵把惰性DOC储在水层里。

这项新发现是碳循环研究的一项突破。在现代海洋中，惰性DOC可能具有储碳的价值，而在长时间尺度上就有可能重新认识地质过程中的碳循环。早期的海洋只有微生物，DOC是海洋有机碳的主体；真核类浮游植物的产生形成了海洋POC的碳储库，并且随着生物的演化不断改变着海洋有机碳库的构成。这种机制为地质历史的解释提供了新视角，对大气CO_2浓度变化和海底油气的形成都有重大意义。

然而，海洋碳泵新认识更为直接的应用，在于碳循环对冰期旋回的影响。北极冰盖的规模在90万年前、40万年前都有过急剧增长，而在这两次增长之前，大洋POC/DOC的比值发生过大幅度的变化，说明生物泵和微生物泵关系的改变可以引发冰期旋回的重大转型，促使中国科学家提出了"溶解有机碳假说"的新认识。此外，以新视角研究溶解有机碳，也为研究油气和页岩气等能源生成机制开拓了新方向。

（2）水循环及其轨道驱动。20世纪地球科学的两大突破，一个是板块构造学说，另一个就是米兰科维奇理论。后者发现地球运行轨道的周期变化能引起冰期旋回，但是其中的机制并不清楚。传统的主流观点认为，北半球高纬区的过程决定着全球的气候变化，但是近年来我国石笋和深海的新资料与主流观点发生了矛盾，促使中国科学家提出了气候变化受"低纬驱动"的新假说。新假说认为，地球轨道驱动的气候周期不只是高纬的冰期旋回，更有低纬的季风周期，后者才是地球气候系统水循环的主体。

追踪研究历史，米兰科维奇理论的传统认识来自对最近百万多年第四纪的研究。随着时间尺度障碍的消除，较高分辨率的气候变化至少可以上溯到古生代。如果从整个地质历史来考察水循环的演变，可以发现地质历史上大部分时间并没有大冰盖，低纬区水循环过程才是气候演变的主角。

全面考察地质历史，我们发现至少近 5 亿年来造成气候周期变化的主要是 40.5 万年的偏心率长周期，而这正是低纬水循环响应轨道变化的韵律，被比喻为地球系统的"心跳"。第四纪时期两极都有大冰盖发育，破坏了 40.5 万年长周期的地质记录，相当于地球系统的"心律不齐"，属于地质历史上的特殊情况。

水循环的地质历史，不仅证明了高、低纬过程的相互作用，而且揭示了南、北半球相互作用的重要性：一些冰期旋回"异常"源头原来在南极，北极冰盖转型的源头也在南极。

（3）东亚—西太的海陆衔接。我国对新生代构造演变的研究，历来重视印度碰撞和青藏高原隆升的影响，而对太平洋板块俯冲的作用缺乏具体认识。近 20 年来，国家自然科学基金委员会两大研究计划"华北克拉通破坏"和"南海深部过程演变"圆满完成，中国在南海实施了 $3\frac{1}{2}$ 航次的基底大洋钻探，为通过陆地与海洋相结合、表层地质与深部相结合来探索东亚—西太的海陆衔接之谜，提供了前所未有的理想条件。

燕山运动以来，东亚的构造历史与太平洋板块的俯冲息息相关。从松辽到南海，张裂产生了一系列的沉积盆地，成为我国油气资源的宝库，但是其成因机制并不清楚。按照国际流行的模式，南海被解释为被动大陆非火山型裂谷成因，与北大西洋伊比利亚盆地相似。但是我国学者主持的大洋钻探结果否定了前人的推论，并提出了"板缘张裂"的假说，认为与大西洋的"板内张裂"分属不同类型。

另外，层析成像和岩浆分析揭示出在东亚下方的地幔深处，有太平洋板块俯冲造成的"大地幔楔"。正是太平洋板块的俯冲驱动了华北克拉通的破坏和华南大片花岗岩区的形成。然而，如何理解俯冲背景下的盆地张裂、如何用新的观点来解释东亚—西太一系列沉积盆地的形成，是我国地学界面临的挑战。

海陆衔接绕不开的问题是海岸线的迁徙。半个世纪以来，我国东部内陆地层中"海相"化石的发现，尤其是生油层系中颗石藻层的出现，要求在国际范围内研究构造深水湖盆的生物群和湖水化学的联系，对陆相生油理论做进一步的探索。

第十三节　中国定位、导航与定时 2035 发展战略

一、科学意义与战略价值

定位、导航与定时（positioning，navigation，and timing，PNT）体系作为国家重大基础设施，主要任务是为用户提供精确、连续、可靠的位置、速度、时间等信息，已在国防、经济、民生等社会运行的各个环节得到广泛的应用。尤其是以全球导航卫星系统（GNSS）为代表的天基导航系统，不仅服务于人们日常生活的方方面面，更是国家电力、金融、交通、通信等重大基础设施安全稳定运行的基础。然而，任何单一的 PNT 技术均存在一定的局限性，如 GNSS 落地信号弱，易被干扰和欺骗，且服务不能惠及地下、水下和室内等区域；惯性导航会产生累积误差，无法长时间提供高精度 PNT 服务。因此，我国必须构建信息多元化且物理原理多样化的综合 PNT 体系，实现 PNT 信息源全域无缝覆盖；构建多源 PNT 弹性应用体系，实现多源 PNT 技术优势互补和功能性能增强，从而为各类用户提供连续、可靠、安全、稳定的 PNT 服务。

二、研究特点、发展规律和发展趋势

完整的 PNT 信息包括时间信息和空间信息两部分，其理论与技术经历了朴素的时空观到现代时空观的发展。远古时期，人类基于天体现象（如太阳和月亮的视位置）划分年、月、日；后来，发明了日冕、圭表、漏壶等工具细化一日内的时间；随着量子技术的成熟和发展，原子钟成为最精确的计时工具，其建立的标准时间频率准确度已达到 10～16 数量级，是国家时频系统

建立和维持的重要技术手段。在定位、导航技术方面，人类早期依靠地形、日月位置和自然标记物等方式确定空间位置并进行导航；后来发明了六分仪、指南针等辅助工具来进行导航定位，逐渐形成了具有科学意义的定位、导航理论和技术；随着人造卫星技术的成熟应用，卫星导航定位技术凭借高精度、全天时、全天候、服务便捷等优势迅速成为应用最广泛的定位、导航手段，以卫星导航为核心的 PNT 体系架构逐渐清晰。

学科理论的发展是推动技术进步的根本动力。早期的 PNT 技术大多涉及单一学科。在时间测量技术方面，观星测日定时属于天文大地测量学，电子时间测量属于电磁学，原子钟技术涉及量子力学等。在空间测量技术方面，传统空间测量技术主要包括距离、弧度等几何测量学内容，以及光学天文测量、激光测月测卫等天文大地测量学内容；重磁匹配导航涉及地磁测量、重力测量等物理大地测量学内容；惯性导航涉及力学和控制学内容。随着时空测量手段复杂度的提升，PNT 技术逐渐体现出多学科融合的趋势，尤其是卫星导航这一巨型复杂系统的出现，使得 PNT 领域学科交叉的特色更加显著。

学科的发展进步和交叉融合使得 PNT 技术呈现多样化发展，卫星导航、惯性导航、匹配导航（视觉导航、重磁匹配导航等）、仿生导航等 PNT 技术各具优势，但又都存在技术短板和应用的局限性。因此，必须通过构建全域覆盖、信息多源、物理原理多样的 PNT 基础设施网，形成多源数据融合处理、多技术优势互补的 PNT 应用和服务体系，才能满足各类场景下各类用户的 PNT 需求。这不仅是推广 PNT 应用、提升 PNT 服务性能的必由之路，也是国际 PNT 体系发展的必然趋势。

（一）综合 PNT 体系

综合 PNT 体系是各种不同物理原理 PNT 信息源的集合，包括综合 PNT 基础设施和综合 PNT 应用系统两部分。综合 PNT 基础设施是指综合 PNT 体系中需要人工建设的大型 PNT 信息源，包括拉格朗日点导航星座、中高轨 GNSS 星座、低轨导航增强星座、地基导航增强站网、室内定位信标网、海面定位浮标网、海底声呐信标网等。综合 PNT 应用系统是指集成的可用 PNT 传感器，如脉冲星射线、重磁场等天然 PNT 信息源接收设备，以及惯导、小型原子钟等 PNT 传感器。

综合 PNT 体系中的信息源具有物理原理的差异性、分布的泛在性和时空基准的统一性，优点在于可以克服单一 PNT 信息覆盖范围的局限性，避免单一 PNT 信息故障造成的 PNT 服务中断，补偿单一 PNT 可能的系统误差影响，提升从深空到深海无缝 PNT 服务的可用性、连续性、精确性、可靠性和安全性。

综合 PNT 基础设施应由国家统筹规划建设，确保全域无缝覆盖。北斗卫星导航系统作为我国综合 PNT 基础设施的核心，可进一步优化星座构型和功能服务，提升极区 PNT 服务能力；通过布设低轨增强导航星座，可优化用户观测几何，并提高北斗星基 PPP 等特色服务能力；在深空，可在太阳系和地月系构建与北斗系统同源同基准的拉格朗日卫星星座，为深空航天器提供 PNT 服务；地基部分可以进一步发展无线电导航系统甚至 5G 基站系统作为重要的 PNT 信息源；海底部分可以构建类似于陆地大地网和卫星星座的海底 PNT 基准网，利用水下声学进行导航。通过上述 PNT 信息源设计，基本可形成从深空到深海无缝覆盖的 PNT 基础设施网。

（二）弹性 PNT 应用模式

综合 PNT 为用户提供了各类 PNT 信息源，但是要真正实现用户使用 PNT 信息的安全、可靠，还必须形成弹性 PNT 应用模式。弹性 PNT 应用模式以综合 PNT 信息源为基础，以多源 PNT 传感器弹性集成为平台，以函数模型弹性调整和随机模型弹性优化为手段，融合生成适应多种复杂环境的 PNT 信息，使其具备高可用性、高连续性和高可靠性。

弹性 PNT 的基础是 PNT 冗余信息，没有 PNT 冗余信息就不可能进行弹性选择；弹性 PNT 的核心是传感器的弹性集成，确保基础设施运行的 PNT 弹性保障；弹性函数模型调整和弹性随机模型优化是弹性 PNT 数据融合基础。弹性 PNT 的目的是让传感器、模型、数据处理方法要与用户所处环境相匹配、适应，尤其是森林、高原等特殊、复杂环境。

（三）智能 PNT 服务

智能 PNT 服务指建立 PNT 专家与 PNT 用户的知识图谱，通过智能感知用户 PNT 应用环境和应用需求，智能集成 PNT 信息源，智能融合多源 PNT 信息，智能推送用户 PNT 服务信息。

智能 PNT 首先要建立适应用户需求的专家系统，再将 PNT 专家系统转化到机器可识别的知识图谱，最后实现 PNT 智能保障和智能服务的全过程。智能 PNT 服务的基本准则是，信息集成必须满足可用性（availability）准则；智能函数模型优化必须具备模型系统误差识别能力，遵循可靠性（reliability）准则；随机模型智能优化必须遵循不确定性（uncertainty）准则；PNT 信息的智能融合必须遵循精确性（accuracy）准则；PNT 服务信息的智能推送必须遵循高效性（efficiency）准则和连续性（continuity）准则；对高安全用户还必须满足完好性（integrity）准则。

三、关键科学问题、发展思路、发展目标和重要研究方向

PNT 领域涉及系列关键科学技术问题。首先，综合 PNT 提供了基于不同物理原理的 PNT 信源，在信息融合时须将各类信源的观测信息归于统一的时空基准之下，因此需要研究从局域到广域的时空参考系实现方法，建立多尺度、多层次时间空间参考系；其次，弹性 PNT 技术是多源 PNT 信息集成应用的变革性技术，需要解决多源 PNT 传感器弹性化集成，观测模型、函数模型和环境适应性识别与调整，以及最优化参数估计等问题；微型 PNT 终端制造技术是多源 PNT 弹性应用的基础，需要突破低功耗、易集成、便应用的微型 PNT 终端制造瓶颈，提升多源 PNT 微型化终端的自主时间保持能力，提高装备在特殊环境下的可靠性和抗干扰能力；最后，以量子感知、量子测距为代表的新物理原理 PNT 技术可望成为未来 PNT 技术发展的突破口，目前还需要解决小型化量子时钟、量子重力仪、量子重力梯度仪和量子惯性导航装备的研制问题。

为了构建体系完备、技术先进的国家综合 PNT 体系，形成稳定、可靠、连续、精确的支撑时空信息服务能力，应系统地解决时空基准系统建设所面临的短板、弱项问题，并对现有系统设施进行整体优化和改造建设，为多源 PNT 数据融合提供自主可控的统一时空基准；应尽快布局国家综合 PNT 体系建设的关键核心技术攻关，填补深空、水下等 PNT 服务能力较弱的区域，形成全域无缝、连续可靠的 PNT 服务能力；应大力开展弹性 PNT 理论与方法研究，研究多源 PNT 信息感知传感器的弹性集成技术、弹性模型优化调整技术

和数据弹性融合技术，形成弹性 PNT 技术框架；应突破低功耗、易集成、便应用的微型 PNT 终端制造关键技术，提升终端的自主守时能力和在复杂环境下的抗干扰能力和可靠性；完善配套标准法规，建立健全质量标准体系，建立权威的 PNT 检验检测中心，形成对各类在线和离线时频设备的高精度、规模化检测能力，提升对各类用户尤其是国家核心基础设施运行维护的 PNT 服务水平，支撑国家安全 PNT 应用。

第十四节　中国深地科学 2035 发展战略

1864 年，法国作家儒勒·凡尔纳（Jules Verne）出版了科幻巨著《地心游记》，向人们描绘了一个充满想象力的神奇地下世界。1936 年，丹麦地震学家英厄·莱曼（Inge Lehmann）首次发现了位于地心的固态内核，结合先前发现的壳幔结构，完整揭示了地球内部的圈层结构，并揭开了"地球发电机"神秘面纱的一角。而就在同年 1 月中旬，南太平洋岛国汤加附近的海底火山突然喷发，引起的海啸波及数千公里外的整个太平洋沿岸，而充斥天空的巨大火山灰蘑菇云团甚至有可能影响 2022 年的全球气候。这些前后跨越了 200 多年的事件，均指向"地球深部"这个共同源头，而汤加火山喷发更是生动地展示了由地球深部过程"一手导演"的不同圈层之间的相互作用。遗憾的是，人类对地球深部的认知还十分不足，甚至远远落后于对深空和深海的认知水平。这是由于地球深部超过 99% 的部分都处于超过 10 000 大气压[①]和 500℃的极端温压条件下，充满了坚硬的岩石。科技的百年发展使得"上天容易"却依然"入地难"，地球深部隐藏着地球最大的奥秘。

活跃的地球内部是地球区别于太阳系其他类地星球的首要因素。地球内部作用不仅直接导致了核幔边界大低剪切速省、地核发动机等深部巨型构造的发育，也是引发陆壳生长、板块构造启动、大陆聚合裂解、大氧化、雪球地球、大火成岩省、生命大爆发、生物大灭绝等地质史上一系列重大事件的

---

① 1 大气压 =101 325 帕。

首要驱动力。可以说，地球深部是整个地球系统运行的引擎。只有抓住了地球引擎这个"七寸"，才能有效揭示地球系统中不同圈层相互作用的本质，促进地球系统科学的发展。正因为如此，深地科学成为地球科学新的学科制高点，也是西方各国竞相布局、争取率先突破的着力点。

地球内部（地壳、地幔、地核）是一个复杂的多元体系，并与地表圈层（水圈、大气圈、生物圈）高度关联，因而深地研究具有鲜明的多尺度特色和强系统性。地球深部虽然下不去、看不见、摸不着，但有四种方法可以对其开展相关研究，即基于深源和陨石样品的地球化学研究、基于地震波等的地球物理探测、基于实验室模拟的高温高压实验，以及基于计算机辅助的数值计算和动力学模拟。如果将地球深部圈层与浅部圈层进行整体研究，那么更需要更多学科间的合作及时间与空间维度上的结合，并借助于整合大数据和人工智能方法的地球系统模型来探索。从这个角度来说，深地科学研究必须多学科交叉和多维度综合，由此才能确立地球的历史和预测地球的未来，并对其他类地星球的演化进行制约及为深空探测提供更好的反馈。

21世纪的地球科学进入了新的发展阶段，呈现出两个明显的发展趋势。一是新技术和新方法在创新发现中的作用越来越大，二是从不同学科相对孤立地探索研究转而强调学科间的交叉融合及地球内部与外部不同圈层间的密切联系。这充分契合了深地科学的多尺度特色和强系统性。实施"深地"国家战略，需要科学创新与技术攻坚并举。本文提出深地科学前沿研究的四个领域方向中值得关注的十大科学问题和一个能引领深地科学研究的技术支撑体系。

领域方向一：早期地球。

问题1.早期地球的性质与演化。

问题2.板块构造的启动时间与启动机制。

领域方向二：地球内部结构、物质循环和深部引擎。

问题3.地球内部界面的复杂特征及其动力学效应。

问题4.地球深部挥发分。

问题5.地幔氧化还原状态及演化。

问题6.地球深部化学储库及其成因。

问题7.深地的内控引擎。

领域方向三：深地过程与宜居地球。

问题 8. 大规模火山作用对地球宜居性的影响。

问题 9. 地球热稳定器与气候系统的稳定机制。

问题 10. 重大地质事件与地球宜居性。

领域方向四：深地科学研究中的新技术和新方法。

如果说固体地球科学在 20 世纪的革命性成果是板块构造理论，那么在 21 世纪的重大突破就很可能出现在包括深地在内的地球内外圈层相互作用的地球系统科学中。深地是整个地球系统的重中之重。西方发达国家在 20 世纪后期就开始有意识地加强深地领域的投入和研究，而我国的深地研究总体起步晚，但近年来的发展加速度已经超过了其他国家，一些突出的成果也逐渐引起了国际学者们的关注。特别是，随着国家自然科学基金委员会"华北克拉通破坏"重大研究计划、科技部"深部探测技术与实验研究专项"和中国科学院战略性先导科技专项"地球内部运行机制与表层响应"等大型综合科研项目的实施，凝聚和锻炼了后备人才队伍，夯实了我国在该领域的研究基础，展示出良好的发展前景。

站在百年未遇的历史变革和科技革命的交汇点，中国的深地科学工作者应紧紧围绕国家"深地"战略，顺应科学发展的潮流，聚焦早期地球性质与演化、地球深部结构和物质循环、地球内外系统的联动机制、深地科学研究中的新技术和新方法等深地科学前沿领域的重点方向，开展大跨度、多学科综合交叉研究，形成地质天然观测、实验模拟和计算模拟协同创新的工作模式，共同推动我国固体地球科学研究，并在新一轮全球科技竞争中赢得战略主动。

第十五节　中国工业互联网 2035 发展战略

一、科学意义与战略价值

工业是国民经济的命脉，工业发展不断推动着人类社会经济的发展进步。

自 18 世纪中叶以来，世界工业已经历了三次重大变革与飞跃，从机械化、电气化发展到如今的自动化，极大地提升了人类的物质文明。随着互联网、大数据、人工智能和物联网等新一代信息技术快速发展和应用，未来工业发展正在迎来新的变革性契机，而工业互联网正是实现这场变革的核心因素。从全球范围来看，工业互联网作为数字化转型的关键支撑力量，推动传统产业加快转型升级、新兴产业加速发展壮大。对于我国而言，加快工业互联网创新发展步伐，快速构建我国制造业竞争新优势，抢占未来发展主动权具有重要战略意义。

二、研究特点、发展规律与发展趋势

工业互联网通过互联网、大数据、人工智能和物联网等新一代信息技术在工业领域的深度融合和创新应用，建立广泛连接人、机、物等各类生产要素的全球性网络，形成贯穿全产业链的实体联网、数据联网、服务联网的开放平台，是重塑工业生产与服务体系，实现产业数字化、网络化、智能化发展的重要基础设施。本文从信息技术的视角出发，将工业互联网的互联范围划分为"工厂、企业、产业链"三个层级，将工作流程归纳为智能感知（感）、网络互联（联）、数据分析（知）和控制协同（控）四个环节，提出"三层级四环节"的工业互联网逻辑架构。基于该架构，工业互联网连接了全生产系统、全产业链、全价值链，使原本割裂的工业数据在网络上流通，最终实现人、机、物的全面、深度、安全互联。

从知识体系来看，工业互联网具有多学科交叉、多应用驱动、多技术融合的特点。

（1）多学科交叉。工业互联网涉及计算机、通信、控制、电子、机械、材料、制造等，几乎涵盖了信息、工程、材料领域的大部分学科。

（2）多应用驱动。工业互联网应用场景丰富多样，面临的新需求层出不穷，通过解决应用问题可以驱动知识体系的完善，呈现应用带动学科发展的显著特征。

（3）多技术融合。工业互联网融合了物联网、人工智能、大数据、云计算、机器人、移动通信、智能制造、柔性材料等多种前沿技术。

从层次结构来看，工业互联网的互联范围在工厂、企业和产业链三个层级不断延伸。

（1）对于工厂级互联。覆盖"人、机、料、法、环"各方面，打通车间内部各系统间的"信息孤岛"。

（2）对于企业级互联。实现企业业务全流程的联网，包含产品的设计、生产、售后等各个阶段。

（3）对于产业链互联。涉及各企业、产业和区域之间的价值链、企业链、供需链和空间链，涵盖产品生产或服务提供的全要素、全环节、全过程，借助工业互联网平台，实现产业链上下游企业（供应、制造、销售、金融）之间的横向互联，实现产业基础能力提升、运行模式优化、产业链控制力增强和治理能力提升。

三、关键科学问题、发展思路、发展目标和重要发展方向

就本质而言，工业互联网是通过信息网络使得原本割裂分散的工业大数据实现按需有序流通，其关键科学问题体现在"感、联、知、控"四个环节。首先，在"感"环节上，需要通过感知生产过程相关的人、机、物等各类生产要素及所在工业场景，刻画制造过程依赖关系和时空关联，以实现从物理世界到数字世界的映射；其次，在"联"环节上，需要通过海量多元工业实体泛在分型接入，构建安全、可靠、高效的工业互联网络，以实现异质离散工业实体（即人、机、料、法、环）数据的集成与汇聚；再次，在"知"环节上，需要通过建立有效的认知表达范式、认知智能实现方法与认知计算决策机制，以实现工业感知智能到工业认知智能的提升；最后，在"控"环节上，需要通过对工业全流程进行全局协同与控制，提高生产线的柔性反应能力和供应链的敏捷精准反应能力，以实现全流程柔性生产和智能制造。本文将以上四大关键科学问题归结为：全模态信息表征（感）、全要素互联组织（联）、全场景智能认知（知）、全流程柔性协同（控）。

围绕"感、联、知、控"四大关键科学问题，工业互联网主要涉及六大核心技术领域：①工业智能感知，针对强干扰、大范围、多目标的复杂工业环境，实现全方位感知；②工业互联与信息集成，针对工业互联网异质工业

实体与异构互联网络，设计面向大规模异质实体的高效自适应互联技术，实现泛在工业互联网络数据实时传输和信息高度共享；③工业大数据与工业智能，针对多源异构工业数据，结合人工智能技术及工业领域知识，实现智能感知、分析和决策；④工业互联网协同控制，针对工业控制与协同中的难题，通过虚拟仿真、数据分析、认知决策等多个领域关键技术，实现全流程协同控制方法与机制；⑤工业互联网平台软件，面向由工厂、企业到产业链的不同层级对资源管理和应用开发的不同需求，提供不同层级的共性软件平台，向下实现工业资源的有效管理，向上支撑工业场景的应用开发；⑥工业互联网安全，构建涵盖设备层、网络层、数据层、应用层、控制层的工业互联网安全防护体系。

展望未来，工业互联网将呈现以下三大发展趋势。一是泛在化。工业互联网将接入工业全场景，涵盖各环节的人、机、物，实现无处不在、无迹可寻的工业数字孪生世界。二是协同化。通过亚微秒级低延时、高可靠、广覆盖的基础设施，实现工业全场景、全链条的人、机、物高度协同。三是智能化。通过人工智能技术与工业场景、知识的深度结合，在工业设计、生产、管理、服务等各个环节实现模仿或超越人类的能力。

随着核心技术突破和大规模部署应用，工业互联网必将催生工业生产制造新模式，重塑产品规划、设计、制造、销售环节，为工厂、企业乃至整个产业链带来新发展机遇，若干可以预期的发展包括以下三个方面。

（1）工厂将实现生产柔性化。柔性化生产打通用户交互、产品创意产生、个性化订单下达、产品模块部件匹配、自动化生产等环节，此时，"量体裁衣"式的个性化生产将成为现实。

（2）企业将实现生产服务化。在工业互联网时代，企业价值体系由以制造为中心向以服务为中心转变，即便产品已经交付使用，企业仍可以远程感知产品的运行数据，进而得以分析实时运行状况，为用户提供维修、预警、保养等附加工业服务，并从中产生新盈利点。

（3）产业链将实现模式重塑。随着传统的工业化生产向数字化、智能化、网络化的方向发展，新一代信息技术将在制造、能源、交通、医疗等行业深度应用，并促进跨行业领域的融合，带来革命性的产业变革。

第十六节 中国集成电路与光电芯片 2035 发展战略

一、科学意义与战略价值

集成电路技术发展一直遵循着摩尔定律,硅晶体管尺寸持续缩小,芯片集成度持续增大,芯片性能持续增强,而以此为基础的电子信息技术产品加速创新,万物互联等信息技术全面渗透到社会和经济的各个方面,推动以集成电路为基础的信息产业成为世界第一大产业。当前,随着集成电路特征尺寸逼近工艺和物理极限,未来半导体产业发展将进入围绕新结构、新机理、新材料器件为核心展开竞争角逐的"后摩尔时代"。在这个大背景下,一方面,硅集成电路将继续沿着按比例缩小和三维集成等技术路线发展以满足算力提升的目标;另一方面,感存算芯片、类脑芯片及完全颠覆性的量子芯片等技术将成为集成电路研究的新方向,从器件到架构的前沿创新支撑着微电子技术的不断发展。同时,光电芯片经过长期的技术积累也已经开始在信息产业中广泛应用,尤其是通信产业中的光通信芯片已经成为极其重要且不可或缺的部分。未来,光电芯片将面向大容量、低功耗、集成化与智能化方向发展的新需求,逐步突破多功能材料体系异质集成、光电融合集成和多维度、多参量、多功能、高效率调控及可重构等关键技术。

集成电路与光电芯片技术是信息产业的基石和强大推动力,对提升国家综合实力和保障国家安全具有极重要的战略意义。尤其是在信息技术强国对我国普遍实行严格技术禁运和打压的国际环境下,当前和今后一段时期是我国集成电路与光电芯片技术发展的重要战略机遇期和攻坚期,加强自主集成电路与光电芯片技术研发工作,在关键技术方面重点突破并拥有自主知识产权,实现集成电路产业的自主可控发展是我国当前的重大战略需求。

二、研究特点、发展规律和发展趋势

过去 70 多年间，伴随着互补金属氧化物半导体（CMOS）工艺的不断进步，集成电路产业得到了快速多元化的发展，在国民经济、社会发展和国防安全等领域发挥着重要的支撑作用。自 1958 年第一块集成电路问世以来，来自计算机、网络通信、人工智能和消费电子等领域的巨大需求推动了以集成电路为基础的信息产业的革命性发展，人类文明已进入电子信息时代。在 2000 年以后，移动通信、大数据、物联网、新能源及智能计算等战略性新兴产业的出现成为推动集成电路芯片发展的新动力。然而，随着应用端市场对算力、能耗和成本要求的不断提升，通过 CMOS 微缩化来满足这些指标的方法在技术和成本上遇到了难以突破的瓶颈。探索新结构新原理器件、新型工艺优化和新型架构算法是解决当下集成电路芯片存储和功耗难题的必然选择。除此之外，光电技术从 1962 年第一支半导体激光器诞生以来，同样取得了突飞猛进的发展，带来了通信和网络技术的革命。为了进一步满足信息化社会向高速、节能、智能化方向发展的迫切需求，光电芯片正向光子与微电子的融合、光子集成化方向发展，与集成电路芯片一起，共同推动新一代通信，显示及传感等信息化技术的快速发展。

三、关键科学问题、发展思路、发展目标和重要研究方向

本文针对当下集成电路与光电芯片产业的关键技术和难题，从器件工艺、存储技术、设计和自动化、异质集成、先进封测等领域，研究了这些领域的发展规律和趋势，并探讨了在这些领域实现创新突破的方向和方法。此外，在突破现有存储计算瓶颈的新器件和新架构领域，从人工智能芯片技术、碳基芯片技术、（超）宽禁带材料和芯片技术，以及量子计算器件和芯片技术等方面，分析了大数据和物联网时代，信息技术产业新兴方向的发展趋势和可行性技术路线。在与集成电路应用紧密结合的光电融合领域，从柔性光电子、混合光电子、硅基光电子、微波光子，以及智能光子芯片的芯片集成及光电融合等多个方面，分析了光电技术面向新信息化场景下的前沿发展动向。

随着芯片应用发展的逐渐多元化和专用化，在"后摩尔时代"，传统集成电路芯片技术将通过器件、工艺和架构的协同优化创新，逐渐从冯·诺依曼范式向高算力、高密度、低成本、低功耗、多功能集成的芯片方向发展。此外，由于光电芯片在光域强大的调控能力和集成潜力，在未来的应用中，能够实现数据高速传输和处理的光电集成芯片也将是集成电路的一个重要发展方向。文中将对以上集成电路与光电芯片相关科学技术发展方向开展研究和探讨，并为我国在新一轮多元化集成电路发展时代占据国际领先地位提出相关发展战略与咨询建议。

第十七节　中国机器人与智能制造 2035 发展战略

智能制造是面向产品全生命周期，实现泛在感知条件下的信息化制造，是先进制造发展的必然阶段。智能制造旨在将人类智慧物化在制造活动中并组成人机合作系统，使得制造系统能进行感知、推理、决策和学习等智能活动，并通过人与智能机器的合作共事，扩大、延伸和部分地取代人类专家在制造过程中的体力和脑力劳动，提高制造系统的柔性、适应性与自治性。智能制造重塑了制造业技术体系、生产模式、发展要素及价值链，实现了高品质规模化定制生产，成为世界各国抢占制造技术制高点的突破口。2013 年，德国提出"工业 4.0"战略；2014 年，美国提出"工业互联网"国家战略，重点发展智能制造以确保其制造业的全球领导地位。面对历史机遇与挑战，我国于 2015 年发布了《中国制造 2025》，将体现信息技术与制造技术深度融合的智能制造作为主攻方向，加快制造技术从"自动化"向"智能化"升级的步伐。智能制造既是我国由"制造大国"到"制造强国"跨越的必由之路，又是实现我国从"制造大国"向"制造强国"战略目标转变的重要保障。

机器人化智能制造是智能制造的前沿发展方向。随着制造对象尺度越来越大、产品结构越来越复杂、产品服役性能越来越高，以机床加工方式为核心的现有智能制造模式面临着重大障碍。一方面，对超大尺寸构件制造而言，机床由于受限于主轴行程及难以灵活移动，无法实现在超大工作空间内连续作业，现有测量仪器也难以实现超大尺寸工件全场景范围的精确测量，从而妨碍了人类对超大尺寸构件制造机理与精度控制的认知。另一方面，对于超高服役性能产品制造而言，其复杂功能结构通常需要一体化制造，从传统"零部件并行分散加工再集成装配"向"单工位一体化制造"转变。如何突破复杂结构、复杂工况下大型构件高品质制造是我国高端制造业面临的严峻挑战，亟待创新加工手段，构建新型智能制造系统。近年来，以机器人作为制造装备执行体的机器人化智能制造正逐渐成为大型复杂构件智能制造的新趋势。随着共融机器人、人工智能大数据、人机交互技术等新一代信息技术与先进制造的深度融合，将突破制造系统的柔顺性、自律性和人机共融能力，在航空、航天、航海等国家战略领域大型复杂曲面零件高效高性能制造具有广泛的应用前景。

本文在充分调研美国、德国、日本、韩国等制造技术强国及我国机器人与智能制造学科发展历程、研究成果与创新能力的基础上，提出了机器人与智能制造的五大趋势研判：①机器人与机械材料、数学力学、信息传感、生物医学等多学科强烈共振，形成了具备与作业环境、人和其他机器人自然交互能力的新一代"共融机器人"；②智能制造技术、机器人技术与信息技术不断深度融合，促使先进制造技术纷纷涌现，孕育着新的制造原理和概念，形成了创新原动力；③新一代信息技术与制造技术深度融合，引发制造装备、制造系统与制造模式的重大变革，逐渐向人机共融、泛在制造、无人化制造等方向发展；④人工智能推动制造系统进化，新一代人工智能技术与先进制造技术的融合，智能制造在自决策、自学习、自进化等方面产生新热点；⑤利用机器人灵巧、顺应和协同等特点，将人类智慧和知识经验融入制造过程，通过机器人化智能制造实现非结构环境下自律制造。

本文提出了机器人与智能制造的四个科学问题：①非结构动态环境下人机共融与多机协同作业机制；②多能场复合制造工艺智能创成与形性演变机理；③模型与数据融合驱动的制造装备自律运行原理；④智能制造系统物质流－能量流－信息流协同耦合机理。在此基础上，探讨了机器人与智能制造的五项关键技术：①全场景多模态跨尺度感知与人机协同制造；②非结构动态环境下多机器人协同自律控制；③在线测量－加工－监测一体化闭环制造技术；④人－信息－物理制造系统数字孪生建模；⑤不确定与不完全信息下制造系统多目标智能决策。

本文结合国内外研究现状与趋势，指出了机器人与智能制造的五大发展方向：①非结构环境下人－机－环境共融制造；②非友好作业环境下机器人化制造；③基于泛在信息感知与操作融合的泛在制造；④全生命周期绿色低碳制造；⑤全要素全流程互联互通制造。从国家产业发展需求与战略需求方面，分析了机器人与智能制造的十一个研究前沿：①共融机器人；②智能化数控加工；③精密与超精密智能制造；④特种能场智能制造；⑤智能成型制造；⑥复杂机械系统智能装配；⑦柔性微纳结构跨尺度制造；⑧智能制造运行状态感知；⑨工业互联网与制造大数据；⑩数字孪生使能的智能车间与智能工厂；⑪大型复杂构件机器人化智能制造。

最后，本文探讨了2025～2035年重点和优先发展领域的方向：①人－机－环境自然交互的共融机器人；②新材料构件高效智能化加工新原理与控形控性制造；③智能化绿色化精准复合成形制造理论与技术；④大型/超大型空天装备高性能装配基础理论与技术；⑤大数据与数字孪生模型驱动的制造系统运行优化理论和方法；⑥大型复杂构件机器人化智能制造。

第十八节　中国高超声速航空发动机 2035 发展战略

一、科学意义与战略价值

高超声速航空发动机是高超声速飞机的"心脏"，其核心能力是支持高超声速飞机像传统飞机一样在机场跑道起飞，然后爬升至25千米以上高空，以不低于5马赫的速度飞行，最后像传统飞机一样下滑着陆，并且能长时间重复使用。它的典型特征是水平起降、宽速域、大空域、长寿命，实现途径是将涡轮发动机、冲压发动机、火箭发动机等不同形式的发动机有机融合，并通过预冷、增压燃烧、对转冲压等新兴技术助推能力提升。

高超声速飞机是世界科技强国和航空航天强国的重要标志,高超声速航空发动机是高超声速飞机研发中尚未解决的最关键问题,是制约高超声速飞机研发成败的关键。高超声速航空发动机还可以作为第一级动力,支撑空天飞机发展。美国《国家航空航天倡议》、美国国家航空航天局《空天推进系统技术路线图》、美国空军《高超声速技术发展路线图》中,都明确规划了高超声速航空发动机相关研发内容,但是研发进度一直难以符合预期,是久攻未克的重大难题。高超声速航空发动机的技术难点可以归纳为"极端热与宽空域速域、重复使用",涉及热力、气动、燃烧、控制、传热、冷却、材料、制造与强度等多个学科方向,面临大量的多学科前沿交叉问题,也是航空发动机领域的技术制高点与国际竞争热点。

二、研究特点、发展规律和发展趋势

(一)研究特点

高超声速航空发动机技术有以下三个研究特点。

(1)多目标约束。既要在宽广的空域速域内长期可靠工作,又要能够多次重复使用,还要推力大、重量轻,技术难度很大。

(2)多学科耦合。极端气动热力与材料、结构、强度之间紧密耦合,从系统工程的角度研究透彻十分困难。

(3)多方案并进。高超声速航空发动机尚未像传统的航空涡轮发动机那样收敛到公认可行的技术路线,多个方案正在齐头并进。

(二)发展规律

高超声速航空发动机技术的发展规律有以下四个方面。

(1)组合方案曲折前进。涡轮发动机与其他动力形式融合设计,是高超声速航空发动机发展的必由之路。涡轮冲压组合发动机研发历经几十年,依然面临模态转换"推力鸿沟"等重大技术障碍。进一步引入火箭技术对解决"推力鸿沟"问题具有重要作用,但也面临比冲低等难题。

（2）新兴技术不断涌现。强预冷、增压燃烧、对转冲压等新兴技术，有望大幅拓展涡轮发动机工作速域，显著提升组合发动机推进效能。

（3）技术难度超出预期。纵观国际上高超声速航空发动机的发展，其研发难度和进度大大超出预期。与传统的航空涡轮发动机相比，其工作速域更宽、空域更广、性能参数更高；与21世纪初取得技术突破的高超声速超燃冲压发动机相比，其工作速域更宽并要求长寿命使用。

（4）科学技术难题交织。每个技术瓶颈的背后，都是悬而未决的科学问题。例如，拓宽涡轮发动机工作速域的源头是高通流叶轮机械内流组织机理与方法，拓宽冲压发动机下限马赫数的源头是低动压、低总温条件下的高效燃烧组织机理与方法。

（三）发展趋势

高超声速航空发动机技术的发展趋势是新颖热力循环与单项变革技术融合发展，新颖热力循环是决定高超声速航空发动机性能的理论基础和总体牵引，单项变革技术是支撑其性能实现的关键。不同形式发动机的简单叠加、分段使用，导致"死重"大、推力连续性差、燃油经济性差，难以满足飞机需求。必须从新概念、新工质、新材料等方面推动新型气动热力循环的发展，深入揭示各系统间热功转化及参数耦合机制。强预冷、增压燃烧、对转冲压分别是拓宽涡轮发动机工作速域、提高热力循环效率、提升叶轮机械通流能力的变革性技术，已经取得了显著进展，亟待大力发展。

三、关键科学问题、发展思路、发展目标和重要研究方向

（一）关键科学问题

高超声速航空发动机技术的关键科学问题是宽工作速域、长寿命使用、高推力重量比约束条件下的热力循环、流动燃烧组织、热质传递、轻质高温材料、制造形性调控、结构演化、一体化控制机理。主要包括：高超声速航空发动机热力循环、气动燃烧优化与控制机理，高效预冷、热防护与热管理机理，材料制造与结构强度一体化机理等。

（二）发展思路

高超声速航空发动机技术的发展思路是，强化目标牵引、加强基础研究、注重自主创新，通过高超声速飞机目标图像牵引高超声速航空发动机技术发展，全方位加强基础研究，通过自主创新突破关键科学与技术难题，形成中国特色的高超声速航空发动机发展路径。

（三）发展目标

高超声速航空发动机技术的发展目标是，揭示高超声速航空发动机热力循环、气动燃烧优化与控制，高效预冷、热防护与热管理，轻质高温材料制造与结构强度一体化等机理，突破涡轮冲压组合发动机、涡轮冲压火箭组合发动机、涡轮爆震组合发动机、强预冷发动机、对转冲压发动机关键技术，形成先进配套的设计、制造、试验和仿真能力，提升我国高超声速航空发动机的原始创新与工程研发能力。

（四）重要研究方向

高超声速航空发动机技术的重要研究方向包括：涡轮、冲压、火箭等基本动力单元有机融合的新型热力循环构建方法，基于高效预冷的多工质强非线性热力系统能量耦合机理，熵产极小化激波增压理论与方法，宽域高效燃烧组织理论与方法，紧凑空间环境中强各向异性多尺度流动与换热耦合机理，强变物性流体热质传递机理，多系统热/质交互作用机理与热惯量匹配机制，高效预冷与紧凑轻质预冷器设计方法，先进热防护、热管理方法与系统动态调控方法，轻质高温材料与制造技术，轻质高强结构的损伤失效模式与机理，材料-结构设计-功能-制造一体化技术，新型高性能合金设计与强韧化方法，高温轴承技术，多变量自适应控制技术，飞行平台与动力一体化技术，试验测试与仿真技术。

第十九节 中国先进材料 2035 发展战略

材料是工业和信息产业的基础。材料相关技术往往需要长时间积累，一旦落后就难以在短期内追赶，是当前我国"卡脖子"技术中的重要部分。先进材料基于全新的结构、原理、概念，在潜在性能上远超于目前在产业上正在应用的传统材料。先进材料有可能在将来替代或超越现有材料体系，支撑未来的工业和信息产业的发展甚至革命。我国在先进材料前沿研究方面与西方发达国家的差距有可能导致未来的"卡脖子"技术的产生。因此，先进材料的研究对我国的国民经济、科技、国防等多个方面具有极其重要的战略价值。

材料学是典型的交叉学科，一方面与物理学、化学等基础学科紧密联系，另一方面同电子、微电子、能源、航空航天等多个工程学科紧密联系。先进材料的研究和发展需要汲取各种基础学科的最前沿研究成果，并可以推动各种工程学科研究和应用的发展。因此，先进材料领域可以推动不同学科在更高层次上的交叉和协同发展，具有重大的科学意义。

近几十年来，大量可以归入先进材料范畴的新材料体系被发现，同时各种新的材料原理和概念层出不穷。很多先进材料吸引了大量研究者的兴趣，取得了快速的研究进展，并发展成为热点研究方向。我国科学家在先进材料的很多研究方向做出了很大贡献，在有的方向达到了国际先进甚至领先水平。

从原理上分类，先进材料主要包括以下几类：纳米和低维材料（指在一个或几个方向的尺度小于电子的某特征尺度从而显示新奇性质的材料，包括碳纳米管、石墨烯等纳米碳材料，其他纳米线、纳米点材料，范德瓦耳斯材料及异质结等）、量子材料（指可以在宏观或介观尺度显示量子效应的材料，主要包括超导和强关联材料、拓扑量子材料、低维量子材料等）、人工微结构材料（指通过引入人工周期性结构产生独特性质的材料，包括光子晶体、声子晶体、超构材料等）。从应用上分类，先进材料主要包括先进结构材料（包括超硬材料、高温合金等）、先进电子材料（包括先进的微电子材料、光电子材料、自旋电子材料、多铁材料等）、先进能源材料（包括先进的光伏材料、热电材料、储能材料等）等。除此之外，各种先进的材料研究方法（包括制备方法、表征方法、计算方法等）也是先进材料研究的重要内容。

目前，先进材料领域发展面临的主要问题是：虽然关于先进材料的基础前沿研究蓬勃发展，产生了大量学术论文和专利，但先进材料所获得的实际应用仍非常有限。究其原因，主要是：①很多新颖的材料概念和原理无法在材料的实际性能提高中得到体现；②很多先进材料在实验中测量出的优异性能无法在实际应用器件或装备的性能中得到体现；③即使可以在器件或装备中展示高性能指标的先进材料，但由于综合性能、生产成本及流程等因素仍无法替代传统材料。因此，要充分发挥先进材料在推动工业和信息产业发展中的巨大潜力，不但需要对先进材料本身的性质和性能进行研究，而且需要研究其理论性能、实验性能、在器件装备中的性能、在实际应用中的综合性能之间的差异及其主要来源和解决办法，从而从整体上评估和提高各种先进材料在实际应用中的潜力。

先进材料领域的未来发展需要关注以下几个要点。

（1）应大力发展先进材料规模化可控备技术、先进材料微纳结构和器件的非破坏性加工技术、先进材料在工作状态的（in operando）性质高精度表征技术等，从而弥合先进材料的理论性能、实验性能、器件性能、实际应用性能之间的"鸿沟"，让先进材料优越的性能得以很快在实际应用中体现，为先进材料的实际应用铺平道路。

（2）在先进材料的性能及相关项目、成果的评估方面应重点关注材料在器件、装备及实际应用场景中表现出的性能指标，而不应仅仅关注材料本身的实验室性能指标。

（3）先进材料相关研究和项目组织要注意多学科交叉。物理、化学等基础学科不但可以为先进材料的探索和调控提供理论基础，其最前沿的进展和理论突破还可以为先进材料的发展指出新的方向。各种工程学科可以为先进材料的研究提供需求牵引，并且可以在实际应用中验证先进材料的研究成果。

（4）推动先进材料研究成果为解决国家重大需求贡献力量。先进材料作为应用导向的前沿研究领域，既非一般基础研究，也非一般的应用研究。先进材料的研究应当以器件、装备的颠覆性创新为目标，以"改变游戏规则"（game-changing）的方式解决国家的重大需求和"卡脖子"技术。需要改革相关机制体制，推动先进材料的最前沿研究成果迅速应用，解决国家重大需求。

关键词索引

Q

前沿领域　46, 48, 49, 51, 54, 55, 57, 60, 66, 69, 70, 73, 89, 92, 100, 102, 106, 116, 124, 130, 141, 154, 156, 159, 171, 192, 194, 199, 211, 213, 233

S

使能技术　59, 60, 61, 220, 221

T

体制机制　103, 112, 118, 134, 178, 208, 217

X

需求驱动　39, 102

学科发展　13, 14, 15, 33, 34, 63, 66, 89, 90, 93, 98, 99, 108, 112, 113, 132, 133, 134, 141, 146, 166, 168, 169, 170, 187, 189, 217, 234

学科交叉　59, 60, 61, 69, 70, 76, 116, 134, 161, 164, 170, 179, 183, 209, 210, 211, 228

学科体系　3, 5, 6, 9, 12, 13, 16, 18, 19, 20, 21, 22, 23, 25, 27, 28, 31, 32, 33, 36, 44, 45, 113, 126, 133, 134, 152, 170, 181, 183